农业生物技术

夏海武　曹　慧　著

科学出版社

北　京

内 容 简 介

随着生物科学技术的不断发展，生物技术在工农业中的应用日趋广泛，在工业和农业高新技术中所占比例越来越大。近年来形成一门新的交叉学科，即农业生物技术。本书在介绍农业生物技术的概念、研究内容及主要特点的基础上，主要阐述植物遗传育种的原理与技术、分子标记辅助育种、植物细胞工程、植物基因工程、微生物发酵工程等内容。

本书可作为生物科学、生物技术、农学及园艺等专业的学生学习及参考用书，也可作为相关科研人员的参考用书。

图书在版编目(CIP)数据

农业生物技术/夏海武，曹慧著. —北京：科学出版社，2012.7

ISBN 978-7-03-035069-5

I. ①农… II. ①夏… ②曹… III. ①农业生物工程 IV. ①S188

中国版本图书馆 CIP 数据核字(2012)第 148139 号

责任编辑：朱 灵 景艳霞／责任校对：张 林

责任印制：刘 学／封面设计：殷 靓

科学出版社出版

北京东黄城根北街 16 号

邮政编码: 100717

http://www.sciencep.com

广东虎彩云印刷有限公司印刷

科学出版社编务公司排版制作

科学出版社发行 各地新华书店经销

*

2012 年 7 月第 一 版 开本：787×1092 1/16

2023 年 5 月第七次印刷 印张：11 1/2

字数：252 000

定价：32.00 元

(如有印装质量问题，我社负责调换)

前　言

生物技术是20世纪末人类科技史上最令人瞩目的高新技术之一，它为提高国力，以及解决人类面临的食品短缺、疾病防治、人口膨胀、环境污染、能源匮乏等一系列重大问题带来了希望。国际上，科学家和企业家公认，信息技术和生物技术是21世纪关系到国家命运的关键技术及创新产业经济发展的增长点。

在世界农业发展史上，曾出现过大的农业革命，被称为“绿色革命”。20世纪50~60年代的绿色革命中，以高秆变矮秆为标志的优质、高产小麦和水稻良种的全面推广，使全世界粮食产量跃上了一个新的台阶，缓解了当时墨西哥、印度等国人口增长过快的危机；到了20世纪70年代初，我国杂交水稻的成功创造了更大的农业奇迹。进入21世纪，现代生物技术在农业生产等诸多领域得到广泛的应用，并取得显著成效，有力地推动着农业生产实现新的绿色革命。

遗传育种生物技术将以遗传学理论和生物技术作为基础，对物种进行内部优化、改良作为核心，是20世纪绿色革命技术的主要推动力量；转基因农业生物技术将以物种基因为基础对不同物种进行基因重组，以塑造新生物物种作为核心，是新的绿色革命的重要动力。

自1902年德国著名植物生理学家Haberlandt首次进行高等植物的组织培养实验，并提出植物细胞全能性理论以来的100多年中，许多学者为进行此研究做出了不懈的努力，出现了植物组织与细胞培养技术的蓬勃发展。特别是近半个世纪以来，植物组织培养技术取得了惊人的进步，并在生产实践中得到广泛应用，已取得了巨大的效益。同时，植物组织与细胞培养技术在单倍体育种、原生质体融合及基因工程植物的再生和培养中起着重要的作用，为现代农业生物技术的发展奠定了坚实的基础。

1983年，研究人员采用农杆菌介导法转化烟草细胞，培育出世界上第一例转基因植物，标志着植物基因工程的诞生，自此植物基因工程的研究迅速发展。特别是1994年，第一个转基因植物产品——延熟保鲜转基因番茄获得美国农业部(USDA)和美国食品与药品管理局(FDA)批准进入市场以来，转基因植物产品进入实用阶段。此后，转基因植物研究及商品化种植日新月异，硕果累累。特别是大豆、玉米、棉花等大田作物在全球大面积种植，产生了巨大的经济效益和社会效益。

从20世纪20年代乙醇、甘油和丙酮等的发酵生产时起，发酵工程在不断地发展和完善。特别是20世纪70年代以后，基因工程、细胞工程等生物工程技术的开发，使发酵工程进入定向育种的新阶段，新产品层出不穷。发酵工程技术的不断进步，为农业生产和农产品的加工利用提供了强劲动力。

本书在介绍农业生物技术的一些基本理论和基本技术的基础上，结合作者多年来的教学和研究工作，着重论述了农业生物技术体系及应用，特别注重前沿知识的通俗化和高新技术的实用化，以期对从事农业生物技术的科研工作者提供有益的参考。本书包括植物遗传育种及分子育种、植物细胞工程、植物基因工程、微生物发酵工程等部分。

为了反映农业生物技术的研究成果及更好地阐明农业生物技术的原理和技术体系，作者引用了多位学者公开发表的论文和著作成果，特此对这些为农业生物技术的发展作出贡献的学者表示真诚的感谢。

农业生物技术是近年来伴随着生物技术的进步和农业革命的兴起发展起来的一门新兴交叉学科，新的生物技术在农业中不断被应用，由于作者知识更新和水平的限制，加上时间比较仓促，书中可能存在许多疏漏，恳请各位同行和读者批评指正。

夏海武

2011 年 11 月

目 录

第一章 绪 论

第一节 农业生物技术的含义

农业生物技术是指运用基因工程、细胞工程、发酵工程、酶工程及分子育种等生物技术，改良动植物及微生物品种生产性状、培育动植物及微生物新品种，以及生产生物农药、兽药与疫苗的新技术。

农业生物技术是农业现代化的重要组成部分，是21世纪农业科技的先导部分。它不仅是整个生物技术研究及其产业发展的基础，而且是生物技术中应用最直接、最广阔及最具现实意义的领域，对解决世界经济和社会发展面临的人口、资源、能源、环保等问题，正发挥着日益重要的作用。

农业生物技术以生命科学为基础，运用基础学科的科学原理，采用先进的技术手段，按照预先的设计改造生物体或加工生物原料，是为人类生产出所需产品或达到某种目的的技术。先进的技术手段是指基因工程、细胞工程、发酵工程、酶工程等新技术；改造生物体是指获得品质优良的动物、植物或微生物品种；生物原料是指生物体的某一部分或生物生长过程中产生的能利用的物质，如淀粉、糖蜜、纤维素等有机物质，同时包括一些无机化学品等；为人类生产出的其所需的产品包括粮食、饲料、医药、食品、肥料、能源等；达到的某种目的则包括疾病的预防、疾病诊断与治疗、食品的检验以及环境污染的检测和治理等。农业生物技术是当前发展最快的技术领域之一，其产业将成为21世纪的支柱产业。

第二节 农业生物技术的发展简史

一、植物遗传育种技术的发展

人类栽培植物的历史已有1万多年，长期以来人们不断地寻求提高主要作物产量和质量的方法。传统的育种过程是一个缓慢而艰辛的过程，但它取得了巨大成功，现今栽培的植物与其野生型的祖先相比，能够产生更多的生物量、果实和种子。

1900年孟德尔遗传规律被重新发现以后，用人工杂交培育新品种的方法广泛应用，并创造出大量动植物的新类型和新品种。例如，1916年，Shull发现玉米的杂种优势现象，1917年开始用显性学说以解释杂种优势的原因。Hayes和Stakman (1921)、Nishiyama (1929)及McFadden (1930)在燕麦、小麦等植物上的远缘杂交研究，最终使得野生种的抗病基因转入栽培种，同时也育成了能抗小麦秆锈病的品种。1927年，Stadler用包括X线在内的多种具有离子化学反应的放射线、紫外线、化学药剂等成功地诱导玉米突变。1934年，Dustin发现秋水仙素对细胞分裂起作用，1937年，Blakeslee和Avery及Nebel与Ruttle

应用秋水仙素加倍染色体数目的技术，奠定了多倍体育种方向。1933年，Rhodes最先发现玉米细胞质雄性不育性，为以后许多植物利用雄性不育特性获得杂种优势打下理论基础和提供准备条件。1949年，Chase发现可用单倍体方法获得玉米的纯合二倍体。1946年，Auerbach和Robson证实可用化学药品引起遗传突变。1956年，Sears以核辐射处理的方法将小伞山羊草中的抗叶锈病基因移入普通小麦。

现代育种技术综合运用分子遗传学与细胞生物学理论，采用生物物理与化学方法、细胞与基因工程技术，对植物品种种性进行改造，并育成新品种或物种，其包括核辐射诱变育种、激光诱变育种、航天诱变育种、离子束诱变育种、大(小)孢子培养、花粉(药)培养、体细胞杂交、胚培养育种、无融合生殖育种、无性系变异育种、分子标记辅助育种、转基因育种等新技术。随着现代农业的不断发展及各类学科对植物育种学的渗透和促进，将有更多的新品种不断被发现和培育，并获得辉煌的新成就。

二、植物组织培养及细胞工程技术的发展

在Schleiden和Schwann创立细胞学说的基础上，1902年德国植物生理学家Haberlandt提出了高等植物的组织和器官可以不断分割，直到单个细胞，并可以通过培养把植物的体细胞培养成为人工胚，每个细胞都像胚胎细胞那样可以通过体外培养成为一棵完整的植株。

1904年，德国植物胚胎学家Hanning对萝卜和辣根的胚进行培养，使其提早长成了小植株。1922年，Haberlandt的学生Kotte和美国的Robbins采用无机盐添加糖及各种氨基酸的培养基对豌豆、玉米、棉花等的根尖与茎尖进行培养，结果形成了缺绿的叶和根，能进行无限的生长。1925年，Laibach将亚麻种间杂交不能成活的胚取出培养，使杂种胚成熟，继而萌发成杂种植株。

1934年，美国植物生理学家White用无机盐、糖类和酵母提取物的培养基，进行番茄根尖培养，建立了第一个活跃生长的无性繁殖系，并能无限地继代培养，取得了离体根培养的真正成功。在以后的28年间转接1600代仍能生长，并利用根系培养物研究了光照、温度、pH、培养基组成对根生长的影响。接着，他用3种B族维生素——吡哆醇(维生素B_6)、硫胺素(维生素B_1)和烟酸(维生素B_3)代替了酵母提取物，于1937年配制成适合根培养的White综合培养基，发现了B族维生素对离体根生长的重要性。

法国的Gautheret (1934)在培养基中加入B族维生素和生长素后，山毛柳形成层生长并形成愈伤组织。Nobecourt培养胡萝卜根，发现中央髓部细胞分裂活性很强，细胞增殖甚快，愈伤组织每4~6周转接一次，可无限继代下去，这是首次从液泡化的薄壁细胞中建立的愈伤组织培养物。

在这个时期，White、Gautheret、Nobecourt等的出色工作，建立了植物组织培养的综合培养基，包括无机盐成分、有机成分和生长刺激因素。同时也建立了进行植物组织培养的基本方法，其成为当今各种植物组织培养的技术基础。White于1943年出版了《植物组织培养手册》，这是第一部有关植物组织培养技术的专著。

1948年，Skoog和我国学者崔澂在烟草髓培养研究中，发现腺嘌呤或腺苷可以解除

培养基中生长素(IAA)对芽的抑制作用，并诱导成芽，从而发现了腺嘌呤与生长素的比例是控制芽和根分化的决定性因素之一。随后，在寻找促进细胞分裂的物质中，Miller 等发现了激动素(KT)，它和腺嘌呤有相同的作用，且效果更好，比腺嘌呤活性高 3 万倍。Skoog 和 Miller (1957)提出植物激素控制器官形成的概念，指出在烟草髓组织培养中，根和芽的分化取决于细胞分裂素及生长素的相对浓度，其比例高时促进芽的分化，比例低时促进生根。这一概念至今被人们所接受。

Steward 和 Reinert 在 1956 年进行了胡萝卜根愈伤组织的液体培养，其游离组织和小细胞团的悬浮液可以进行长期继代培养。他们于 1958 年将胡萝卜的悬浮细胞诱导分化成完整的小植株，并且开花结实。使 50 余年前 Haberlandt 细胞全能性假说首次得到科学的验证，这一成果大大加速了植物组织培养研究的发展。

1960 年，Morel 培养兰花的茎尖，发现其培养方法可以脱除病毒，并能快速繁殖兰花。其后植物离体微繁殖技术和脱毒技术得到快速发展。

1964 年，Guha 和 Mabeshwari 成功地从曼陀罗花药培养中诱导出单倍体植株。随后，Kameya 和 Hinata 于 1970 年用悬滴法培养甘蓝×芥蓝杂种一代的成熟花粉，从单花粉培养中获得了单倍体植株。从而促进了植物单倍体细胞育种技术的发展。我国朱至清等(1975)设计的 N_6 培养基，适合水稻和其他禾本科植物花药培养，在世界各国得到应用，促进了花药培养的研究。

1960 年，Cocking 利用纤维素酶和果胶酶酶解细胞壁获得高产量的原生质体以后，原生质体培养发展起来。1971 年，Takebe 和 Nagata 对烟草叶肉细胞原生质体进行培养，6 周后把形成的小细胞团转移到分化培养基上，3~4 周后分化出大量的芽，最后诱导出根，首次从原生质体培养中获得再生植株。

1972 年，Carlson 用 $NaNO_3$ 作融合剂，使粉蓝烟草和郎氏烟草原生质体融合，首次获得两个烟草种间体细胞杂交株。Melchers 等(1978)获得了马铃薯和番茄的属间体细胞杂种，而且该杂种具有耐寒性。

三、植物基因工程与分子标记技术的发展

基因工程的出现是建立在几个重大发现和发明基础上的。

1953 年，Watson 和 Crick 发现了 DNA 双螺旋结构，阐明了遗传信息传递的中心法则，使得人们对基因的本质有了越来越多的认识，也奠定了基因工程的理论基础。

1972 年，美国斯坦福大学 P. Berg 博士的研究小组使用限制性内切核酸酶 *Eco*R Ⅰ，在体外对猿猴病毒 SV40 DNA 和 λ 噬菌体 DNA 分别进行酶切，然后用 T4 DNA 连接酶将两种酶切片段连接起来，第一次在体外获得了包括 SV40 和λDNA 的重组 DNA 分子。

1973 年，S.Cohen 等将两种分别编码卡那霉素和四环素的抗性基因相连接，构建出重组 DNA 分子，然后转化大肠杆菌，获得了既抗卡那霉素又抗四环素的具双重抗性特征的转化子菌落，这是第一次成功的基因克隆实验，基因工程也由此宣告产生。

植物基因工程对植物育种的作用有间接作用和直接作用。间接作用是筛选分子标记和构建分子标记遗传图谱，为植物育种提供参考。直接作用就是对植物基因进行遗

传操作。

1974 年，Grodzicker 等第一次将限制性片段长度多态性(RFLP)用作腺病毒温度敏感突变型的遗传标记。1980 年 D.Botstein 等首次提出用 RFLP 构建人类遗传学连锁图，就是利用限制性内切核酸酶酶解 DNA 片段后，产生若干不同长度的小片段，其数目和每一片段的长度反映了 DNA 限制位点的分布，其可作为某一 DNA 的特有指纹。

1983 年，首批转基因植物(烟草、马铃薯)问世。

1986 年，Powell-Abel 等首次获得抗烟草花叶病毒(TMV)的转基因烟草植株，其展现了转基因植物应用的喜人前景，植物基因工程随即进入快速发展时期。

1989 年，简单序列重复多态性(SSR)技术产生。1990 年，Weber 报道人类 DNA 中存在短的串联重复序列。微卫星是由 2~6bp 的重复单位串联而成，一个微卫星长度一般小于 100bp。不同品种或个体核心序列的重复次数不同，但重复序列两侧的 DNA 序列是保守的，利用与核心序列互补的引物，通过 PCR 扩增和电泳可分析不同基因型个体在每个 SSR 位点上的多态性。

1990 年，Willians 和 Welsh 等分别研究并提出随机扩增多态性 DNA (RAPD)技术。就是用一个(有时用两个)随机引物(一般 8~10 个碱基)非定点地扩增基因组 DNA 得到一系列多态性 DNA 片段，然后电泳检测其多态性。遗传材料的基因组 DNA 如果在特定引物结合区域发生 DNA 片段插入、缺失或碱基突变，就有可能导致引物结合位点的分布发生相应变化，使 PCR 产物增加、减少或发生分子质量变化，产生 RAPD 标记。

1992 年，由荷兰 Keygene 公司科学家 Zabeau 和 P. Vos 发明了扩增片段长度多态性(AFLP)技术，并于 1993 年获得欧洲专利局专利。此技术结合了 RFLP 技术的可靠性和 PCR 技术的高效性，具有 DNA 用量少、灵敏度高，且不需要预先知道基因组的信息等优点。

1993 年，首例转基因植物产品(耐储存番茄)进入市场。

1993 年，我国第一例转基因作物抗病毒烟草进入大田实验。

1996 年，E. Lander 提出单核苷酸多态性(SNP)。它是对某特定区域的核苷酸序列进行测定，将其与相关基因组中对应区域的核苷酸序列进行比较，检测出单个核苷酸的差异，这个有差异的 DNA 区域称为 SNP 标记。SNP 标记在大多数基因组中存在较高的频率、数量丰富，可进行自动化检测。

四、发酵工程的发展

直到 19 世纪中叶，巴斯德通过著名的 Pasteur 实验，证明了发酵原理，指出发酵现象是微小生命体进行的化学反应。随后，他连续对当时的乳酸发酵、乙醇发酵、葡萄酒酿造、食醋制造等各种发酵现象进行研究，明确了这些不同类型的发酵是由形态上可以区分的各种特定的微生物引起的。他指出，“乙醇发酵是由于酵母的作用，葡萄酒的酸败是由酵母以外的另一种更小的微生物(乙酸菌)的第二次发酵作用所引起的”，随之发明了著名的巴氏消毒法。巴斯德也因此被人们誉为“发酵之父”。

1872 年，Brefeld 创建了霉菌的纯粹培养法；1878 年，Hansen 建立了啤酒酵母的纯粹培养法；1872 年，Koch 建立了细菌纯粹培养技术，从而确立了单种微生物的分离和纯粹培养技术，使发酵技术从天然发酵转变为纯粹培养发酵。为此，人们设计了便于灭除其他杂菌的密闭式发酵罐及其他灭菌设备，开始了乙醇、甘油、丙酮、丁醇、乳酸、柠檬酸、淀粉酶和蛋白酶等的微生物纯种发酵生产，与巴斯德以前的自然发酵是两个迥然不同的概念。

1929 年，Fleming 发现了青霉菌能抑制其菌落周围的细菌生长的现象，并证明了青霉素的存在。其后在 1940 年，Chain 和 Florey 两位博士精制出青霉素，并确认青霉素对伤口感染症比当时的磺胺药剂更有疗效，加上第二次世界大战爆发，青霉素作为医治战伤感染的药物大力推动了青霉素的工业化生产和研究，成功创立了液态深层发酵技术。

1956 年，日本的木下祝郎弄清了生物素对细胞膜通透性的影响，在培养基中限量提供生物素影响了膜磷脂的合成，从而使细胞膜的通透性增加，谷氨酸得以排出细胞并大量积累。1957 年，日本将这一技术应用到谷氨酸发酵生产中，从而首先实现了谷氨酸的工业化生产。

20 世纪 70 年代成功地实现了基因的重组和转移。随着重组技术的发展，人们可以按预定方案把外源目的基因克隆到容易大规模培养的微生物(如大肠杆菌、酵母菌)细胞中，通过微生物的大规模发酵生产，即可得到原先只有动物或植物才能生产的物质，如胰岛素、干扰素、白细胞介素和多种细胞生长因子等。从过去烦琐的随机选育生产菌株朝着定向育种转变，这使发酵工程进入了定向育种的新阶段，新产品层出不穷。

第三节　农业生物技术的特点

生物技术是 21 世纪高新技术革命的核心内容。农业生物技术以生命科学领域的重大理论和技术突破为基础，多学科相互渗透，呈现明显的高新技术特点。

一、重大理论和技术突破，推动农业生物技术发展

从农业生物技术的发展进程可以明显看出，每项农业生物技术的建立和发展，均伴随着重大理论和技术的突破。DNA 双螺旋结构模型的建立，遗传密码的破译，限制性内切核酸酶和 DNA 连接酶的发现，形成基因工程技术；细胞培养方法和原生质体融合方法的建立，形成细胞工程技术；生物反应器及传感器的发明和自动化控制技术的应用，形成发酵工程技术等。

二、农业生物技术呈现明显的高新技术特征

农业生物技术是满足农业生产和人类生活需求的高新技术，是一个国家农业生产发展水平的重要标志。它具有高度的创新性、综合性、渗透性，知识技术与人才的聚集性、资本密集性和增值性等高新技术特征。农业生物技术的理论研究和技术应用都已取得了显著的成效，高科技的产业化格局已经基本形成，这将为农业生产发展带来

根本性变化。

三、农业生物技术是以基因工程为核心的综合技术

农业生物技术是以基因工程为核心的综合技术，它们彼此之间相互联系、相互作用、相互影响、相互渗透，促进了农业生物技术整体水平的发展和提高。

第二章 植物遗传育种

第一节 选 择 育 种

一、选择与选择育种

利用选择手段从植物群体中选取符合育种目标的类型，经过比较、鉴定，从而培育出新品种的方法称为选择育种(selection breeding)，简称选种。人类开始进行杂交育种之前，几乎所有的农作物品种都是通过选种的途径育成的，而且现在仍有较大一部分作物品种是通过选种育成的。

(一) 选择育种的原理

选择育种实质是利用现有品种或类型在繁殖过程中的变异，通过选择淘汰的手段育成新品种的方法，它是改良现有品种和创造新品种的简捷有效的途径。选择是现代育种工作中最重要的手段，贯穿于育种工作的全过程，是各种育种方法的必经途径。选择又可分为自然选择和人工选择。自然选择就是生物生存所在的自然环境对生物所起的选择作用，结果就是适者生存，不适者淘汰。人工选择是通过人有意或无意的选择、鉴定比较，将符合要求的选出来，使其遗传趋于稳定，获得生产应用品种的过程。人工选择与自然选择有时趋于一致，有时不一致。当两者相矛盾时，必须加强人工选择。

在一个生物群体内总是存在着遗传与变异，生物既遗传又变异的特性是选择的作用基础。选择造成有差别的生殖率，能够定向地改变群体的遗传组成。也就是说，选择是在一个群体内选取某些个体，淘汰其余的个体，导致群体内一部分个体能产生后代，其余的个体产生较少的后代或不产生后代。例如，一次低温寒潮使一个群体内大部分植株被冻死，只有一小部分还能活着繁殖后代，实质上是使耐寒性基因得以保留，该类个体的繁殖概率加大，从而使后代群体整体耐寒能力提高，再经历寒期时死亡率将有所降低。选择的本质就是一个群体中不同基因型携带者对后代基因库作出不同的贡献。这种作用具体表现为①改变群体内各种基因型的频率，从而为某些有价值基因型的出现提供条件；②改变群体内等位基因间的频率，从而使基因型的分离重组比例发生改变；③使新产生的突变基因，有用的得到保留并加速增殖，不利的尽快在群体内消失或控制在很低的频率范围内。

在自然条件下，营养、高温、天然发生的辐射及空气污染、化学物质、病毒等都能引起基因突变。在人工诱导下，可将突变频率提高上百倍至上千倍。异花授粉的植物，常常有其他基因型的掺入，造成基因的重组和分离。因此在一些自然群体中基因频率和基因型频率是经常发生改变的。

由于隐性基因大都可以杂合状态在群体中维持很多世代，所以，选择的作用使隐性基因频率的降低很慢；而选择对其不利时，隐性有害基因需经多代连续选择，最终才能从群体中逐步消失。

在一个遗传平衡群体中，选择对显性基因的作用较为明显，因为有显性基因的个体(AA和Aa)都可受到选择的作用。当选择对显性基因A不利时，杂合子Aa和纯合子AA都会被淘汰。这样，基因A最终会从群体中消失。这时如要达到遗传平衡，就要靠基因a突变为基因A来补偿。在此选择和突变的效应正好相反。

(二) 影响选择效果的因素

选择的本质在于改变下一代群体中的基因型频率和基因频率，但改变的程度因质量性状和数量性状、选择方法、选择压力的大小等诸多因素不同而不同。

质量性状的表现型通常受环境因素影响较小，一般由一对或少数几对主基因控制，选择效果较好。当选择目标性状为隐性类型时，一般经过一代选择就可以使下一代群体隐性基因的基因型频率达到100%。如果目标性状为显性类型，入选个体可能是纯合体，也可能是杂合体，通过一次单株选择的后代鉴定，就可选出纯合类型。选择时应考虑以下因素。

(1) 遗传进度和选择差：入选亲本后代构成群体平均值与上代原群体平均值之差称为遗传进度，又称为选择的效果。选择差是对某一数量性状进行选择时，入选群体平均值与原始群体平均值产生的离差。遗传进度是由性状遗传率与选择差所决定的，遗传率越大，选择效果越好，反之则相反；当遗传率接近零时，子代平均值则趋于原始群体平均值，即无论选择差有多大选择都不起作用。

(2) 选择强度：影响选择差的因素有两个，一个是植物群体的入选率(入选个体在原群体中所占的百分率)，入选率越大，选择差越小；反之，选择差越大；另一个是性状的标准差大小，标准差越大，选择差的绝对值也就越大。

(3) 性状变异幅度：一般来说性状在群体内变异幅度越大，则选择效果越明显；供选群体的标准差越大，选择效果越好。

二、有性繁殖植物的选择育种

(一) 有性繁殖植物的基本选择方法

植物在长期的进化过程中，通过自然选择和人工选择的作用，形成了不同的繁殖方式：有性繁殖和无性繁殖。不同繁殖方式的植物其选择方式也不同。

1. 混合选择法

混合选择法又称为表型选择法，是根据植株的表型性状，从原始群体中选取符合选择标准要求的优良单株混合留种，下一代混合播种在混选区内，将相邻栽植对照品种及原始群体的小区进行比较鉴定的选择方法。

混合选择法的优点是不需要很多土地、劳力及设备，简单易行，能迅速从混杂原始群体中分离出优良类型；能一次选出大量植株，获得大量种子，迅速应用于生产。混合选择法尤其适用于混杂比较严重的常规品种，可以在正常生产的同时逐步提纯原品种；另外，异花授粉植物可以任其自由授粉，可以防止因近亲繁殖而产生的生活力衰退。混合选择法的缺点是由于所选各单株种子混合在一起，不能进行后代鉴定，容易丢失性状优良的株系，选择效果不如单株选择法。

混合选择法又可分为两种：对原始群体进行一次混合选择，当选择的群体表现出优于原始群体或对照品种时即进入品种预备试验圃，称为一次混合选择法；在第一次混合选择的群体中继续进行第二次混合选择或在以后几代连续进行混合选择，直至产量比较稳定、性状表现比较一致并优于对照品种时为止，称为多次混合选择法。

2. 单株选择法

单株选择法是个体选择和后代鉴定相结合的选择法，又称为基因型选择法，是把从原始群体中选出的优良单株个体的种子分别收获、保存，分别播种繁殖为不同家系，根据各家系的表现鉴定上年当选个体的优劣，并以家系为单位进行选留和淘汰的方法。

单株选择法的优点是可根据当选植株后代(株系)的表现对当选植株进行遗传性优劣鉴定，消除环境影响，可加速性状的纯合与稳定，选择效率较高；同时多次单株选择可定向累积变异，因此有可能选出超过原始群体内最优良单株的新品系。由于株系间设有隔离，后代群体的一致性也较好。单株选择的缺点是近交繁殖容易导致生活力衰退；此外，一次所留种子数量有限，难以迅速应用于生产；同时因为需要设立很多的株系圃，所以工作量较大，选育的时间较长。

在整个育种过程中，若只进行一次以单株为对象的选择，而以后就以各家系为取舍单位，称为一次单株选择法。如果先进行连续多次的以单株为对象的选择，然后再以各家系为取舍单位，就称为多次单株选择法。

3. 两种基本选择法的综合应用

混合选择法和单株选择法各有优点及不足，在实际工作中为取长补短而衍生出不同的选择法，如单株-混合选择法、混合-单株选择法、亲系选择法等。

1) 单株-混合选择法

选种程序是先进行一次单株选择，在株系圃内先淘汰不良株系，再在选留的株系内淘汰不良植株，然后使选留的植株自由授粉，混合采种，以后再进行一代或多代混合选择。这种选择法的优点是：先经过一次单株后代的株系比较，可以根据遗传性淘汰不良的株系，初期选择的效果比较好；以后进行混合选择，不致出现生活力退化，且从第二代起每代都可以生产大量种子。缺点是选优纯化的效果不及多次单株选择法。

2) 混合-单株选择法

选种程序是先进行几代混合选择，之后再进行一次单株选择。株系间要隔离，株系内去杂。去杂后任其自由授粉混合采种。这种选择法的优缺点与前一种方法大致相似，适用于株间有较明显差异的原始群体。选择效果有时能接近多次单株选择法，比较简便易行，选种程序是对所选的植株不进行隔离，所以又称为无隔离系谱选择法。由于本身是异花授粉作物而又不隔离，选择只是根据母本的性状进行的，对父本花粉来源未加控制。优点就是无需隔离，较为简便，节省劳力和土地资源，生活力不易退化。但缺点是选优选纯的速度较慢。

3) 亲系选择法

类似于多次选择的选种方法，与一般多次单株选择法的差别主要在于亲系选择法不在株系圃进行隔离，以便较客观较精确的比较，而在另设的留种区内留种。将每一代每一次入选单株(或株系)的种子分成两份，一份播种在株系圃，一份播种在隔离留种圃。根据株系圃的鉴定结果，在留种区各相应系统内选株留种，下一年继续这样进行。这种方法主要是为了避免隔离留种影响试验结果的可靠性。在系统数较多时一般都在留种区内行套袋隔离，到后期系统数不多时才采用空间隔离。这种方法适用于两年生异花授粉作物，如萝卜、白菜等经济性状与采种期分开的作物。种子无需分成两份，经济性状鉴定结束后，可以选留根株储藏或保护过冬，栽植到第二年的留种圃内。

4) 剩留种子法

这种选种方法是将一入选单株分为两份，将以相同编号的一份播种于株系圃内的不同小区；另一份储存在种子柜中，在株系内选出的株系并不留种，避免系统间的杂交，下一年或下一代播种当选系统的存放种子。此法优点是可避免因不良株系杂交对入选株系的影响，节省了隔离费用。缺点是株系的纯化速度缓慢，不能同时起到连续选择对有利变异的积累作用。这种方法适于在引种初期和瓜类 1、2 代选种工作中采用。

5) 集体选择法

这是介于单株选择和混合选择之间的一种选择方法。根据作物的特征、特性把性状相似的优良植株划分成几个集团，如根据植株高矮、果实形状和颜色、成熟期等进行划分，然后根据集团的特征进行选择留种，最后将从不同集团收获的种子分别播种在各个小区内，形成集团鉴定圃。通过比较鉴定集团与对照品种的优劣，选出优良集团，淘汰不良集团。在选择过程中集团间要防止杂交，集团内可自由授粉。该方法的优点是简单易行，容易掌握；后代生活力不易减退，集团内性状一致性提高比混合选择快。缺点是集团间需进行隔离，只能根据表现型来鉴别株间的优劣差异，选择效率较低，因此选择提高比单株选择慢。

(二) 有性繁殖植物选择育种的程序

1. 选择育种的一般程序

选择育种程序是从搜集材料、选择优良单株开始，到育成新品种的过程，包括一系列选择、淘汰的过程。

1) 原始材料圃

将各种原始材料种植在代表本地区气候条件的环境中，并设置对照，从原始材料圃中选择出优良单株留种供株系比较。在进行新品种选育时，主要是栽培本地或外地引入的品种类型。当地类型的选种往往直接在生产田中留意选择，通常不需专门设置原始材料圃。栽植方式是每个原始材料栽种于一个小区，每隔 5~10 个小区设一对照。小区面积较小，一般栽种株数以 50~100 株为宜，一般不设重复。原始材料圃的设置年限，1~2 年即可。但对于专门选种机构，常由于外地引入的品种类型较多，而且是陆续引进的，所以基本上要年年保存原始材料圃。

2) 株系圃

种植从原始材料圃里选出的优良株系留种后代，进行有目的的比较鉴定、选择，从中选出优良株系或群体供品种比较试验圃进行比较选择用。栽植方式是每个株系或混选后代种一个小区，每一小区至少栽种20~50株，每5~10个小区设一对照。小区采用顺序排列法，设两次重复。株系比较进行的时间长短取决于当选植株后代群体的一致性，当群体稳定一致时，即可进行品比预备试验。

3) 品种比较预备试验圃

品种比较预备试验的目的是对株系比较选出的优良株系或混选系，进一步鉴定入选株系后代的一致性，继续淘汰一部分经济性状表现较差的株系或混选系，选留的株系不宜越过10个。对当选的系统进行扩大繁殖，以保证播种量较大的品种比较试验所需，预试时间一般为1年。栽植方式是每一个系统的后代栽种一个小区，每5个小区设置一标准种区，两次以上重复。每一小区至少栽种50~100株，栽培管理和株行距的大小，应和生产保持一致。

4) 品种比较试验圃

品种比较试验的目的是全面比较鉴定在品种比较预备试验或在株系比较中选出的优良株系或混选系后代，同时了解它们的生长发育习性，最后选出在产量、品质、熟性，以及其他经济性状等方面都比对照品种更优良的一个或几个新品系。栽植方式是小区面积较大，但要根据作物的种类和供试新株系的种子数量来确定，通常为20~100m^2。每一小区栽植的株数一般在100~500株。小区排列多采用4~6次重复，随机排列，设有保护行。品种比较圃一般试验2~3年，试验必须按照正规田间试验要求进行。

5) 品种区域试验圃

品种区域试验是将经品种比较试验入选的新品种分送到不同地区，参加这些地区的品种比较试验，以确定新品种适宜推广的区域范围。我国作物品种区域试验分国家和省两级体系，主要是安排落实区试地点，制订试验方案，汇总区试材料。区域试验按正规田间试验要求进行，各区试点的田间设计、观测项目、技术标准力求一致。区试期间，主持单位应组织专家在适当时期进行实地考察。最后区试结果必须汇总统计分析。

6) 生产试验圃

生产试验是将经品种比较及区试选出的优良品种做大面积生产栽培试验，以评价它的增产潜力和推广价值。宜安排在当地主产区，一般面积不少于667m^2，生产试验和区域试验可同时进行，安排2~3年。

2. 加速选种进程的措施

选种程序中设计的各个圃地，其目的是为了保证选种过程客观、有效。但如果完全按照程序执行，可能造成育种时间过长，浪费时间和精力；也可能因时间拖得过久，育种目标落后而失去育种的意义。因此，在不影响品种选育试验正确性的前提下，为加速选种进程，缩短选种年限，可从以下几个方面加以改进。

1) 综合运用各种选择法

前人在长期育种实践中创造了各种选择法，各具不同的优缺点。在具体应用时，育种者应根据不同作物的特点、育种目标及当地的栽培管理方式，具体情况具体分析，灵活地使用选择方法以适应现代育种的需要。

2) 圃地设置的增减

圃地的设置也是灵活可变的，在必要的条件及能够保证试验结果正确性的前提下，有时可以增加或减少一些圃地。在当地生产田、实验田或种子田里，选择若干符合选种目标的优良单株，如发现有一个或几个株系的后代一致性较强，其他经济性状也明显优良，就可以直接参加品种比较试验和生产试验。为了鉴定参加品比试验品种的抗逆性和生长发育特性，在进行品种比较试验的同时，往往可以增设抗性鉴定圃、栽培试验圃。

为了加速选种的进程，有些圃地的设置年限可以适当的缩短，这取决于试材一致性程度。如果株系或混选系内植株表现一致性高，而其他经济性状又符合选种目标，株系圃就可只设置 1 年，否则就得设置 2 年以上。品种比较试验圃通常需要设置 2~3 年，因为经 1 年的试验，不能完全反应品种对当地气候的适应能力。若开始选种时，注意到试验材料与气候、土壤等生态因子变化的关系，就可能基本了解所选系统的适应性，这样，品种比较试验圃进行 1~2 年即可。

3) 提前进行生产试验与多点试验

在进行品种比较试验的同时，可将选出的优良品系种子分寄到各地参加区域试验或生产试验，提前接受各地生态环境考验。如果所选品系的确优良，则可以尽早地应用于生产。中国国土辽阔，各地气候千差万别，有些植物可以随季节变化采取“北种南繁”或“南种北繁”易地栽种方法，1 年能繁殖 2 或 3 代。

4) 提早繁殖与提高繁殖系数

在新品种选育过程中，有希望但还没有被确定为优良系统的材料经过品种比较试验被确定为优良品系时，就有大量种子可供大面积推广。

三、无性繁殖植物的选择育种

植物经无性繁殖所产生的群体称为无性系。植物无性系群体的总特征是遗传基础一致，性状表现整齐。一般而言，一个品种就是一个基因型，单株间的差异只是环境条件造成的差异。但事实上，因基因突变不断产生，群体内基因型的绝对相同是不存在的。因此，对无性繁殖的植物进行选择是有效的。

(一) 芽变选种

1. 芽变选种的特点

自然界植株体细胞中的遗传物质有时发生变异，经发育进入芽的分生组织，就形成变异芽。但芽变总是以枝变的形式出现，这是由于人们发现得较晚。芽变选种是指对由芽变发生的变异进行选择，从而育成新品种的选择育种法。

芽变的遗传规律和任何性细胞遗传规律是一样的，如突变的可逆性，正突变频率大于反突变，突变的一般有害性等。此外，芽变还有如下一些自身的一些特点。

(1) 芽变的嵌合性。体细胞突变最初仅发生于个别细胞，突变和未突变细胞组成嵌合体。嵌合体可造成花斑性状，有时还可能使性状不稳定。

(2) 芽变的多样性。突变可发生于根、茎、叶、花、果等器官的各个部位。突变类型的多样性包括染色体数目和结构的变异，体细胞基因突变，其中经常发生的是多倍性芽变。

(3) 芽变的同源平行性。芽变在相近植物种和属中存在遗传变异的平行规律，对选种具有重要的指导意义。例如，在桃的芽变中曾经出现过重瓣、短枝型、早熟等芽变，人们就能有把握地期待在李亚科的其他属种(如杏、梅、樱桃)中出现平行的芽变类型。

(4) 芽变性状的局限性和多倍性。尽管芽变具有多样性，但芽变性状同有性后代相比，只是在少数性状上发生变异，同一细胞中同时发生两个以上基因突变的概率极小，而不像有性繁殖过程那样发生大范围的基因重组。多倍体芽变常发生由细胞变大引起的一系列性状的变异。

芽变经常发生及变异的多样性，使芽变成为无性繁殖植物产生新变异的丰富源泉。芽变产生的新变异，既可直接从中选育出新的优良品种；又可不断丰富原有的种质库，给杂交育种提供新的资源。

芽变选种的突出优点是可对优良品种的个别缺点进行修缮，同时，基本上保持其原有综合优良性状。所以一经选出即可进行无性繁殖提供生产利用，投入少，而收效快。

2. 芽变选种的程序和方法

芽变选种分三阶段进行，第一阶段是从生产园(栽培圃)内选出变异优系，即初选阶段；第二阶段是对初选优系的无性繁殖后代进行复选；第三阶段是决选，最后确定入选品种的应用价值。

(1) 初选阶段：初选包括发现优系，筛选鉴别，分离纯化等内容。芽变选种一般以生产上大面积种植的园圃为主，因此要广泛发动群众选优报优、发掘变异，对初选出的优系登记编号，做出明显标记，填写记载表，并设对照进行比较分析。

(2) 复选阶段：复选阶段包括鉴定圃和复选圃。鉴定圃用于对变异性状虽十分优良，但仍不能肯定为芽变的个体，与其原品种种类进行比较，同时也可以扩大繁殖，提供材料来源。鉴定圃可采用高接或移植的形式。复选圃是对芽变系进行全面而精确鉴定的场所。由于在选种初期往往只注意特别突出的优变性状，所以除非能充分肯定无相关劣变的芽变优系外，对一些虽已肯定是优良芽变，但只要还有某些性状尚未充分了解，均需进入复选圃做全面鉴定。复选圃除进行芽变系与原品种间的比较鉴定外，同时也进行芽变系之间的比较鉴定，为繁殖推广提供可靠依据。复选圃内应按品系(每系 10 株以内)或单株建立档案，进行连续 3 年以上对比观察记载，对其重要性状进行全面鉴定，将结果记载入档。根据鉴评结果，由负责选种单位写出复选报告，将最优秀的品系定为复选入选品系，提交上级部门参加决选。

(3) 决选阶段：选种单位对复选合格品系提出复选报告后，由主管部门组织有关人员进行决选评审。经过评审，确认在生产上有前途的品系，可由选种单位予以命名，由组织决选的主管部门将其作为新品种予以推荐公布。选种单位在发表新品种时，应提供该品种的详细说明书。

(二) 实生选种

无性繁殖植物其遗传基础杂合性强，一旦通过有性过程，即便是自交，也会出现复杂的分离。利用这一遗传特点，凡能结籽的无性繁殖植物，可对其有性后代通过单株选择法而获得优株，再采用无性繁殖而建成营养系品种。

方法是将获得的供选材料的种子播种于选种圃，经单株鉴定，选择其中若干优良植株分别编号，然后采用无性繁殖法将每一入选单株繁殖成一个营养系小区进行比较鉴定，其中优异者入选为营养系品种。

第二节　有性杂交育种

一、有性杂交育种的概念

基因型不同的类型间配子结合产生杂种的过程称为杂交。杂交是生物遗传变异的重要来源。杂交的遗传学基础是基因重组，通过基因重组获得优良性状。杂交育种可分为有性杂交育种和优势育种。有性杂交育种，也称为组合育种，是根据品种选育目标，通过人工杂交，组合不同亲本上的优良性状到杂种中，对其后代进行多代选择，经过比较鉴定，获得基因型纯合或接近纯合的新品种。

二、有性杂交育种的杂交方式

1. 单交育种

一个亲本提供雄配子，称为父本，另一个提供雌配子，称为母本。例如，亲本 A 提供雌配子，为母本，亲本 B 提供雄配子，为父本，两者杂交，以 A×B 表示，一般母本写在前面。单交有正反交之分，正反交是相对而言的。例如，A×B 为正交，则 B×A 为反交。在一些杂交中，正反交的效应是不一致的，这主要是受细胞质遗传的影响。单交的方法简便，是有性杂交育种的主要方式。

2. 回交育种

杂交后代及其以后世代与某一个亲本的杂交称为回交，应用回交方法选育出新品种的方法称为回交育种。多次参加回交的亲本称为轮回亲本，只参加一次杂交的亲本称为非轮回亲本。杂种一代(F_1)与亲本回交的后代为回交一代，记做 BC_1；BC_1 再与轮回亲本回交，其后代称为回交二代，记做 BC_2；P_1 为轮回亲本，P_2 为非轮回亲本。回交可以增强杂种后代的轮回亲本性状，以致恢复轮回亲本原来的全部优良性状并保留非轮回亲本的少数优良性状，同时增加杂种后代内具有轮回亲本性状个体的比率。所以，回交育种的主要作用是改良轮回亲本一两个性状，是常规杂交育种的一种辅助手段。例如，麝香石竹花型较大，但与花色丰富的中国石竹杂交后，花型不理想，就与麝香石竹进行回交，取得了花型较大且花色丰富的个体。

3. 多亲杂交

多亲杂交是指参加杂交的亲本为 3 个或 3 个以上的杂交，又称为复合杂交或复交、多系杂交。根据亲本参加杂交的次序不同可分为添加杂交和合成杂交。

添加杂交：多个亲本逐个参与的杂交称为添加杂交。先是进行两个亲本的杂交，然后用获得的杂交种或其后代，再与第二个亲本进行杂交，获得的杂种还可和第 4、第 5 个亲本杂交。每杂交一次，加入一个亲本的性状。添加的亲本越多，杂种综合优良性状越多，但育种年限会延长，工作量加大。因而参与杂交的亲本不宜太多，一般以 3 或 4 个为宜，否则工作量过大，且育种的效果也较差。

合成杂交：参加杂交的亲本先两两配成单交杂种，然后将两个单交种杂交，这种多亲杂交的方式称为合成杂交。若目标性状是隐性性状，应使单交杂种自交，从分离的 F_2 中选出综合性状优良且含有目标性状的个体进行不同 F_2 之间的杂交。

多亲杂交与单亲杂交相比，优点是将分散于多数亲本上的优良性状综合于杂种之中，丰富了杂种的遗传基础，为选育出综合经济性状优良的品种，提供了更多的机会。但多亲杂交后代变异幅度大，杂种后代的播种群体大，出现全面综合性状优良个体的机会较低，因此工作量大，选种程序较为复杂，并且群体的整齐度不如单交种。

三、杂交亲本的选择与选配

亲本选择是根据育种目标选用具有优良性状的品种类型，并将其作为杂交亲本。亲本选配是指从入选亲本中选用哪些亲本进行杂交和配组的方式。亲本选用得当可以提高杂交育种的效果；如果亲本选得不好，则降低育种效率，甚至不能实现预期目标，造成人力、物力的浪费。因此，必须认真确定亲本的选择选配方式、方法和原则，选出最符合育种目标要求的原始材料作亲本。

(一) 亲本选择的原则

1. 亲本具有的优良性状较多

优良性状越多，需要改良完善的性状越少。如果亲本携带不良性状，会增加改造的难度；如果是无法改良的性状，必然会增加不必要的资源浪费。

2. 明确亲本的目标性状

根据育种要求确定具体的目标性状，更重要的是要明确目标性状的构成性状，分清主次，突出重点。因为像产量、品质等许多经济性状等都可以分解成许多构成性状，构成性状遗传更简单，更具可操作性，选择效果更好。例如，黄瓜的产量是由单位面积株数、单株花数、坐果率和单果重等性状构成的。当育种目标涉及的性状很多时，不切实际地要求所有性状均优良必然会造成育种工作的失败。在这种情况下必须根据育种目标，突出主要性状。

3. 重视选用地方品种

地方品种对当地的气候条件和栽培条件都有良好的适应性，也符合当地的消费习惯，是当地长期自然选择和人工选择的产物。用它们做亲本选育的品种对当地的适应性强，容易在当地推广，对其缺点也了解得比较清楚。

4. 亲本的优良性状遗传力要高

一般优良性状遗传力高的亲本材料和其他亲本杂交往往能获得较好的效果，所以在实际育种工作中，应该优先考虑。

5. 借鉴前人的经验

前人得出的成功经验可以反映所用亲本材料的特征特性，用已取得成功的材料作亲本可提高选育优良新品种的可能性，以减少育种工作中的弯路。

以上只是一般的指导原则。由于植物的种类多、性状多、群体小，至今仍有很多植物的许多性状遗传规律尚不清楚，只能通过大量地配制杂交组合来增加选出优良品种的概率。

(二) 亲本选配的原则

1. 父母本性状互补

性状互补是指父本或母本的缺点能被另一方的优点弥补。性状互补还包括同一目标性状不同构成性状的互补。例如，黄瓜丰产性育种时，一个亲本为坐果率高，单瓜重低；另一个亲本为坐果率低，单瓜重高。配组亲本双方也可以有共同的优点，而且越多越好。但不能有共同的缺点，特别是难以改进的缺点。

但性状的遗传是复杂的，亲本性状互补，杂交后代并非完全出现综合性状优良的植株个体。尤其是数量性状，杂种往往难以超过大值亲本(优亲)，甚至连中亲值都达不到。例如，小果抗病的番茄与大果不抗病的番茄杂交，杂种一代的果实重量多接近于双亲的几何平均值。因此要选育大果抗病的品种，必须避免选用小果亲本。

2. 选用不同类型的亲本配组

不同类型是指生长发育习性、栽培季节、栽培方式或其他性状有明显差异的亲本。近年来国内在甜瓜育种中利用大陆性气候生态群和东亚生态群的品种间杂交育成了一批优质、高产、抗病、适应性广的新品种，使厚皮甜瓜的栽培区由传统的大西北东移到华北各地。

3. 用经济性状优良遗传差异大的亲本配组

在一定的范围内，亲本间的遗传差异越大，后代中分离出的变异类型越多，选出理想类型的机会就越大。

4. 以具有较多优良性状的亲本作母本

由于母本细胞质的影响，后代较多地倾向于母本，所以以具有较多优良性状的亲本作母本，后代获得理想植株的可能性较大。在实际育种工作中，用栽培品种与野生类型杂交时一般用栽培品种作母本。外地品种与本地品种杂交时，通常用本地品种作母本。用雌性器官发育正常和结实性好的材料作母本，用雄性器官发育正常和花粉量多的材料作父本。如果两个亲本的花期不遇，则用开花晚的材料作母本，开花早的材料作父本。因为花粉可在适当的条件下储藏一段时间，等到晚开花亲本开花后授粉，而雌蕊是无法储藏的。

5. 亲本之一的性状应符合育种目标

根据遗传规律，从隐性性状亲本的杂交后代内不可能选出具有显性性状的个体。当目标性状为隐性基因控制时，双亲之一至少有一个为杂合体，才有可能选出目标性状。但在实际工作中，很难判定哪一个是杂合体。所以最好是双亲之一具备符合育种目标的性状。

根据整个育种计划要求，育种对象的花器结构，开花授粉习性，制订详细的杂交工作计划，包括杂交组合数，具体的杂交组合，每个杂交组合杂交的花数等。

四、有性杂交技术

1. 亲本种株的培育及杂交花选择

确定亲本后，从中选择具有该亲本典型特征特性、生长健壮、无病虫危害的植株，采用合理的栽培条件和栽培管理技术，使性状能充分表现，植株发育健壮，保证母本植株和杂交用花充足，并能满足杂交种子的生长发育，最终获得充实饱满的杂交种子。对于开花过早的亲本，可摘除已开花的花枝和花朵，达到调节开花期的目的。

2. 隔离、去雄

隔离的目的是防止非目标花粉的混入，父本和母本都需要隔离。隔离的方法有很多种，大致可分为空间隔离、器械隔离和时间隔离三大类。种子生产时一般采用空间隔离的方法。在育种试验地里一般采用器械隔离，包括网室隔离、硫酸纸袋隔离等。对于较大的花朵也可用塑料夹将花冠夹住或用细铁丝将花冠束住，也可用废纸做成比即将开花的花蕾稍大的纸筒，套住第二天将要开花的花蕾。因为时间隔离与花期相遇是矛盾的，所以时间隔离法应用较少。

去雄是去除母本中的雄性器官，除掉隔离范围的花粉来源，包括雄株、雄花和雄蕊，防止因自交而得不到杂交种。去雄时间因植物种类不同而异，对于两性花，在花药开裂前必须去雄，一般都在开花前24~48h去雄。去雄方法因植物种类的不同而不同，一般用镊子先将花瓣或花冠苞片剥开，然后将花丝一根一根地夹断去掉。在去雄操作中，不能损伤子房、花柱和柱头，去雄必须彻底，不能弄破花药或有所遗漏。如果连续对两个以上材料去雄，给下一个材料去雄时，所有用具及手都必须用70%乙醇处理，以杀死前一个亲本附着的花粉。

3. 花粉的制备

通常在授粉前一天摘取次日将开放的花蕾，带回室内，取出花药置于培养皿内。在室温和干燥条件下，经过一定时间，花药会自然开裂。将散出的花粉收集于小瓶中，贴上标签，注明品种，尽快置于盛有氯化钙或变色硅胶的干燥器内，放在低温(0~5℃)、黑暗和干燥条件下储藏。经长期储藏或从外地寄来的花粉，在杂交前应先检验花粉的生活力。

4. 授粉

授粉是用授粉工具将花粉传播到柱头上的操作过程。授粉的母本花必须是在有效期内，最好是在雌蕊生活力最强的时期，父本花粉最好也处在生活力最强的时期。

大多数植物的雌、雄蕊都是开花当天生活力最强。少量授粉可直接将当天散粉的父本雄蕊碰触母本柱头，也可用镊子挑取花粉直接涂抹到母本柱头上。如果授粉量大或用专门储备的花粉授粉，则需要授粉工具。授粉工具包括橡皮头、海绵头、毛笔、蜂棒等。装在培养皿或指形管中的花粉，可用橡皮头或毛笔蘸取花粉授在母本的柱头上。

5. 标记

为了防止收获杂交种子时发生差错，必须对套袋授粉的花枝、花朵挂牌标记。挂牌一般是在授完粉后立刻挂在母本花的基部位置，标记牌上标明组合及其株号、授粉花数和授粉日期，果实成熟后连同标牌一起收获。由于标牌较小，通常杂交组合等内容用符号代替，并记在记录本中。为了一目了然，便于找到杂交花朵，可用不同颜色的牌子加以区分。

6. 授粉后管理

杂交后的头几天应注意检查，防止套袋不严、脱落或破损等情况造成的结果准确性、可靠性差，也有利于及时采取补救措施。雄蕊的有效期过去后，应及时去除隔离物。加强母本种株的管理，提供良好的肥水条件，及时摘除没有杂交的花果等，保证杂交果实发育良好。还要注意防治病虫害、鸟害和鼠害。

五、杂种后代的处理

通过有性杂交获得的杂种，只是经过基因重组后产生的育种原始材料，优良基因型能否在杂种后代中出现和被保留下来，并纯化为优良品种，还取决于对杂种后代进行培育和选择的手段及一系列的试验鉴定。

(一) 杂种的培育

杂交品种性状形成除取决于选择方向和方法外，还取决于杂种后代的培育条件，因为选择的依据是性状，而性状表现是离不开培育条件的。杂种的培育应遵循下列原则。

1. 使杂种能正常发育

根据不同的作物和不同生长季节的需要，提供杂种生长所需的条件，使杂种能够正常发育，以供选择。

2. 培育条件均匀一致

培育条件通常应均匀一致，减少由于环境对杂种植株的影响而产生的差异，以便正确地选择遗传变异植株。

3. 杂种后代培育条件应与育种主要目标相对应

选育丰产、优质的品种，要想使目标性状的遗传差异能充分表现，杂种后代应在较好的肥水条件下培育，使丰产、优质的性状得以充分表现，提高选择的可靠性。选育抗逆性强的品种，要有意识地创造发生条件，其他条件应尽可能地创造一致，降低环境条件的影响。

(二) 杂种的选择

杂种后代可通过多种方法进行选择，前面所讲的各种方法都适用，常用的选择有系谱法、混合法和单子传代法。

1. 系谱法

(1) 杂种一代(F_1)。分别按杂交组合播种，两边种植母本和父本，每一组合种植几十株，在 F_1 一般不做严格的选择，只是淘汰假杂种和个别显著不良的植株，以及不符合要求的杂交组合。组合内 F_1 植株间不隔离，以组合为单位混收种子，但应与父母本和其他材料隔离。多亲杂交的 F_1(最后一个亲本参与杂交得到的杂种一代)不仅播种的株数要多，而且从 F_1 起在优良组合内就进行单株选择。

(2) 杂种二代(F_2)。将从 F_1 单株上收获的种子按组合播种。F_2 种植的株数要多，使每一种基因型都有表现的机会，满足此世代性状强烈分离的特点，保证获得育种目标期望的个体。在实际育种工作中，F_2 一般都要求种植 1000 株以上。种植 F_2 可不设重复。选择时首先进行组合间的比较，淘汰综合表现较差的组合。然后从入选的组合中进行单株选择。F_2 的选择要谨慎，选择标准不宜过高，以免丢失优良基因型。在条件许可的情况下，要多入选一些优良植株，当选植株必须自交留种。

(3) 杂种三代(F_3)。每个株系种一个小区，按顺序排列。每小区种植 30~50 株，每隔 5~10 个小区设一个对照小区。F_3 的选择仍以质量性状选择为主，并开始对数量性状尤其是遗传力较大的数量性状进行选择。首先比较株系间的优劣，在当选的株系中选择优良单株。F_3 入选的系统应多一些，每个当选系统选留的单株可以少一些，以防优良系统漏选。如果在 F_3 中发现比较整齐一致而又优良的系统，则可系统内混合留种，下一代进行比较鉴定。

(4) 杂种四代(F_4)。F_3 入选株系种一个小区，每小区种植 30~100 株，重复 2 或 3 次，随机排列。来自 F_3 同一系统的不同 F_4 系统为一个系统群，同一系统群内系统为姐妹系。不同系统群之间的差异一般比同一系统群内不同姐妹系之间的差异大。因此，首先比较系统群的优劣，在当选系统群内，选择优良系统，再从当选系统中选择优良单株。F_4 可能开始较多出现稳定的系统。对稳定的系统，可系统内自由授粉留种(系统间隔离)，下一代升级鉴定。

(5) 杂种五代(F_5)及其以后世代。每一个系统种一个小区，随机排列，每小区种植 30~100 株，3 或 4 次重复。对数量性状进行统计分析，表现一致的混合留种，性状不同的系统间仍需隔离。

2. 混合法

混合法又称为改良混合选择法，它前期进行混合选择，最后实行一次单株选择。这种方法适用于株行距比较小的自花授粉植物。

从 F_1 开始分组合(甚至不分组合)混合播种，一直到 F_4 或 F_5。一种植物的一个育种计划(项目)最好能有 5000 株以上。株行距较大(30cm 以上)的植物也应有 3000 株左右。在 F_4 或 F_5 代以前只针对质量性状和遗传力大的性状进行混合选择，有时甚至不进行选择，

到 F_4 或 F_5 进行一次单株选择。入选的株数为 200~500 株，尽可能包括各种类型。F_5 或 F_6 按株系种植，每小区 30~50 株，随机区组设计，2 或 3 次重复。对质量性状和数量性状都进行选择，入选少数优良株系(约 5%)，升级鉴定。

改良混合选择法的理论依据是：自花授粉植物经过 4 或 5 代繁殖后，群体内大多数个体的基因型已接近纯合。在分离世代保持较大的群体，可保证各种重组基因型都有表现的机会。

改良混合选择法的优点有：①优良基因型被丢失的可能性小；②方法简便易行；③用于自花授粉植物的选择效果不亚于系谱法；④可以利用自然选择的作用，使对生物本身有利的性状得到改良；⑤有可能获得育种目标以外的优良类型。

该方法的缺点是：①与自然选择方向不一致的优良性状难以积累改良；②高世代群体大，增加了选择工作量，因为许多不良性状均保留到了高世代；③占地比较多；④无法考证入选系统的历史、亲缘关系。

3. 单子传代法

单子传代法是改良混合选择法的一种变通形式，适用于自花授粉植物。其选择程序为：从 F_2 开始，每代都保持同样规模的群体，一般为 200~400 株，单株采种。从每代每一单株上收获的种子中，选一粒非常健康饱满的种子播种下一代，保证下一代仍有同样的株数，各代均不进行选择。繁殖到遗传性状稳定、不再分离的世代为止(一般为 4~5 代)。再从每一单株上多收获一些种子，按株系播种，构成 200~400 个株系，进行株系间的比较选择。一次选出符合育种目标要求，性状整齐一致的品系，进行品种比较试验、区域试验和生产试验。

单子传代法与改良混合选择法相比的优点有：①约束 F_3~F_5(F_2~F_4 进行单子传代时)群体大小不超过 F_2，群体不大，可以节约土地和人力，适于株行距大的植物和在保护地内加代繁殖选择；②在栽培条件和措施都有保障的情况下，可保证每个 F_2 个体都有同样的机会繁殖后代，F_2 有多少单株，F_5 仍有多少单株，而混合选择法不能办到。

单子传代法也有一些缺点：①当目标性状为多基因控制的性状，而 F_2 的群体又较小时，有些优良基因型可能从已出现的杂合体后代中分离出来，但由于每个个体只繁殖一个后代，上述基因型被分离出来的机会就少。②同改良混合选择法一样无法考证亲缘关系，缺乏多代表现的系谱考证资料。因而对株系的取舍难以精确的判断。③由于影响植物生长发育的因素很多，难以保证每一粒种子播种后都能萌发、正常地生长发育直至结出种子。因此，F_2 以 200~400 粒种子单子传下去，到 F_5 一般都难以保证仍有 200~400 个株系供选择，从而有可能导致优良基因型的丢失。

杂种后代的选择方法还有多种，在选择育种中介绍的选择方法几乎都能用。究竟采用哪种方法可根据植物种类、繁殖习性、种植密度、育种目标和 F_2 的分离情况灵活掌握。当 F_2 分离很大时，最好用系谱法；分离小时，用单子传代法也可取得较好的选育效果。对异花授粉植物，不宜采用系谱法，不宜连续多代自交，可以采用母系选择法或单株选择和混合选择交叉进行。

六、远缘杂交育种

(一) 远缘杂交育种的概念和意义

远缘杂交育种是指不同种、属间或亲缘关系更远的植物类型间杂交，也包括栽培植物与野生植物间的杂交。多数学者认为有性生殖隔离的类型之间的杂交属于远缘杂交。远缘杂交的意义：①提高植物抗逆、抗病性。由于长期自然选择的结果，野生种往往具有栽培种所欠缺的优异种质资源，通过远缘杂交可以引入有利基因。例如，现代月季与东北月季杂交提高抗寒性，栽培牡丹与黄牡丹杂交提高抗病性。②创造植物新类型。远缘杂交在一定程度上就能够打破物种之间的界限，促使不同物种的基因交流，从而形成新物种。现已查明，很多物种都是通过天然的远缘杂交和染色体加倍演化而来的，如普通小麦、陆地棉、普通烟草、甘蔗等。③创造雄性不育的新类型。利用雄性不育系是简化育种程序的重要手段，现代育种学家利用远缘杂交的手段导入胞质不育基因或破坏原来的质核协调关系育成多种作物的雄性不育系和保持系。④利用杂种优势。远缘杂种常常由于遗传上或生理上的不协调，而表现出生活力衰退，但某些物种之间的远缘杂种具有强大的杂种优势。例如，多球悬铃木和一球悬铃木的杂交种二球悬铃木，具有抗性强、树势强健和适应性强等优点，是长江流域主要的行道树。

(二) 远缘杂交的特点

1. 杂交不亲和及其克服方法

远缘杂交时，常表现不能结籽或结籽不正常的现象称为杂交不亲和性。出现这种现象的重要原因是：①表面原因是花期不遇，花粉暴裂、不萌发，花粉管不进入胚囊，双受精不完全；②实质原因是物种间存在生殖隔离和遗传差异。

克服杂交不亲和的方法：①注意选配亲本。除遵循一般原则外，还要考虑到不亲和性，正反交往往亲和性不同。实践证明，在种属间杂交范围内，采用染色体数较多或染色体倍数性高的种作母本较易杂交成功。②选用媒介种。利用亲缘关系与两亲本较近的第三个种作桥梁，这个“桥梁种”起了有性媒介的作用。③重复授粉法。利用雌蕊发育程度和生理状况的差异，多次授粉，促进结籽。④混合授粉。利用同种几个品种的混合花粉授在另一个亲本柱头上。⑤柱头移植或花柱头截短法。柱头移植是将父本花粉授在同种植物柱头上，然后在花粉管尚未完全伸长之前切下柱头，移植到异种的母本花柱上；或先进行异种柱头嫁接，待 1~2 天愈合后授粉。花柱截短是将母本花柱切除或剪短，直接授上父本花粉；或将花粉的悬浮液注入子房(人工授粉)，不需花柱直接胚珠受精(对于蒴果型子房较方便)。⑥化学处理。使用赤霉素、萘乙酸、硼酸、吲哚乙酸等。⑦试管受精与雌蕊培养。试管受精是从母本花中取出胚珠，置于试管中培养和人工授精，已在烟草属、石竹属、芸薹属等植物远缘杂交中获得成功。雌蕊培养是为避免受精后子房早期脱落，也可在母本未开裂前取出雌蕊接种在培养基上培养。

2. 杂种的夭亡、不育及其克服方法

杂种夭亡是指受精成功以后，杂种幼胚、种子、幼苗或植株在发育过程中死亡。杂种不育性指远缘杂种不能长成正常植株的现象。远缘杂种不育性的主要表现：①受精后的幼胚不发育、发育不正常或中途停止；②杂种幼胚、胚乳和子房组织之间缺乏协调性，特别是胚乳发育不正常，影响胚的正常发育，致使杂种胚部分或全部坏死；③虽能得到包含杂种胚的种子，但种子不能发育，或虽能发芽，但在苗期或成株前夭亡。

造成种胚夭亡、不育的主要原因：①两亲的遗传差异大，引起受精过程不正常和幼胚细胞分裂的高度不规则，因而使胚胎发育中途停顿死亡。②由于小苗在生理上的不协调，影响了杂种的成苗、成株。③胚及母体组织(珠心、珠被)间的生理代谢失调或发育不良，也会导致胚乳发育不良及杂种幼胚死亡。如果没有胚乳或胚乳发育不全，胚便会中途停止发育或解体。

可根据产生不育的不同原因，分别采用下列方法：①胚的离体培养。当受精卵只发育成胚而无胚乳，或胚与胚乳的发育不适应时，可用胚培养技术获得杂种苗。这在许多植物的远缘杂交中得到应用。②染色体加倍。当双亲染色体不同源或同源性小时，杂种一代常因染色体不能配对导致不育。在这种情况下，可通过秋水仙素加倍，合成双二倍体便可恢复其育性。③回交。远缘杂种不育往往表现为雄配子败育，而雌配子中有少数比较正常。因此，可采用亲本之一的正常花粉对杂种的雌配子授粉，可得到少量回交杂种种子。④改善发芽和生长条件。远缘杂种由生理不协调引起的生长不正常，在某些情况下可通过改善生长条件，恢复其正常生长。⑤嫁接。幼苗出土后如果发现由根系发育不良而引起的夭亡，可将杂种幼苗嫁接在母本幼苗上，使杂种正常生长发育。

(三) 杂种后代的分离与选择

1. 远缘杂种的分离特点

(1) 分离强烈、复杂：远缘杂交的后代比种内杂交具有更为复杂的分离现象。根据目前有关的试验报道，远缘杂种后代的分离大致可以归纳为综合性状类型、亲本性状类型、新物种类型。远缘杂种的分离现象极为复杂，目前对其分离规律性很不了解。因此，深入研究远缘杂交的遗传机制，将对控制远缘杂种分离，以及对远缘杂种的选择、培育等具有重要的实践意义。

(2) 分离世代长、稳定慢：远缘杂种的分离很不规律，有的从第一代开始分离，有的到第3、第4代才开始分离，分离现象往往延续到第7、第8代甚至更多，稳定慢。

2. 远缘杂种后代分离的控制与稳定

为控制杂交后代的分离、加速稳定，常采用以下方法。

(1) F_1的染色体加倍：杂种一代是双单倍体，加倍后形成纯合的双二倍体，除能克服不实外，还能减少分离，加快杂种后代的稳定。

(2) 回交：进行一次或数次回交，可使杂种的某一亲本(轮回亲本)同源的、能互相正常配对的染色体数目逐渐增加，同时使异源的、不能配对的染色体逐渐减少，然后自交分离，就能使杂种较快稳定下来。

(3) 诱导杂种产生单倍体植株：F_1的花粉虽然大多是不育的，但有少数是有生活力的。因此，将杂种花粉培养成单倍体，经加倍获得稳定的纯合二倍体成为稳定个体。

(4) 诱导染色体易位：诱导双亲的染色体发生易位，把仅仅带有目标性状的染色体节段转移给栽培品种，这样即可获得具有野生种有利性状的品种新类型。

3. 远缘杂种的选择和培育

对于无性繁殖的植物而言，无论在哪一代出现理想的遗传优良个体，即可通过无性繁殖的方法繁殖杂种后代。然而对于有性繁殖的植物必须根据育种目标对后代进行严格的选择，才能获得符合育种目标的新类型或新品种。根据远缘杂种的若干特点，在进行选择时，必须注意如下几个原则。

(1) 扩大杂种早代的群体数量：远缘杂种由于亲本的亲缘关系较远，分离更为广泛，生长有大量的不良株、畸形株，有的中途夭亡，而且不育株多。就一般而言，杂种早代群体中具有优良新性状的组合比例不会很多，而且常伴随一些不利的野生性状。因此，必须尽可能提供较大的群体，以增加更多的选择机会。

(2) 增加杂种的繁殖世代，早代宜宽：远缘杂种往往分离世代甚长，有些 F_1 虽不出现变异，而在以后的世代中仍然可能出现性状分离，因此，一般不宜过早淘汰。但是对那些经过鉴定，证明不是远缘杂种而是无融合生殖的后代，应及时淘汰。

(3) 再杂交或回交选择：对于 F_1，除了一些比较优良的类型可直接利用外，还可以进行杂种单株间的再杂交或回交，并对以后的世代继续进行选择。特别是在利用野生资源作杂交亲本时，野生亲本往往带来一些不良性状。因此，通常将F_1与某一栽培亲本回交，以加强某一特殊性状，并除去伴随野生亲本而来的一些不良性状，以达到品种改良的目的。

(4) 灵活应用选择方法：早代群体大、育性低，一般采用混选法。但在性状出现明显分离后，应选单株。此外，应将培育与选择相结合。例如，给杂种以充足的营养和优越的生育条件。特别是与多倍体、单倍体育种等手段结合起来，将有助于杂种优良性状的充分体现，加速杂种性状的稳定，缩短杂交育种的周期。

第三节　杂种优势与利用

大多数异花授粉植物如果令其连续多代自交，其后代往往会发生自交衰退的现象，表现为生长势变弱、植株变小、抗性下降、产量下降等。这是因为异花授粉植物长期异交，不利的隐性基因有较多机会以杂合形式被保存下来。一旦自交，隐性不利基因趋于纯合就会表现出衰退现象。衰退程度因植物种类的不同而不同，如十字花科作物多数自交衰退程度较重，而瓜类衰退程度较轻。杂种优势是指两个遗传组成不同的亲本杂交产生的 F_1 植株在生活力、生长势、适应性、抗逆性和丰产性等方面超过双亲的现象。

优势杂交育种是利用生物界普遍存在的杂种优势，选育用于生产的杂交种品种的过程。由于F_1与一般品种相比具有明显的抗性强、产量高、整齐度好等优点，近年优势育种选育的杂交新品种越来越多，也越来越受到重视。

一、杂种优势的遗传理论

人们在生产实践中发现生物杂种优势现象广泛存在，但杂种优势又是如何产生的呢？也就是说杂种优势的遗传基础是什么呢？遗传学研究工作者提出了各种各样的假说。在众多的关于杂种优势遗传理论的解释中最主要的有：显性假说与超显性假说。

(一) 显性假说

1. 显性基因互补假说

显性基因互补假说是由 Bruce 等在 1910 年首先提出来的。他们认为显性基因对性状的作用大于隐性基因，两亲本分别在不同位点上隐性纯合，表现隐性性状，双亲显性基因全部聚集在杂种中，杂种 F_1 在各基因位点上呈杂合状态，表现为显性性状，所以杂种优于双亲平均值，甚至最优亲本。例如，豌豆株高主要受两对基因控制，其中一对基因控制节间长度(长对短为显性 L/l)，另一对基因控制节数(多对少为显性 M/m)。杂种既表现为节间长，又表现为节数多，因而株高高于双亲，表现杂种优势。

显性基因互补假说的问题之一是依据显性基因互补假说，按照独立分配规律，F_1 自交获得的 F_2 应该符合$(3/4+1/4)^n$展开式的理论比例，表现为偏态分布；但是事实上 F_2 一般仍表现为正态分布。其问题之二是从理论上讲 F_2 及其以后的世代可以分离出像 F_1 一样结合两个亲本显性基因的杂合体与纯合体，但是事实上许多生物的许多性状很难从后代选育出与 F_1 表现相近的纯合稳定个体。

2. 显性连锁基因假说

显性连锁基因假说是 Jones (1917)对显性互补假说做出的补充，该假说认为：控制某些有利性状的显性基因数目很多。因而一些显性基因与另一些隐性基因形成连锁关系，那么，当基因数目增大时将呈正态分布，并且从后代中选育完全纯合显性的个体也几乎不可能。

上述两个方面的内容综合简称为显性假说，主要用各对基因的显性作用来解释杂种优势，没有考虑非等位基因间的作用。

(二) 超显性假说

超显性假说也称为等位基因异质结合假说，是 Shull 于 1908 年首次提出来的，经 East 等补充发展而成。超显性假说认为：等位基因间没有显隐性关系，双亲基因异质结合，等位基因间互作大于纯合基因型的作用。设 a_1/a_2 为一对等位基因，a_1 控制代谢功能 A，a_2 控制代谢功能 B。①a_1a_1 具有 A 功能，设其作用为 10 个单位；②a_2a_2 具有 B 功能，设其作用为 4 个单位；③杂合体 a_1a_2 具有 A、B 两种代谢功能，可产生 10 个以上单位的作用，超过最优亲本，即 $a_1a_2>a_1a_1$、$a_1a_2>a_2a_2$。这一假说得到了许多试验资料的支持，同时也能够从生物化学和分子遗传水平得到一些支持。但是它否认等位基因间的显隐性关系，忽视了显性基因的作用。

(三) 两种假说比较

两种假说都立论于杂种优势来源于双亲基因间的相互关系，也就是说双亲间基因型的差异对杂种优势起着决定性作用，但都没有考虑到非等位基因间的相互作用(上位性作用)。

事实上，生物种类是多种多样的，同种生物性状遗传控制也是多种多样的，因而生物的杂种优势可能是由上述的某一个或几个遗传因素共同造成的。

二、杂种优势的衡量方法

衡量杂种优势的强弱是为了有效地开展育种工作，提供选择亲本及对杂交种进行有效的评价，有利于杂交种尽快地应用于生产。通常可采用以下几种度量方法。

(1) 超中优势：又称为中亲值优势。以中亲值(某一性状的双亲平均值的平均)作为尺度来衡量 F_1 平均值与中亲值之差的度量方法。计算公式为

$$H=\frac{F_1-(P_1+P_2)/2}{(P_1+P_2)/2}$$

式中，H 表示为杂种优势；F_1 表示杂种一代的平均值；P_1 表示第一个亲本的平均值；P_2 表示第二个亲本的平均值。

一般情况下，H 值为 0~1，当 $H=0$ 时无优势。这种衡量方法的实用价值不大，因为如果双亲相差比较大，F_1 即使超中优势比较强，如未超过大值亲本，也没有推广价值，不如直接应用大值亲本。

(2) 超亲优势：是利用双亲中较优良的一个亲本的平均值(P_h)作为标准，衡量 F_1 平均值与高亲平均值之差的方法。计算公式为

$$H=\frac{F_1-P_h}{P_h}$$

应用这种方法的理由是如果 F_1 的性状不超过优良亲本就没有利用价值。因此用该法可直接衡量杂种的推广价值，但是超过亲本并不意味着超过当地的主栽品种，如果性状的优良程度低于生产上正在应用的品种，也没有推广价值。

(3) 超标优势：是以标准品种(生产上正在应用的同类优良品种)的平均值(CK)作为尺度衡量 F_1 与标准品种之差的方法。计算公式为

$$H=\frac{F_1-\mathrm{CK}}{\mathrm{CK}}$$

这种方法因为利用标准品种来对比，而标准品种是当时当地大面积栽培的品种，所以更能反映杂种在生产上的应用价值，如果所选育的杂种一代不能超过标准品种就没有推广价值。但这种方法根本不是对杂种优势的度量，不能提供任何与亲本有关的遗传信

息。因为即使对同一组合同一性状来讲，一旦所用的标准品种不同，H 值也变了，没有固定的可比性。

(4) 离中优势：它是以双亲平均数之差的一半作为尺度衡量 F_1 杂种优势的方法，是以遗传效应来度量杂种优势的。计算公式为

$$H=\frac{F_1-(P_1+P_2)/2}{(P_1-P_2)/2}$$

这种方法反映了杂种优势的遗传本质，便于在各种组合和各种性状间进行单独的或综合的比较。同时反映了 H 值与亲本双亲值之差呈负相关，也就是说双亲差异越小越容易出现杂种优势。

三、优势育种与有性杂交育种的比较

优势育种与有性杂交育种从育种程序上来说，有很多相似的地方。例如，需大量收集种质资源，选择选配亲本，都经过有性杂交、品种比较试验、区域试验、生产试验等。区别在于以下几个方面。

(1) 从理论上看，有性杂交育种利用的主要是群体或作物可以固定遗传的部分，一旦育成品种，可长期稳定的遗传，其后代自交没有分离的现象。优势育种利用的是不能固定遗传的非加性效应，后代自交发生分离，杂种优势衰退。

(2) 从育种程序上来看，常规杂交育种是先进行亲本间杂交，然后自交分离选择，最后得到基因型纯合的定型品种，即先杂后纯。优势育种是首先选育自交系，经多代纯合稳定后再进行配对杂交，通过品种比较试验，最后选育出优良的基因型杂合杂交种的过程，即先纯后杂。

(3) 在种子生产上，经有性杂交育种获得的品种留种容易，每年从生产田或种子田内的植株上可收获种子，即可供下一代生产播种之用。优势育种选育的杂交种品种不能直接留种，每年必须专设亲本繁殖区和生产用种地。

四、杂种优势育种的一般程序

(一) 优良自交系的选育

自交系是指经过多代自交，经选择而产生的性状整齐一致、遗传稳定的系统。自交系选育的作用在于经过多代的自交，使基因型纯合或接近纯合，通过选择可以淘汰不良的性状，常用的方法有系谱选择法和轮回选择法。

1. 系谱选择法

(1) 选择优良的品种作为育成优良自交系的基础材料。选育自交系首先必须收集大量的原始材料。原始材料最好是具有栽培价值的农家定型品种和大面积推广的定型品种。因为它们本身的经济性状比较优良，基因型的杂合度不高，选育自交系所需的时间相对较短。其他类型的材料需花较长的时间，如用杂种需要自交 5 代以上才能基本纯合。

(2) 选株自交。在选定的基础材料中选择无病虫危害的优良单株自交。自交株数取决于基础材料的一致性程度，一致性好的，通常自交 5~10 株；一致性差的需酌情增加。每一变异类型至少自交 2 或 3 株，每株自交种子数应保证后代可种 50~100 株。

(3) 逐代选择淘汰。首先进行株系间的比较鉴定，然后在当选的株系内选择优良单株自交。优良单株多的当选自交系应多选单株自交，但不能超过 10 株。每个自交二代株系一般种植 20~200 株，以后仍按这个方法和程序逐渐继续选择淘汰，但选留的自交株系数应逐渐减少直到几十个。每一自交株系种植的株数可随着当选自交株系的减少而增加。总的原则是主要经济性状不再分离，生活力不再明显衰退。自交系选育出来后，每个自交系种一个小区进行隔离繁殖，系内株间可以自由授粉。

2. 轮回选择法

系谱选择法只能根据自身的直观经济性状进行选择。并不知道选择得到的自交系与其他亲本配组的杂种后代的表现。通过轮回选择法培育的自交系不仅可保证自身经济性状优良，而且可提高自交系的配合力。轮回选择的方法有很多种，现分别介绍两种配合力的轮回选择。

(1) 一般配合力轮回选择。与系谱选择法一样，首先应该选择优良的品种作为基础材料，其要求与系谱法一样。然后按下列程序选择。

第一代：自交与测交。在基础材料中选择百余株至数百株自交，同时作为父本与测验种进行测交。测验种是测交用共同亲本，宜选用杂合型群体如自然授粉品种、双交种等。测交种子分别单独收获储存。

第二代：测交种比较和自交种储存。将每个测交组合各种一个小区，设 3~4 次重复，按随机区组设计排列。比较测交组合性状的优劣，选出 10%最优测交组合。测交组合的父本自交种子在这一代不播种而是保留在室内干燥条件下，用于下一代播种。

第三代：组配杂交种。把当选的优良测交组合的相应父本自交种子分区播种。用半轮配法配成$[n(n-1)]/2$ 个单交种(n 为亲本数)或用等量种子在隔离区内繁殖，合成改良群体。

如果经过这一轮选择尚未达到要求，则以第三代的合成改良群体作基础材料，按上述方法进行第一轮或更多轮的选择。

从上述轮回选择的程序来看，选择的依据不是自交植株本身的直观经济性状，而是它与基因型处于杂合状态的测交后代的表现。因此，可以反映该自交植株的一般配合力，所以称它为一般配合力轮回选择。

(2) 特殊配合力轮回选择。特殊配合力轮回选择要求用基因型纯合的自交系或纯育品种作测验种，其他方面与一般配合力轮回选择完全一样。如果轮回选择得到的自交系，个体间差异仍较大，则可以从中选优良单株自交 1 或 2 代或多代。

(二) 配合力及其测定

1. 配合力的概念

所谓配合力是指衡量亲本杂交后 F_1 表现优良与否的能力。配合力分一般配合力和特殊配合力两种，一般配合力是指一个自交系在一系列杂交组合中的平均表现；特殊配合力是指某特定组合某性状的观测值与根据双亲的一般配合力所预测的值之差。在上述选育自交系的过程中，只是根据亲本本身的表现进行选择的。亲本本身的表现固然与 F_1 的表现有关，但用它来预测 F_1 的表现很不准确。有些亲本本身表现好，其 F_1 的表现不一定很好。相反，有些 F_1 的优势强，而它的两个亲本表现并不是最好的。因此，自交系选育出来后，要进行配合力分析。配合力分析结果出来后，便可确定哪些组合该采用哪种育种方案。当一般配合力高而特殊配合力低时，宜用于常规杂交育种；两者均高时，宜用于优势育种。当一般配合力低而特殊配合力高时，宜采取优势育种；两者均低时，这样的株系和组合就应淘汰。

2. 配合力分析方法

配合力分析有粗略分析和精确分析两种。当材料很多时采用粗略分析，可选一个测验种分别与要分析的材料杂交，这种分析结果不太准确。精确分析方法可分完全双列杂交法(轮配法)、部分双列杂交法和不完全双列杂交法。

(三) 配组方式的确定

配组方式是指杂交组合父母本的确定和参与配组的亲本数。根据参与杂交的亲本数可分为单交种、双交种、三交种和综合品种 4 种配组方式。

单交种是指用两个自交系杂交配成的杂种一代，这是目前用得最多的一种配组方式，其主要优点是：基因型杂合程度最高，株间一致性强，制种程序简单。

双交种是由 4 个自交系先配成两个单交种，再用两个单交种配成用于生产的杂种一代品种，利用双交种的主要优点是降低杂种种子生产成本。与单交种相比，它的杂种优势和群体的整齐性不如单交种。

三交种是先用两个自交系配成单交种，再用另一个自交系与单交种杂交得到的杂交种品种。利用三交种的目的主要是为了降低杂种种子生产成本，与双交种一样也存在杂种优势和群体的整齐度不及单交种等缺点。

综合品种是将多个配合力高的异花授粉或自由授粉植物亲本在隔离区内任其自由传粉得到的品种，适应性更强，但整齐度较差。可连续繁殖 2~4 代，保持杂种优势，由于授粉的随机性，不同年份所获得的种子，其遗传组成不尽相同，所以在生产中表现不太稳定。

五、雄性不育系的选育和利用

在两性花植物中雄蕊败育现象称为雄性不育，有些雄性不育现象是可以遗传的，采用一定的方法可育成稳定遗传的雄性不育系。

杂种优势普遍存在，但很多作物由于单花结籽量少，获得杂交种子难，杂交种子生产成本太高而难以在生产中应用。利用雄性不育系配制杂交种是简化制种的有效手段，可以降低杂交种子生产成本，提高杂种率，扩大杂种优势的利用范围。另外，利用雄性不育系制种还可以提高杂交种子的纯度和质量。

(一) 雄性不育的遗传类型及不育系的选育

1. 细胞质雄性不育系的选育

细胞质不育型是指不育性完全由细胞质控制的不育系，与细胞核没有关系，其遗传特征是所有可育品系给不育系授粉，均能保持不育株的不育性，但找不到相应的恢复系。

细胞质雄性不育系的选育实际上是饱和回交的过程。在结球白菜中获得了典型的细胞质雄性不育材料，即含萝卜雄性不育异胞质的白菜材料。以待转育的可育白菜品系作为轮回杂交父本，经连续 4 或 5 代回交，即可育成新的雄性不育系。

对于有性繁殖的植物，由于没有相应的恢复系，在生产上应用价值不大。

2. 核基因雄性不育系的选育

核基因雄性不育系是指不育性受细胞核基因控制的不育系。不育基因有隐性的，也有显性的；不育基因的数目有一对的，也可能有多对的，还可能有复等位基因控制不育性状的表达。因此，核不育类型雄性不育性的遗传比较复杂。

在不育基因转育过程中，应首先了解待转育品系在核不育复等位基因位点上的基因型，所用不育源的基因应与待转育材料的基因互补，凑齐三个复等位基因，按遗传模式转育即可。

3. 质核互作雄性不育系的选育

核质互作不育型又称为胞质不育型，其不育性由核不育基因和细胞质内的不育因子互作控制，只有核不育基因与细胞质不育因子共同存在时，才能引起雄性不育。这种类型的不育性既能筛选到保持系，又能找到恢复系，可以实现“三系”配套，是以果实或种子为产品的农作物较理想的不育类型。不育系可在自然群体中寻找，通过杂交转育，也可以从近缘种引入不育细胞质。

(二) 利用雄性不育系制种的方法和步骤

以果实或种子为产品的作物，利用雄性不育系生产杂交一代种子必须三系配套。每年制种至少需要设立两个隔离区，一个为雄性不育系繁殖区，另一个是杂种一代制种区。在不育系繁殖区内栽植不育系和保持系，目的是扩大繁殖不育系种子，为制种区提供制种母本；不育系繁殖区同时也是不育系和保持系的保存繁殖区，即从不育系上收获的种子除大量供播种下一年制种区之外，少量供下一年不育系繁殖区之用，而从保持系上收获的种子仍为保持系，可供播种下一年不育系繁殖区内保持系之用。在这个区内按 1∶(3~4)的行比种植保持系和不育系，隔离区内任其自由授粉或人工辅助授粉。

杂交一代制种区内栽植不育系和恢复系，不育系和恢复系栽植行的比例原则上是在保证不育株充分授粉的前提下，尽量减少恢复系的行数。两者栽植行比例因作物种类、品种和地区等因素而有别，一般以 1∶(2~4)的行比栽植父本(或恢复系)和雄性不育系。隔离区内任其自由授粉或人工辅助授粉。在不育系上收获的种子即为 F_1 种子，下一年用于生产。在恢复系上收获的种子，下一年继续作父本用于 F_1 制种。

六、自交不亲和系及其利用

具有自交不亲和性的系统称为自交不亲和系。自交不亲和系不仅指植株自交不亲和，而且也指基因型相同的同一系统内植株之间相互交配的不亲和。自交不亲和性在白菜、甘蓝、雏菊和藿香蓟等植物中普遍存在。利用自交不亲和系制种与利用雄性不育系制种一样，可以节省人工去雄的劳力，降低种子生产成本，保证较高的杂种率。

1. 选育自交不亲和系的方法

自交不亲和系应具备以下条件：①花期内株间交配和自交高度不亲和性相当稳定；②蕾期控制自交结实率高；③胚珠和花粉生活力正常；④经济性状优良；⑤配合力强。

在选育过程中，需要对经济性状、配合力和自交不亲和性三方面进行选择。经济性状和配合力的遗传比自交不亲和性复杂得多，所以应该先针对经济性状和配合力进行选择。实际育种工作中，一般都是对初选配合力高的亲本，进行自交不亲和性的测定。方法是选择优良单株分别进行花期自交和蕾期授粉，以测定亲和指数和留种。计算亲和指数的公式为

亲和指数＝花期自交平均每花结籽数/花期混合花粉异交平均每花结籽数

亲和指数≤0.05 为不亲和，＞0.05 为亲和，初步获得的自交不亲和株系是不纯的，必须经过多代(一般为 4 或 5 代)自交选择。

常用的测定亲和指数的方法有如下三种。

(1) 全组混合授粉法。将同一系内全部抽样单株(通常为 10 株)的花药等量混合均匀后，授到提供花粉的 10 株单株的柱头上，测定亲和指数，这种方法的优点是比较省工。测验一个不亲和系，只要配制 10 个组合，而在理论上包括了与轮配法相同的全部株间正反交和自交共 100 个组合。缺点是当发现有结实指数超标的组合时，不易判定哪一个或哪几个父本有问题，不便于基因型分析和选择淘汰。另外，有可能由于花粉混合不均匀而影响试验的准确性。

(2) 轮配法。每一株既作父本又作母本分别与其他各株交配，包括全部株间组合的正反交和自交。每个自交系选 10 株，如果认为该株自交的亲和性已无需测定，则可省去 10 株自交而只做杂交。此法的优点是测定结果最可靠，并且发现亲和组合时能判定各株的基因型。因此，可用于基因型分析。缺点是组合数太多，工作量大。

(3) 隔离区自然授粉法。把 10 株栽在一隔离区内，任其自由授粉。这种方法的优点是省工省事，并且测验条件与实际制种条件相似。而且不像前两种方法都用人工授粉，只局限于某一时期有限的花而不是整个花期的全部花。缺点是要同时测验几个株系时需要几个隔离区，而网室和温室隔离往往使结实指数偏低。如果发现结实指数较高则跟混合授粉法一样，难以判断株间的基因型异同。

2. 利用自交不亲和系制种的方法

为了降低杂种种子生产成本，最好选用正反交杂种优势都强的组合。这样的组合，正反交种子都能利用。如果正反交都有较强的杂种优势，并且双亲的亲和指数及种子产量相近，则按 1∶1 的行比在制种区内定植父母本。如果正反交优势一样，但两亲本植株

上杂种种子产量不一样，则按 1∶(2~3)的行比种植低产亲本和高产亲本。如果一个亲本的植株比另一个亲本植株高很多以至于按 1∶1 的行比栽植时，高亲本会遮盖矮亲本，则按 2∶2 或 1∶2 的行比种植高亲本和矮亲本，以免影响昆虫的传粉。如果正反交杂种的经济性状完全一样，则正反交种子可以混收，否则分开收获。

3. 自交不亲和系的繁殖

自交不亲和系在正常授粉的情况下是不能结实的，一般都采取蕾期授粉的办法繁殖亲本。据研究开花前 4~5 天柱头就具有接受花粉的能力，花粉以开花当天的花粉为最好。为了防止生活力严重衰退，最好用系内其他植株的花粉授粉，可用剥蕾器或镊子剥开花蕾以便授粉。

第四节 诱变育种

诱变育种就是利用物理或化学的诱变剂处理植物材料，如种子、植物体或其器官，使其遗传物质发生改变，产生各种各样的突变，然后在发生突变的个体中选择符合人们需要的植株进行培育，从而获得新品种。它是人工创育新品种的一种方法，始于 20 世纪 30 年代。当人们肯定 X 射线和某些化学药剂对植物有一定的诱变作用之后，诱变育种工作才得以发展。根据诱变因素，诱变育种可分为物理诱变和化学诱变两类。

一、物理诱变育种

物理诱变育种主要指利用物理辐射能源处理植物材料，使其遗传物质发生改变，进而从中筛选变异进行品种培育的育种方法。

(一) 射线的种类及特征

物理诱变因素可分为电离辐射和非电离辐射。

1. 电离辐射

电离辐射包括 α 射线、β 射线、γ 射线、X 射线、中子等。α 射线是由两个质子和两个中子构成的氦原子流。氦原子与空气分子碰撞便丧失能量，因此可以很容易地被一张纸挡住。β 射线又称为乙种射线，它是由放射性同位素(如 ^{32}P、^{35}S 等)衰变时放出的带负电荷的粒子，重量很小，在空气中射程短，穿透力弱。因此，以上两种射线适合内照射。γ 射线是衰变的原子核释放的能量，又称为丙种射线，是一种高能电磁波，波长很短，穿透力强，射程远，以光速传播，一次可以照射很多种子，而且剂量比较均匀。现在一般是 ^{60}Co γ 射线，常用的照射装置是钴室。X 射线是由 X 光机产生的高能电磁波，它与 γ 射线很相似，其波长比 γ 射线长，射程略近，穿透力不如 γ 射线强。中子是不带电的粒子流，在自然界里并不单独存在，只有在原子核受外来粒子的轰击而产生核反应时，才从原子核里释放出来。中子的辐射源为核反应堆、加速器或中子发生器。

2. 非电离辐射

紫外线是一种穿透力很弱的非电离射线，可以用来处理微生物和植物的花粉粒。

(二) 辐射剂量和剂量率

辐射剂量：单位体积或单位质量的空气吸收的能量。

吸收剂量：单位体积或单位质量被照射物质中所吸收能量的数值。

剂量单位：辐射剂量的单位常因不同射线的不同计量方法而有如下不同。

伦琴：简称伦，用 R 符号表示，它是最早应用于测量 X 射线的剂量单位。

拉德：也称为组织伦琴，用 rad 表示，它是对于任何电离辐射的吸收剂量单位，1rad 就是指 1g 被照射物质吸收了 100erg①的能量。

积分流量：中子射线的剂量计算，以每平方厘米上通过多少个数来确定，其单位以个中子数/cm^2 表示。

居里：是放射性强度的单位，用 Ci 或 C 表示。

剂量率在辐射育种中很重要，往往用同一剂量处理同一个品种的种子，剂量率不同，辐射效果也不同。剂量率即单位时间内射线能量的大小，单位以 R/min 或 R/h 来表示。

(三) 辐射剂量的选择

辐射剂量的选择是辐射诱变育种成功与否的关键因素之一。辐射剂量直接影响突变的频率。所有研究表明，在致死剂量以下，随剂量增大，受照植物的成活率下降，突变频率上升。因此一些学者建议，可将植物的成活率为 60%~70%时所对应的辐射剂量定为其最适剂量。

(四) 辐射处理的主要方法

1. 外照射

外照射是指被照射的种子、球茎、鳞茎、块茎、插穗、花粉、植株等所受的辐射来自外部的某一辐射源。目前外照射常用的是 X 射线、γ 射线和中子。根据使用剂量和照射次数的不同又可分为急性照射、慢性照射和重复照射。急性照射是指在短时间内将所要求的总照射剂量照射完毕，通常在照射室内进行。慢性照射是指在较长时期内将所要求的总照射剂量照射完毕，通常在照射圃场进行。重复照射是指在植物几个世代中连续照射。外照射的主要优点是：简便安全，可大量处理，所以广为采用。外照射处理植物的部位和方法如下。

(1) 种子照射：照射种子的方法有处理干种子、湿种子、萌动种子三种。目前应用较多的是处理干种子。处理干种子的优点是：能处理大量种子，操作方便，便于运输和储藏，受环境条件的影响小，经过辐射处理过的种子没有污染和散射的问题。经照射处理的种子应及时播种，否则易产生储存效应。

(2) 无性繁殖器官照射：有些植物是用无性繁殖的，而且有部分植物从来不结种子，只依靠无性繁殖。诱变育种是对这类材料进行品种改良的重要手段，在诱变育种中只要得到好的突变体，就可直接繁殖利用。

---

① $1erg=10^{-7}J$。

(3) 花粉照射：照射花粉与照射种子相比，其优点是很少产生嵌合体，即花粉一旦发生突变，其受精卵便成为异质结合子，将来发育为异质结合的植株，通过自交，其后代可以分离出许多突变体。其照射方法有两种：一种是先将花粉收集于容器内，经照射后立即授粉，这种方法适用于那些花粉生活力强、寿命长的植物；另一种方法是直接照射植株上的花粉，这种方法一般仅限于有辐射圃或便携式辐照仪的单位，可以进行田间照射。

(4) 子房照射：子房照射也具有不易产生嵌合体的优点。射线对卵细胞影响较大，能引起后代较大的变异，它不仅引起卵细胞突变，亦可影响受精作用，有时可诱发孤雌生殖。对自花授粉植物进行子房照射时，应先进行人工去雄，照射后用正常花粉授粉。

(5) 植株照射：小的生长植株可在钴室中进行整株或局部照射，用试管苗可进行大量的辐射处理。钴植物园是进行大规模田间植株照射辐射育种设施，其优点是能同时处理大量整株材料，并能在植物的整个生长期内、在田间的自然条件下进行长期照射。

2. 内照射

内照射是指辐射源被引入受照射的植物体内部进行照射。目前主要的照射源有 ^{32}P、^{35}S、^{45}Co、^{14}C 等放射性元素的化合物。内照射具有剂量低、持续时间长、多数植物可以在生育阶段处理等优点，但需要一定的防护措施，且吸收剂量不易控制，因此在应用上受到一定限制。常用的内照射方法如下。

(1) 浸泡法：将放射性同位素配制成一定比例强度的溶液，把种子或枝条浸泡其中，所用放射性溶液的用量应以种子吸胀时能将溶液全部吸干为准。

(2) 注射法：用注射器将放射性同位素注入植物的茎秆、枝条、芽等部位。

(3) 施肥法：将放射性同位素施入土壤或培养液，使植物将其吸收。

(4) 饲养法：用放射性的 ^{14}C 供给于植物，借助光合作用所形成的产物来进行内照射。

二、化学诱变育种

化学诱变与辐射诱变相比具有操作简便、价格低廉、专一性强、对防护措施无苛刻要求等优点。但化学诱变有迟发效应，在诱变当代往往不表现变异，在诱变植物的后代才表现出性状的改变。因此，至少需要经过两代的培育、选择，才能获得性状稳定的新品种。

(一) 常用化学诱变剂的种类

1. 碱基修饰物

碱基修饰物包括烷化剂、亚硝酸、羟胺等。烷化剂是在诱变育种中应用最为广泛的一类化合物，它带有一个或多个活跃的烷基，它们借助磷酸基、嘌呤基、嘧啶基的烷化而与 DNA 或 RNA 产生作用，进而导致遗传密码的改变。烷化剂又可分为以下几类：烷基磺酸盐类、亚硝基烷基化合物、次乙亚胺和环氧乙烷类、芥子气类等。亚硝酸对 C、A 和 G 具有氧化脱氨作用，如果没有得到修复，可以在下一次复制时产生碱基替换。羟胺可特异地被嘧啶 C_6 位置上的氨基氮羟化，羟化胞嘧啶配对特性改变，经过复制产生碱基颠换。

2. 核酸碱基类似物

核酸碱基类似物主要包括 5-溴尿嘧啶(5-BU)、5-溴脱氧尿嘧啶(5-BUdR)、5-氟嘧啶、马来酰肼等。这类诱变物的特点是其结构与核酸碱基相似，因此可以在 DNA 复制时代替正常碱基掺入到 DNA 中。由于它们在某些取代基上与正常碱基不同，造成碱基错配，从而引起突变。

3. DNA 插入剂

DNA 插入剂包括吖啶类、溴化乙锭(EB)等。这类化合物在 DNA 复制时插入到模板链碱基之间，新合成单链的对应位置上将随机插入一个碱基；或者取代一个碱基插入到新合成单链中，新合成单链将缺失一个碱基。因此，DNA 插入剂可以导致 DNA 复制过程产生插入或缺失突变。

(二) 化学诱变剂处理的主要方法

1. 药剂配制

通常情况下是先将药剂配制成一定浓度的溶液，有些药剂不溶于水，可先用其他有机溶剂(如乙醇等)将其溶解，再加水配制成所需浓度。但要注意有些物质在水中很不稳定，需要以一定酸碱度的缓冲液进行配制。

2. 处理方法

实验材料需进行预处理。如果以干种子为材料，应先用水浸泡种子，使其发生水合作用，增加细胞膜透性，以提高种子对诱变剂的敏感性并加快对诱变剂的吸收速度。药剂处理的方法主要包括以下几种。

(1) 浸渍法：把欲处理的材料(如种子、接穗、插条、块茎等)浸渍于一定浓度的药剂中。

(2) 涂抹法和滴液法：将适量的药剂涂抹或滴于植株的生长点上或块茎的芽眼上以诱导变异。

(3) 注入法：用注射器注入药剂或用吸有诱变剂的棉团包缚人工刻伤的切口，通过切口使植株或其他受处理的器官吸入药剂。

(4) 熏蒸法：将花粉、花序或幼苗置于一密封的潮湿小箱内，使药剂产生蒸气进行熏蒸。

(5) 施入法：将药剂直接施入栽培植物的土壤或培养液中。

3. 影响化学诱变效应的因素

影响化学诱变效应的因素除诱变剂种类和材料的遗传类型、生理状态、处理浓度和处理时间外，还有：①温度。温度影响诱变剂的水解速度，低温有利于保持化学物质的稳定性；增高温度，可促进诱变剂在材料内的反应速率和作用能力。②适宜的处理方式。低温(0~10℃)下，在诱变剂中将种子浸泡足够长时间，使诱变剂进入胚细胞中，然后将种子转移到新鲜诱变剂溶液内，在 40℃下处理，加快诱变反应速率。③溶液 pH 及缓冲液的使用。一些诱变剂在不同的 pH 下分解产物不同，从而产生不同诱变效应。处理前、处理中都应校正溶液pH。使用一定pH的磷酸缓冲液，可提高诱变剂在溶液中的稳定性。

三、多倍体育种

(一) 多倍体育种的概念

多倍体育种是指采用染色体加倍的方法选育作物新品种的方式。在自然界中，多倍体植物的分布是很普遍的，从低等植物到高等植物都有多倍体类型。多倍体是高等植物进化的一个重要途径。

(二) 多倍体的种类

多倍体因其染色体组的来源不同可分为：同源多倍体和异源多倍体。

1. 同源多倍体

多倍体植物细胞中所包含的染色体组来源相同，则称为同源多倍体。例如，以符号A代表一个染色体组，则AAA表示同源三倍体，AAAA表示同源四倍体，如美国已育成的金鱼草、麝香百合等四倍体类型就属于同源四倍体。同源多倍体可以通过以下三种途径发生：①在受精以后的任何时期体细胞染色体加倍而形成四倍体细胞；②不正常减数分裂，使染色体不减半，形成$2x$配子，$2x$配子和$2x$配子结合形成四倍体，$2x$配子和正常x配子结合形成三倍体；③在减数分裂后的孢子有丝分裂过程中，染色体加倍，产生$2x$配子，受精后形成多倍体。

2. 异源多倍体

如果多倍体植物细胞中包含的染色体组的来源不同，则称为异源多倍体。例如，以符号A代表一个染色体组，B代表另一个染色体组，则AABB表示异源四倍体。如果染色体的加倍是以远缘杂种为对象，由于细胞中的染色体包含了父本、母本两类来源不同的染色体组，那么就形成了异源多倍体。例如，普通烟草($2n=4x=$TTSS$=48$)，就是拟茸毛烟草($2n=2x=$TT$=24$)和美花烟草($2n=2x=$SS$=24$)的杂交种经染色体加倍后形成的。一般也把异源四倍体称为“双二倍体”。异源多倍体的形成有以下三种方式：①二倍体种、属间杂种的体细胞染色体加倍；②杂种减数分裂不正常，同一细胞中两个物种的染色体没有联会而分配到同一个子细胞中产生重组核配子，由这样两个配子结合成为双二倍体的合子能正常发育；③两个不同种、属的同源四倍体杂交也可以产生异源多倍体。

3. 人工诱导多倍体的方法

人工诱导多倍体的方法有物理和化学两类，物理方法主要是仿效自然，如采用温度骤变、机械创伤(如摘心、反复断顶等)、电离辐射与非电离辐射等促使染色体数目加倍。但温度骤变与机械创伤诱导染色体加倍的频率很低，而辐射处理又易引起基因突变，因此，人工诱导多倍体一般不采用物理方法。人工诱导多倍体主要采用化学法，即用一些化学药剂，如秋水仙素、咖啡碱、萘骈乙烷、水合三氯乙醛等，但以秋水仙素的效果为最佳。

1) 诱导多倍体材料的选择

最有希望诱导成多倍体的是下列植物：染色体倍数较低的植物；染色体数目极少的植物；异花授粉植物；能利用根、茎、叶等无性繁殖器官进行繁殖的植物；杂种后代。

秋水仙素溶液只是影响正在分裂的细胞，对于处于其他状态的细胞不起作用。因此，对植物材料处理的适宜时期是种子(干种子或萌动种子)、幼苗、幼根与茎的生长点及球茎与球根的萌动芽等。如果处理材料的发育阶段较晚，被诱导的植株易出现嵌合体。

2) 秋水仙素的理化性质、配制与储藏

秋水仙素是从百合科植物秋水仙(*Colchicum autumnale*)的根、茎、种子等器官中提取出来的一种物质。秋水仙素是淡黄色粉末，纯品是针状无色结晶，性极毒，熔点为 155℃，易溶于水、乙醇、氯仿和甲醛中，不易溶解于乙醚、苯。

秋水仙素能抑制细胞分裂时纺锤丝的形成，使已正常分离的染色体不能拉向两极；同时秋水仙素又抑制细胞板的形成，使细胞有丝分裂停顿在分裂中期。由于它并不影响染色体的复制，所以造成加倍后的染色体仍处于一个细胞中，导致形成多倍体。处理过后，如用清水洗净秋水仙素的残液，细胞分裂仍可恢复正常。

人工诱导多倍体常用秋水仙素的水溶液。配制方法是：将秋水仙素直接溶于冷水中，或先将其溶于少量乙醇中，再加冷水。配制好的溶液应放入棕色玻璃瓶内保存，且保存时应置于暗处，避免阳光直射，此外瓶盖应拧紧，以减少其与空气的接触，避免造成药效损失。

3) 秋水仙素的浓度与处理时间

秋水仙素溶液的浓度及处理时间的长短是诱导多倍体成功与否的关键因素。一般秋水仙素处理的有效浓度为 0.001%~2%，比较适宜的浓度为 0.2%~0.4%。处理时间长短与所用秋水仙素的浓度有密切关系，一般浓度越大，处理时间则要越短，相反则可适当延长。多数实验表明，浓度大、处理时间短的效果比浓度小、处理时间长的要好。但处理时间一般不应小于 24h 或以处理细胞分裂的 1 或 2 个周期为原则。由于不同植物、不同器官或组织在一定条件下对秋水仙素的反应不同，所以，需根据不同情况来掌握处理的浓度和时间。在不同器官方面，处理种子的浓度可稍高些，持续时间可稍长(一般为 24~48h)；处理幼苗时，浓度应低些，处理时间可稍短；植物幼根对秋水仙素比较敏感，极易受损害，因此，对根处理时应采用秋水仙素溶液与清水交替间歇的方法较好。

4) 常用的秋水仙素处理方法

(1) 浸渍法：此法适于处理种子、接穗、枝条及盆栽小苗。对种子进行处理时，选干种子或萌动种子，将它们放于培养器内，再倒入一定浓度的秋水仙素溶液，溶液量为淹没种子的 2/3 为宜。处理时间多为 24h，浓度 0.2%~1.5%。浸渍时间不能太长，一般不超过 6 天，以免影响根的生长，最好是在发根以前处理完毕。处理完后应及时用清水洗净残液，再将种子播种或砂培。盆栽幼苗处理时将盆倒置，使幼苗顶端生长点浸入秋水仙素溶液，以生长点全部浸没为度。对于组织培养试管苗也可采用浸渍法处理，只是处理时需用纱布或湿滤纸覆盖根部，处理时间因材料的不同可从几个小时到几天。对枝条及接穗一般处理 1~2 天，处理后也要用清水清洗。

(2) 滴液法：用滴管将秋水仙素水溶液滴在子叶、幼苗的生长点(顶芽或侧芽部位)上。一般 6~8h 滴一次，若气候干燥，蒸发快，中间可加滴蒸馏水一次，如此反复处理一至数日，使溶液透过表皮渗入组织起作用。若水滴难以停留在芽处，则可用棉球包裹幼芽，再滴加溶液处理。此法与浸渍法相比，可避免植株根系受到伤害，也比较节省药液。

(3) 毛细管法：将植株的顶芽、腋芽用脱脂棉或纱布包裹后，将脱脂棉与纱布的另一端浸在盛有秋水仙素溶液的小瓶中，小瓶置于植株近旁，利用毛细管吸水作用逐渐把芽浸透，此法多用于大植株上芽的处理。

(4) 涂抹法：用羊毛脂与一定浓度的秋水仙素混合成膏状，所用秋水仙素浓度可比水溶液处理略高些，将软膏涂于植株的生长点(如顶芽、侧芽等)。另外，也可用琼脂代替羊毛脂，使用时稍加温后涂于生长点处。

(5) 注射法：采用微量注射器将一定浓度的秋水仙素溶液注入植株顶芽或侧芽中。

5) 采用秋水仙素诱导多倍体的注意事项

(1) 秋水仙素属剧毒物质，配制和使用时，一定要注意安全，避免秋水仙素粉末在空中飞扬，以免误入呼吸道内；也不可触及皮肤。可先配成较高浓度的溶液，保存于棕色瓶中，盖紧盖子，放于黑暗处，用时再稀释。

(2) 处理完后，需用清水冲洗干净，以避免残留药液继续使染色体加倍，从而对植株造成伤害。

(3) 注意处理时的室温，当温度较高时，处理浓度应低一些，处理时间要短些；相反，当室温较低时，处理浓度应高些，处理时间应长些。

(4) 处理的植物材料应选二倍体类型，且生长发育处在幼苗期，幼苗生长点的处理越早越好，扩大处理群体，材料数量应尽量多。

(5) 经处理的植株应加强培育、管理。由于处理材料易形成嵌合体，所以为使加倍的组织正常生长发育，对形成嵌合体的材料还可采用摘顶、分离繁殖、细胞培养等方法进行处理。

4. 多倍体的鉴定与后代选育

1) 植物多倍体的鉴定

经秋水仙素处理后，只有部分植株的染色体出现了加倍现象，且有的植株还会出现加倍的与未加倍的组织嵌合在一起而形成的嵌合体，因此必须对植株进行多倍体鉴定。常用的鉴定方法有如下两种。

(1) 直接鉴定法：取植株的根尖或花粉母细胞，通过压片，在高倍显微镜下检查细胞内的染色体数目，看其是否加倍。该法是最可靠的鉴定方法。当植物材料较多时，采用直接鉴定法就比较浪费时间。最好是先根据植株的形态与生理特征进行间接鉴定，淘汰二倍体植株，再对剩余植株进行直接鉴定。

(2) 间接鉴定法：间接鉴定法一般是以花粉、气孔的大小，结实率的多少，以及形态上的其他巨大性等特点来判断。①气孔鉴定：多倍体气孔大，单位面积气孔数减小。进行气孔鉴定时，可将叶背面撕下一层表层，放在载玻片上滴一滴清水或甘油，在显微镜下观察；或先将叶片浸入 70%的乙醇中，去掉叶绿素后再进行观察。②花粉鉴定：采集少量花粉放在载玻片上，加一滴清水，或将花粉先用 45%的乙酸浸渍，加一小滴碘液，在显微镜下观察花粉粒大小。多倍体花粉粒比二倍体的大，一般可增大 1/3。三倍体的花粒不规则，可与四倍体进行区分。③茎叶鉴定：多倍体植株一般茎秆粗壮，叶片宽厚，并可用蓝色光进行叶色鉴定，当叶肉细胞为多倍体时，其绿色比二倍体的深。由于叶肉细胞与性细胞同源，便可得知性细胞是否是多倍体。④花、果实鉴定：多倍体的花、果实一般均比二倍体的要大，而且常花瓣肥厚，花色较鲜艳。⑤可育性鉴定：多倍体的结实率较低，一般种子大且数量少，对于同源多倍体，几乎难以见到种子。

2) 多倍体后代选育

人工诱变多倍体只是育种工作的开始，因为任何一个新诱变成功的多倍体都是未经筛选的育种原始材料，必须对其选育、加工才能培育出符合育种目标的多倍体新品种。对于同源多倍体，由于其结实率低，后代也存在分离现象，所以，一旦选出优良多倍体植株，能无性繁殖的则采用无性繁殖方法加以利用和推广。繁殖时主要利用主枝，因为侧枝有可能是嵌合体。对于只能用种子繁殖的 1~2 年生草本植物，根据其多倍体后代分离特点可采用适当的选择方法，不断去劣留优，使其成为纯系后再加以利用推广。多倍体进行有性繁殖时，要求其母本必须是真正的多倍体，父本花粉也需进行鉴定。此外还要注意诱导成功的四倍体与普通二倍体的隔离。如果利用的是三倍体品种，则需每年制种，即把二倍体品种与四倍体品种隔行种植，使其天然杂交后来产生三倍体。为避免自花授粉，制种时还需先培育出雄性不育系。对于多倍体品种，栽培时应适当稀植，使其性状得到充分发育，并要注意加强管理。

第三章 分子标记辅助育种

长期以来，植物育种中选择都是基于植株的表型性状进行的，当性状的遗传基础较为简单或即使较为复杂但表现加性基因遗传效应时，表型选择是有效的。但很多作物如水稻的许多重要农艺性状为数量性状，如产量等；或多基因控制的质量性状，如抗性等；或表型难以准确鉴定的性状，如根系活力等。此时根据表型提供的对性状遗传潜力的度量是不确切的，因而选择是低效的。遗传育种学家们很早就提出了利用标记进行辅助选择以加速育种改良进程的设想。形态学标记等常规遗传标记是最早用于植物育种辅助选择的标记，但由于它们数量少、遗传稳定性差，且常常与不良性状连锁，所以其利用受到很大限制。近十年来，分子生物学技术的发展为植物育种提供了一种基于DNA变异的新型遗传标记——DNA分子标记，或简称分子标记。与传统应用的常规遗传标记相比，分子标记具有许多明显的优点，因而已被广泛应用于现代作物遗传育种研究的各个方面，大量以前无法进行的研究目前利用分子标记手段正蓬勃开展，并取得丰硕的成果。尤其是当分子标记技术走出实验室与常规育种紧密结合后，正在为植物育种技术带来一场新的变革。

第一节 分子标记概述

一、分子标记的发展

标记育种是利用与目标性状基因紧密连锁的遗传标记，对目标性状进行跟踪选择的一项育种技术。与育种有关的遗传标记主要有4种类型：形态标记(morphological marker)、细胞标记(cytological marker)、生化标记(biochemical marker)和分子标记(molecular marker)。但由于形态标记数目有限，而且许多标记对育种学家来说是不利性状，所以其难以被广泛应用。细胞标记主要依靠染色体核型和带型，数目有限。同工酶标记在过去的二三十年中得到了广泛的发展与应用。作为基因表达的产物，其结构上的多样性在一定程度上能反映生物DNA组成上的差异和生物遗传多样性。但由于其为基因表达加工后的产物，仅是DNA全部多态性的一部分，而且其特异性易受环境条件和发育时期的影响；此外同工酶标记的数量有限，不能满足育种需要。近年来，分子生物学的发展为植物遗传标记提供了一种基于DNA变异的新技术手段，即分子标记技术。

二、分子标记的优越性

分子标记具有许多明显的优越性，表现为：①直接以DNA的形式表现，在生物体的各个组织、各个发育阶段均可检测到，不受季节、环境限制，不存在表达与否等问题；②数量极多，遍布整个基因组，可检测座位几乎无限；③多态性高，自然界存在许多等位变异，无需人为创造；④表现为中性，不影响目标性状的表达；⑤许多标记表现为共显性的特点，能区别纯合体和杂合体。目前分子标记已广泛用于植物分子遗传图谱的构建，植物遗传多样性分析与种质鉴定，重要农艺性状基因定位与图位克隆，转基因植物鉴定，分子标记辅助育种选择等方面。

第二节　分子标记的类型及特点

从1980年人类遗传学家J.G.K. Botstein首次提出以DNA限制性片段长度多态性作为遗传标记的思想到1985年PCR技术诞生至今，已经发展了十几种分子标记技术，大致可分为三大类：第一类是以分子杂交为核心的分子标记技术，第二类是以聚合酶链式反应为核心的分子标记技术，第三类是基于DNA芯片技术的一些新型分子标记技术。

一、基于分子杂交的分子标记

这类标记利用限制性内切核酸酶酶切不同生物体的DNA分子，然后用特异探针进行Southern杂交，通过放射性自显影或非同位素显色技术揭示DNA的多态性。主要有限制性片段长度多态性(restriction fragment length polymorphism，RFLP)等。

1. 限制性片段长度多态性(RFLP)标记

限制性片段长度多态性，简称RFLP，是出现最早、应用最广泛的DNA标记技术之一。植物基因组DNA上的碱基替换、插入、缺失或重复等，造成某种限制性内切核酸酶(restriction enzyme，RE)酶切位点的增加或丧失是产生限制性片段长度多态性的原因。对每个DNA/RE组合而言，所产生的片段是特异性的，它可作为某一DNA所特有的“指纹”。某一生物基因组DNA经限制性内切核酸酶消化后，能产生数百条DNA片段，通过琼脂糖电泳可将这些片段按大小顺序分离，然后将它们按原来的顺序和位置转移至易于操作的尼龙膜或硝酸纤维膜上，用放射性同位素(如^{32}P)或非放射性物质(如生物素、地高辛等)标记的DNA作为探针，与膜上的DNA进行杂交，若某一位置上的DNA酶切片段与探针序列相似，或者同源程度较高，则标记好的探针就会结合在这个位置上。放射自显影或酶学检测后，即可显示出不同材料对该探针的限制性片段多态性情况。对于线粒体和叶绿体等相对较小的DNA分子，通过合适的限制性内切核酸酶酶切，电泳分析后有可能直接检测出DNA片段的差异，就不需Southern杂交。

RFLP标记非常稳定，它是一种共显性标记，在分离群体中可区分纯合体与杂合体，提供标记位点完整的遗传信息。但RFLP分析的探针，必须是单拷贝或寡拷贝的，否则，杂交结果不能显示清晰可辨的带型，表型为弥散状，不易进行观察分析。RFLP探针主要有三种来源，即cDNA克隆、植物基因组克隆和PCR克隆。多种农作物的RFLP分子遗传图谱已经建成。但其分析所需DNA量较大、步骤较多、周期长，制备探针及检测中要用到放射性同位素，尽管可用非放射性同位素标记方法代替，但成本高、成功率低，且实验检测步骤较多，依然影响其使用和推广，人们正致力于将RFLP标记转化为PCR标记，便于育种等的利用。

2. DNA 指纹图谱

真核生物基因组中存在着许多非编码的重复序列，按其在 DNA 分子上分布的方式，可分为散布重复序列和串联重复序列，而串联重复序列又根据重复单位大小的不同可分为，①小卫星序列，重复单元核心序列含有 6~70bp，中间无间隔，总长度一般小于 1kbp；②微卫星序列，或称为简单重复序列(simple sequence repeat，SSR)，重复单元含有 1~6bp。

小卫星和微卫星 DNA 分布于整个基因组的不同位点。由于重复单位的大小和序列不同及拷贝数不同从而构成丰富的多态性。在基因组多态性分析上，可采用可变数目串联重复 (variable number of tandem repeat，VNTR) 多态性标记技术区别这些小卫星或微卫星序列的差异。VNTR 基本原理与 RFLP 大致相同，只是对限制性内切核酸酶和 DNA 探针有特殊要求，限制性内切核酸酶酶切位点必须不在重复序列中，以保证小卫星或微卫星序列的完整性。另外，内切酶在基因组的其他部位有较多酶切位点，则可使卫星序列所在片段含有较少的无关序列，通过电泳可充分显示不同长度重复序列片段的多态性。分子杂交所用 DNA 探针核苷酸序列必须是小卫星序列或微卫星序列，通过分子杂交和放射自显影后，就可一次性检测到众多小卫星或微卫星位点，得到个体特异性的 DNA 指纹图谱。VNTR 一次可检测到的基因座位数可达几十个，同 RFLP 标记一样，VNTR 实验操作程序烦琐，检测时间长，成本耗费较高。

二、基于 PCR 技术的分子标记

PCR 技术的特异性取决于引物与模板 DNA 的特异性结合，其按照引物类型可分为：①单引物 PCR 标记，其多态性来源于单个随机引物作用下扩增产物长度或序列的变异，包括随机扩增多态性 DNA (random amplification polymorphism DNA，RAPD) 标记、简单重复序列中间区域(inter-simple sequence repeat polymorphism，ISSR) 标记等技术；②双引物选择性扩增的 PCR 标记，主要通过引物 3′端碱基的变化获得多态性，这种标记主要是扩增片段长度多态性(amplified fragment length polymorphism，AFLP)标记；③基于特异双引物 PCR 的标记，如简单序列重复(simple sequence repeat，SSR)标记、序列特征化扩增区域(sequence characterized amplified region，SCAR)和序标签(sequence-tagged site，STS)等。

1. 随机扩增多态性 DNA (RAPD) 标记

RAPD 标记技术由 Williams 等于 1990 年创立，是以 DNA 聚合酶链式反应为基础而提出来的。所谓 RAPD 标记是用随机排列的寡聚脱氧核苷酸单链引物(一般 10 个碱基)通过用 PCR 扩增染色体组中的 DNA 所获得的长度不同的多态性 DNA 片段。非定点地扩增基因组 DNA，然后用凝胶电泳分开扩增片段。遗传材料的基因组 DNA 如果在特定引物结合区域发生 DNA 片段插入、缺失或碱基突变，就有可能导致引物结合位点的分布发生相应的变化，导致 PCR 产物增加、缺少或发生分子质量变化。若 PCR 产物增加或缺少，则产生 RAPD 标记。

RAPD 原理同 PCR 技术，但又有别于常规的 PCR 反应，主要表现在：①引物，常规的 PCR 反应所用的是一对引物，长度通常为 20bp 左右；RAPD 所用的引物为一个，长度仅 10bp；②反应条件，常规的 PCR 退火温度较高，一般为 55~60℃，而 RAPD 的退火温度仅为 36℃左右；③扩增产物，常规 PCR 产物为特异扩增的结果，而 RAPD 产物为随机扩增的结果。这样 RAPD 反应在最初的反应周期中，由于短的随机单引物，低的退火温度，一方面保证了核苷酸引物与模板的稳定配对，另一方面因引物中碱基的随机排列而又允许适当的错配，从而扩大引物在基因组 DNA 中配对的随机性，提高了基因组 DNA 分析的效率。与 RAPD 相似的还有 AP-PCR(arbitrarily primed polymerase chain reaction)。AP-PCR 是指在 PCR 反应中使用的引物长度与一般 PCR 反应中的引物相当，但在反应开始阶段退火温度较低，允许大量错配，因此可引发随机的扩增。一般在 AP-PCR 反应中应用放射标记，其产物在聚丙烯酰胺凝胶上分离，然后通过放射自显影，检测其多态性。

RAPD 标记的主要特点有：①不需 DNA 探针，设计引物也无需知道序列信息；②显性遗传(极少数共显性)，不能鉴别杂合子和纯合子；③技术简便，不涉及分子杂交和放射性自显影等技术；④DNA 样品需要量少，引物价格便宜，一套引物可以用于不同作物，建立一套不同作物标准指纹图谱，成本较低；⑤实验重复性较差，RAPD 标记的实验条件摸索和引物的选择是十分关键而艰巨的工作，用以确定每个物种的最佳反应体系的程序包括模板 DNA、引物、Mg^{2+}、dNTP 浓度等，实验条件的标准化，可以提高 RAPD 标记的再现性。

2. 简单序列重复(SSR)标记

生物基因组内有一种短的重复次数不同的核心序列，它们在生物体内多态性水平极高，一般称为可变数目串联重复序列(variable number tandem repeat，VNTR)，VNTR 标记包括小卫星和微卫星标记两种，微卫星标记即简单序列重复 (simple sequence repeat，SSR) 标记，其串联重复的核心序列为 1~6bp，其中最常见的是双核苷酸重复，即$(CA)_n$、$(TG)_n$和$(GGC)_n$等重复。每个微卫星 DNA 的核心序列结构相同，重复单位数目 10~60 个，其高度多态性主要来源于串联数目的不同。SSR 标记的基本原理：根据微卫星序列两端互补序列设计引物，通过 PCR 反应扩增微卫星片段，由于核心序列为串联重复物，将扩增产物进行凝胶电泳，根据分离片段的大小决定基因型并计算等位基因频率。由于单个微卫星位点重复单元在数量上的变异，个体的扩增产物在长度上的变化就产生长度的多态性，这一多态性称为简单序列重复长度多态性(SSLP)，每一扩增位点就代表了这一位点的一对等位基因。

建立 SSR 标记必须克隆足够数量的 SSR 并进行测序，设计相应的 PCR 引物，其一般程序是：①建立基因组 DNA 的质粒文库；②根据欲得到的 SSR 类型设计并合成寡聚核苷酸探针，通过菌落杂交筛选所需重组克隆，如欲获得$(AT)_n/(TA)_n$ SSR 则可合成 $G(AT)_n$作探针，通过菌落原位杂交从文库中筛选阳性克隆；③对阳性克隆 DNA 插入序列测序；④根据 SSR 两侧序列设计并合成引物；⑤以待研究的植物 DNA 为模板，用合成的引物进行 PCR 扩增反应；⑥用高浓度琼脂糖凝胶、非变性或变性聚丙烯酰胺电泳检测多态性。

SSR 标记的检测是依据其两侧特定的引物进行 PCR 扩增，因此是基于全基因组 DNA 扩增其微卫星区域，检测到的一般是一个单一的复等位基因位点，其主要特点有：①数量丰富，广泛分布于整个基因组；②具有较多的等位性变异；③共显性标记，可鉴别出杂合子和纯合子；④实验重复性好，结果可靠；⑤由于创建新的标记时需知道重复序列两端的序列信息，可以在其他种的DNA数据库中查询，但更多的是必须针对每个染色体座位的微卫星，从其基因组文库中发现可用的克隆，进行测序，以其两端的单拷贝序列设计引物，所以其开发有一定困难，费用也较高。

3. 简单重复序列中间区域(ISSR)标记

简单重复序列中间区域 (inter-simple sequence repeat polymorphism，ISSR) 标记是在SSR标记基础上开发的分子标记，是用两个相邻SSR区域内的引物去扩增它们中间的单拷贝序列，通过电泳检测其扩增产物的多态性。引物设计采用2个核苷酸、3个核苷酸或4个核苷酸序列为基元，以其不同重复次数再加上几个非重复的锚定碱基组成随机引物，从而保证引物与基因组DNA中SSR的5′端或3′端结合，通过PCR反应扩增两个SSR之间的DNA片段。例如，$(AC)_nX$、$(TG)_nX$、$(ATG)_nX$、$(CTC)_nX$、$(GAA)_nX$等(X代表非重复的锚定碱基)。由于ISSR标记不像RFLP标记那样步骤烦琐，且不需同位素标记，所以，针对重复序列含量高的物种，ISSR法可与RFLP、RAPD等分子标记相媲美。它对填充遗传连锁图上大的不饱和区段，富集有用的理想标记具有重要意义。

4. 扩增片段长度多态性(AFLP)标记

扩增片段长度多态性(amplified fragment length polymorphism，AFLP)是对限制性酶切片段的选择性扩增。AFLP首先对基因组DNA进行双酶切，其中，一种为酶切频率较高的限制性内切核酸酶，另一种为酶切频率较低的酶。其中酶切频率较高的限制性内切核酸酶消化基因组DNA是为了产生易于扩增的，且可在测序胶上较好分离出大小合适的短DNA片段；然后再消化基因组DNA是为了限制用于扩增的模板片段的数量。AFLP扩增数量是由酶切频率较低的限制内切核酸酶在基因组中的酶切位点的数量决定的。将酶切片段和含有与其黏性末端相同的人工接头连接，连接后的接头序列及邻近内切酶识别位点就作为以后PCR反应的引物结合位点，通过选择在末端上分别添加1~3个选择性碱基的不同引物，选择性地识别具有特异配对顺序的酶切片段与之结合，从而实现特异性扩增，最后用变性聚丙烯酰胺凝胶电泳分离扩增产物。

AFLP分析的基本步骤可概括为以下内容。①将基因组DNA同时用2种限制性内切核酸酶进行双酶切后，形成分子质量大小不等的随机限制性片段，在这些DNA片段两端连接上特定的寡核苷酸接头；②通过接头序列和PCR引物3′端的识别，对限制性片段进行选择扩增，一般PCR引物用同位素^{32}P或^{33}P标记；③用聚丙烯酰胺凝胶电泳分离特异扩增限制性片段；④将电泳后的凝胶转移到滤纸上，经干胶仪进行干胶处理；⑤在X光片上感光，数日后冲洗胶片并进行结果分析。为避免AFLP分析中的同位素操作，目前已发展了AFLP荧光标记、银染等新的检测扩增产物的手段。

AFLP技术结合了RFLP稳定性和PCR技术高效性的优点，不需要预先知道DNA序列的信息，因而可以用于任何动植物的基因组研究。其多态性远远超过其他分子标记，利用放射性同位素在变性的聚丙烯酰胺凝胶上电泳可检测到50~100条AFLP扩增产物，一次PCR反应可以同时检测多个遗传位点，被认为是指纹图谱技术中多态性最丰富的一项技术。其标记多数具有共显性、无复等位效应等优点，表现为孟德尔方式遗传；但分析成本高，对 DNA 的纯度及内切酶质量要求也比较高。

5. 序列特征化扩增区域(SCAR)标记

序列特征化扩增区域(sequence characterized amplified region，SCAR)是在 RAPD 技术基础上发展起来的。由于 RAPD 的稳定性较差，为了提高 RAPD 标记的稳定性，在对基因组 DNA 做 RAPD 分析后，将目标 RAPD 片段进行克隆并对其末端测序，根据 RAPD 片段两端序列设计长为 18~24bp 的特定引物，一般引物前 10 个碱基包括原来 RAPD 扩增的所有引物。多态性片段克隆之前首先应从凝胶上回收该片段，由于 *Taq* 酶可使 PCR 产物 3′端带上 polyA 尾巴，人工设计的克隆载体 5′端有一个突出的 T 碱基，这样可使 PCR 产物高效地克隆到载体上。以此引物对基因组 DNA 片段再进行 PCR 特异扩增，这样就可把与原 RAPD 片段相对应的单一位点鉴别出来。SCAR 比其他利用随机引物的方法在基因定位和作图中应用更多，具有更高的重现性。SCAR 标记是共显性遗传的，待检 DNA 间的差异可直接通过有无扩增产物来显示，这甚至可省却电泳的步骤。

6. 序标签(STS)

序标签(sequence-tagged site，STS)是序列标签位点的简称，是指基因组中长度为 200~500bp，且核苷酸顺序已知的单拷贝序列，可采用 PCR 技术将其专一扩增出来。STS 引物的获得主要来自 RFLP 单拷贝的探针序列、微卫星序列。其中，最富信息和多态性的 STS 标记应该是扩增含有微卫星重复序列的 DNA 区域所获得的 STS 标记。

迄今为止，STS 引物的设计主要依据单拷贝的 RFLP 探针，根据已知 RFLP 探针两端序列，设计合适的引物，进行 PCR 扩增。与 RFLP 相比，STS 标记最大的优势在于不需要保存探针克隆等活体物质，只需从有关数据库中调出其相关信息即可。STS 标记表现共显性遗传，很容易在不同组合的遗传图谱间进行标记转移，且是沟通植物遗传图谱和物理图谱的中介，它的实用价值很具吸引力。但是，与 SSR 标记一样，STS 标记的开发依赖于序列分析及引物合成，成本较高。国际上已开始收集 STS 信息，并建立起相应的信息库，以便各国同行随时调用。

7. 单链构象多态性(SSCP)

前面提及的各种分子标记都是借助凝胶电泳检测双链 DNA 片段是否在长度上表现出多态性，从而寻找标记。对在长度上没有差异但在序列组成上发生变化的 DNA 片段(如点突变引起的变化)，不能通过一般的凝胶电泳予以区别。单链构象多态性(single strand conformational polymorphism，SSCP)是在一种不同的电泳分离技术的基础上，提示这种相同 DNA 长度含有不同碱基序列组成的 DNA 片段的多态性。其基本原理是：在琼脂糖凝胶和中性聚丙烯酰胺凝胶中电泳，双链 DNA 片段的电泳迁移率同样也依赖于 DNA 链的长短。但单链 DNA 片段呈复杂的空间折叠构象，这种立体结构主要是由其内部碱基配对等分子内相互作用力来维持的，当有一个碱基发生改变时，会或多或少地影响其空间构象，使构象发生改变，空间构象有差异的单链 DNA 分子在聚丙烯酰胺凝胶中受到的阻力不同，会导致电泳迁移率不同，因此，通过非变性聚丙烯酰胺凝胶电泳(PAGE)，可以非常敏锐地将构象上有差异的分子分离开。

将 SSCP 用于检查 PCR 扩增产物的基因突变，从而建立了 PCR-SSCP 技术。其基本步骤是：①PCR 扩增靶 DNA；②将特异的 PCR 扩增产物变性，而后快速复性，使之成为具有一定空间结构的单链 DNA 分子；③将适量的单链 DNA 进行非变性聚丙烯酰胺凝胶电泳；④最后通过放射性自显影、银染或溴化乙锭显色分析结果。若发现单链 DNA 带迁移率与正常对照的相比发生改变，就可以判定该链构象发生改变，进而推断该 DNA 片段中有碱基突变。该方法简便、快速、灵敏，不需要特殊的仪器，符合植物等实验的需要。但它也有不足之处。例如，其只能作为一种突变检测方法，要最后确定突变的位置和类型，还需进一步测序；电泳条件要求较严格；另外，由于 SSCP 是依据点突变引起单链 DNA 分子立体构象的改变来实现电泳分离的，这样就可能会出现当某些位置的点突变对单链 DNA 分子立体构象的改变不起作用或作用很小时，再加上其他条件的影响，使聚丙烯酰胺凝胶电泳无法分辨构象是否改变而造成漏检。尽管如此该方法和其他方法相比仍有较高的检测率。

8. 相关序列扩增多态性(SRAP)

相关序列扩增多态性(sequence-related amplified polymorphism，SRAP)是一种新型的基于 PCR 的标记系统，由美国加利福尼亚大学蔬菜作物系 Li 与 Quiros 博士于 2001 年提出，又称为基于序列扩增多态性(sequence-based amplified polymorphism，SBAP)。它是一种无需任何序列信息即可直接 PCR 扩增的新型分子标记技术，它针对基因外显子里 GC 含量丰富而启动子和内含子里 AT 含量丰富的特点来设计引物进行扩增,因不同个体的内含子、启动子与间隔区长度不等而产生多态性。

SRAP 技术的基本原理是通过一对引物对 ORF 进行扩增，分为正向引物和反向引物。正向引物长 17bp，5′端的前 10bp 是一段填充序列，无任何特异组成，接着是 CCGG 序列，这 4bp 组成核心序列，随后为 3′端的选择性碱基，正向引物对外显子进行扩增。反向引物的组成与正向引物类似，区别在于反向引物长 18bp，填充序列为 11bp，接着是特异序列 AATT，它们组成核心序列，3′端仍然为 3 个选择性碱基，反向引物对内含子区域和启动子区域进行扩增，因内含子、启动子和间隔序列在不同物种甚至不同个体间变异很大，从而与正向引物搭配扩增出基于内含子和外显子的 SRAP 标记。

SRAP 标记的基本步骤是：①SRAP 标记的引物设计；②PCR-SRAP 扩增；③凝胶电泳分析，扩增反应结束后，扩增产物在变性聚丙烯酰胺凝胶上电泳；④扩增产物检测与片段测序。

SRAP 的特点：首先是操作简便，它使用长 17~18bp 的引物及变化的退火温度，保证了扩增结果的稳定性。通过改变 3′端 3 个选择性碱基可得到更多的引物，同时由于正向引物和反向引物可以自由组配，所以用少量的引物可进行多种组合，大大减少了合成引物的费用，同时也大大提高了引物的使用效率。其次，由于在设计引物时正反引物分别是针对序列相对保守的外显子与变异大的内含子、启动子和间隔序列，所以，多数 SRAP 标记在基因组中分布是均匀的，约 20%为共显性，能够比较容易地分离目的标记并测序等，高频率的共显性及在基因组中均匀分布的特性将使其优于 AFLP 标记而成为一个构建遗传图谱的良好标记体系。SRAP 标记测序显示多数标记为外显子区域，测序还表明

SRAP 产生于两个方面：由于小的插入与缺失导致片段大小改变，而产生共显性标记；核苷酸改变影响引物的结合位点，导致产生显性标记。

9. 酶切扩增多态性(CAP)序列

酶切扩增多态性(cleaved amplified polymorphism，CAP)序列又称为 PCR-RFLP，它实质上是 PCR 技术与 RFLP 技术结合的一种方法。CAP 的基本原理是利用已知位点的 DNA 序列资源设计出一套特异性的 PCR 引物(19~27bp)，然后用这些引物扩增该位点上的某一 DNA 片段，接着用一种专一性的限制性内切核酸酶切割所得扩增产物，凝胶电泳分离酶切片段，染色，观察其多态性。其优点是：①引物与限制酶组合非常多，增加了揭示多态性的机会，而且操作简便，可用琼脂糖电泳分析；②在真核生物中，CAP 标记呈共显性；③所需 DNA 量少；④结果稳定可靠；⑤操作简便、快捷、自动化程度高。

三、基于基因芯片等的分子标记

1. 单核苷酸多态性(SNP)

单核苷酸多态性(single nucleotide polymorphism，SNP)主要是指在基因组水平上由单个核苷酸的变异所引起的 DNA 序列多态性。从分子水平上对单个核苷酸的差异进行检测，SNP 标记可帮助区分两个个体遗传物质的差异。检测 SNP 的最佳方法是 DNA 芯片技术。SNP 被称为第三代 DNA 分子标记技术，随着 DNA 芯片技术的发展，其有望成为最重要、最有效的分子标记技术。

理论上讲，SNP 既可能是二等位多态性，也可能是 3 个或 4 个等位多态性，但实际上，后两者非常少见，几乎可以忽略。因此，通常所说的 SNP 都是二等位多态性。这种变异可能是转换或颠换造成的。转换的发生率总是明显高于其他几种变异，具有转换型变异的 SNP 约占 2/3，其他几种变异的发生概率相似。

归纳起来，SNP 的研究主要包括两个方面：①SNP 数据库的构建，主要目的是发现特定种类生物基因组的全部或部分 SNP；②SNP 功能的研究。大规模 SNP 数据库构建是只有基因组序列分析中心可以胜任的工作，常规实验室是不太可能进行该工作的。但我们应该注意到，发现 SNP 只是 SNP 研究的第一步，而 SNP 功能的研究才是 SNP 研究的目的。染色体 DNA 特定区域 SNP 的功能研究是很多分子和遗传学实验室可以进行的工作。特定 DNA 区域的特定 SNP 在特定群体的序列验证和频率分析及 SNP 与特定生理/病理状态关系的研究是 SNP 研究的主要方面。

SNP 的特点：①SNP 数量多，分布广泛。②SNP 适于快速、规模化筛查。组成 DNA 的碱基虽然有 4 种，但 SNP 一般只有两种碱基组成，所以它是一种二态的标记，即双等位基因(biallelic)。由于 SNP 的二态性，非此即彼，在基因组筛选中 SNP 往往只需+/－的分析，而不用分析片段的长度，这就利于发展自动化技术筛选或检测 SNP。③SNP 等位基因频率容易估计。采用混合样本估算等位基因的频率是一种高效快速的策略。该策略的原理是：首先选择参考样本制作标准曲线，然后将待测的混合样本与标准曲线进行比较，根据所得信号的比例确定混合样本中各种等位基因的频率。④易于基因分型。SNP 的二态性也有利于对其进行基因分型。

2. *表达序列标签(EST)*

表达序列标签(expressed sequence tag，EST)是指通过对 cDNA 文库随机挑取的克隆进行大规模测序所获得的 cDNA 5′端或 3′端序列，长度一般为 150~500bp。自从美国科学家 Craig Venter 首先提出 EST 计划以来，随着 EST 计划在不同物种间的不断扩展和深入研究，数据库中已积累了大量的 EST。到 2006 年 4 月，NCBI 数据库已经收录了 1059 个物种的、总数达 35 248 039 条的 EST 序列。EST 资源库的不断扩增极大地方便和加快了生命科学领域的研究，也为利用这些数据来开发 EST 分子标记奠定了基础。

EST 标记是根据 EST 本身的差异而建立的分子标记。根据开发方法的不同，EST 标记可分为 4 类：①EST-PCR 和 EST-SSR(微卫星)。这一类以 PCR 技术为核心，操作简便、经济，是目前研究和应用得最多的一类。②EST-SNP (单核苷酸多态性)。它是以特定 EST 区段内单个核苷酸差异为基础的标记，可依托杂交、PCR 等较多种手段进行检测。③EST-AFLP。它是以限制性内切核酸酶技术和 PCR 相结合为基础的标记。④EST-RFLP。它是以限制性内切核酸酶和分子杂交为依托，以 EST 本身作为探针，与经过不同限制性内切核酸酶消化后的基因组 DNA 杂交而产生的。

EST 标记技术的研究主要集中在对它的开发和建立上，其基本步骤分为：① EST 数据的取得与前期处理，主要是从数据库中查询获取一些低质量片段(＜100bp)，同时存在带有少量载体的序列及末端存在的 polyA/T“尾巴”的序列，可利用 EST-trimmer 和 cross-match 分别去除“尾巴”及屏蔽载体序列。②EST 聚类。EST 是随机选取测序的，因此导致同一基因重复测序的冗余现象也就不可避免。所以可以通过一些软件(如 Phrap 等)进行拼接和聚类来去除这些冗余的 EST，以避免针对同一基因位点标记的重复建立而造成人力物力的浪费。但对于 EST-SNP 的开发，聚类的目的并非剔除冗余 EST，而是为得到多序列聚类簇，可用于发掘单位点的多态性。③各类 EST 标记的开发，主要包括信息收集，相关软件处理或探针的制备，PCR 片段或杂交结果的分析。

EST 标记除具有一般分子标记的特点外，还有其特殊优势：①信息量大。如果发现一个 EST 标记与某一性状连锁，那么该 EST 就可能与控制此性状的基因相关。②通用性好。由于 EST 来自转录区，其保守性较高，故具较好的通用性，这在亲缘物种(closely related species)之间在校正基因组连锁图谱和比较作图方面有很大的利用价值。③开发简单、快捷、费用低，尤其是以 PCR 为基础的 EST 标记。

第三节　分子标记技术的应用

一、分子遗传图谱的构建

长期以来，各种生物的遗传图谱几乎都是根据诸如形态、生理和生化等常规标记来构建的，所建成的遗传图谱仅限少数种类的生物，而且图谱分辨率大多很低、图距大、饱和度低，因而应用价值有限。分子标记用于遗传图谱构建是遗传学领域的重大进展之一，随着新的标记技术的发展，生物遗传图谱名单上的新成员将不断增加，图谱上标记的密度也将越来越高。高密度分子遗传图谱的绘制使一些植物的遗传学研究取得了重大进展，并对分子标记辅助育种选择技术的发展产生了巨大的推动作用。

二、遗传多样性与种质鉴定

分子标记广泛存在于基因组DNA的各个区域，数量巨大，通过对随机分布于整个基因组的分子标记的多态性进行比较，就能够全面评估研究对象的多样性，并揭示其遗传本质。利用遗传多样性的结果可以对种质进行聚类分析，进而了解其系统发育与亲缘关系。而以分子标记为基础的比较基因组研究有利于探明近缘物种间的遗传同源性及物种起源等生命科学领域中的重要问题。

三、重要农艺性状相关基因的定位

目前已完成了重要作物大量控制农艺性状表现如抗病性、抗虫性、育性等的主基因的定位工作，为开展这些基因的分子育种奠定了基础。尤为重要的是分子标记技术为数量遗传、易受环境条件影响的重要农艺性状的QTL定位提供了有效手段，目前已有多个配套的涉及QTL图谱绘制及大量复杂的数据统计、分析、运算工作的计算机软件被开发出来。QTL的定位使得控制数量性状的多基因被转变成一个个独立的“主基因”，便于进行遗传操作，这无疑有利于对产量、生育期等性状的定向改良。

四、分子标记辅助选择

选择是育种的重要环节，传统育种对目标性状多采用直接选择的方法，但作物的许多农艺性状不容易观测或易受环境影响，表现不稳定，直接选择比较困难。而在完成基因的分子标记定位后，就可以通过连锁标记对这些性状进行间接选择，从而提高它们的选择效率。与传统选择相比，分子标记辅助选择有许多显著的优点，主要体现在：①可以清除同一座位不同等位基因间或不同座位间互作的干扰，消除环境的影响；②在幼苗阶段就可以对在成熟期表达的性状进行鉴定，如果实性状、雄性不育等；③可有效地对表型鉴定十分困难的性状进行鉴定，如抗病性、根部性状等；④共显性标记可区分纯合体和杂合体，不需下代再鉴定；⑤可同时对多个性状进行选择，开展聚合育种，快速完成对多个目标性状的同时改良；⑥加速回交育种进程，克服不良性状连锁，有利于导入远缘优良基因。

将分子标记辅助选择应用于作物改良的实践中，已取得一些实质性进展。例如，国际水稻所利用与*xa-4*、*xa-5*、*xa-13*和*xa-21* 4个抗白叶枯病基因连锁的STS标记辅助选择，成功地将这4个基因以不同组合方式聚合在一起，育成了高抗、多抗白叶枯病水稻新品种。不过目前多数相关研究还停留在辅助选择的技术策略方面，成功的事例很少。究其原因有：①直接交给育种学家使用的以PCR为基础的标记还不多，已筛选出的标记在不同遗传背景下不稳定；②还缺乏真正意义上的低成本、高效率、操作简便的标记检测体系；③部分研究人员的知识结构不合理，植物育种学家与分子遗传学家之间的有机结合、相互沟通不够。

五、重要农艺性状的图位克隆

图位克隆(map-based cloning)又称为定位克隆(positional cloning)，1986 年首先由剑桥大学的 Alan Coulson 提出。用该方法分离基因是根据功能基因在基因组中都有相对较稳定的基因座，在利用分离群体的遗传连锁分析或染色体异常将基因定位于染色体的一个具体位置的基础上，通过构建高密度的分子连锁图，找到与目的基因紧密连锁的分子标记，不断缩小候选区域进而克隆该基因，并阐明其功能和疾病的生化机制，它是近几年随着分子标记遗传图谱的相继建立和基因分子定位而发展起来的一种新的基因克隆技术。利用分子标记辅助的图位克隆无需事先知道基因的序列，也不必了解基因的表达产物，就可以直接克隆基因。图位克隆是最为通用的基因识别途径，至少在理论上适用于一切基因。基因组研究提供的高密度遗传图谱、大尺寸物理图谱、大片段基因组文库和基因组全序列，已为图位克隆的广泛应用铺平了道路。

定位克隆技术主要包括 6 个步骤：①筛选与目标基因连锁的分子标记。利用目标基因的近等基因系或分离群体分组分析法(BSA)进行连锁分析，筛选出目标基因所在的局部区域的分子标记。②构建并筛选含有大插入片段的基因组文库。常用的载体有柯斯质粒(cosmid)、酵母人工染色体(YAC)及 P1、BAC、PAC 等几种以细菌为寄主的载体系统。以与目标基因连锁的分子标记为探针筛选基因组文库，得到阳性克隆。③构建目的基因区域跨叠克隆群(contig)。以阳性克隆的末端作为探针筛选基因组文库，并进行染色体步行，直到获得具有目标基因两侧分子标记的大片段跨叠克隆群。④目的基因区域的精细作图。通过整合已有的遗传图谱和寻找新的分子标记，提高目的基因区域遗传图谱和物理图谱的密度。⑤目的基因的精细定位和染色体登陆。利用侧翼分子标记分析和混合样品作图精确定位目的基因，接着以目标基因两侧的分子标记为探针通过染色体登陆获得含目标基因的阳性克隆。⑥外显子的分离、鉴定。阳性克隆中可能含有多个候选基因，用筛选 cDNA 文库、外显子捕捉和 cDNA 直选法等技术找到这些候选基因，再进行共分离、时空表达特点、同源性比较等分析确定目标基因。当然，最直接的证明途径是进行功能互补实验。

第四章　植物细胞工程

第一节　植物的脱毒与离体快繁

多数农作物，特别是无性繁殖作物都易受到一种或一种以上病原菌的侵染。例如，已知草莓能感染62种病毒和类菌质体，因而每年都必须更新母株。病原菌的侵染不一定都会造成植物的死亡，很多病毒甚至可能不表现任何可见症状。然而，在植物中病毒的存在会降低作物的产量和(或)品质。因此，为了提高产量和促进活体植物材料的国际交换，根除病毒和其他病原菌是非常必要的。虽然通过杀细菌和杀真菌的药物处理，可以治愈受细菌和真菌侵染的植物，但现在还没有什么药物处理可以治愈受病毒侵染的植物。

由于大部分病毒都不是通过种子传播的，所以，若是使用未受侵染个体的种子进行繁殖，就有可能得到无病毒植株。不过有性繁殖后代常常表现遗传变异性，在园艺和造林业中，品种的无性繁殖十分重要，而这一般都是通过营养繁殖实现的。如果在一个品种中，并非全部母株都受到了侵染，那么只要选出一个或几个无病株进行营养繁殖，也有可能建立起无病的核心原种。但是，若一个无性系的整个群体都已受到侵染，获得无病植株的唯一办法就是将该植株的营养体部分的病原菌消除，并由这些组织再生出完整的植株。一旦获得了一个不带病原菌的植株，就可在不致受到重新侵染的条件下，对它进行无性繁殖。

应用植物脱毒技术可使品种复壮，明显提高作物的产量、品质。例如，大蒜脱毒后植株生长繁茂，株高、茎粗比未脱毒对照明显增加，叶面积增加，叶色浓绿，叶绿素增加，蒜头增产32.3%~114.3%；甘薯脱毒后营养生长旺盛，分枝多，叶面积大，光合速率高，薯块膨大早、膨大快，早结薯多，薯块整齐，皮色鲜艳，大、中薯率高，商品价值高，增产幅度为16.7%~158.15%；马铃薯脱毒株株高较对照增加，叶面积增加，茎粗增加，脱毒株生长旺盛，结薯期提前，产量增加30%~60%。大姜、芋头、草莓脱毒后都表现明显的植株生长优势，个头增大，色泽鲜艳，产量显著提高。苹果脱毒苗生长快，结果早，结果大，产量高。香蕉、柑橘和番木瓜脱毒后产量品质提高，繁殖系数增加。康乃馨、菊花等脱毒后叶片浓绿，茎秆粗壮、挺拔，花色纯正鲜艳，硕大喜人。

一、植物脱毒的方法

植物病毒在不同地理范围的分布情况差别很大。不同地区能导致同一种植物感病的病毒种类和优势小种也不同，即便在由同一种植物的若干个体组成的群体中，由于毒源的随机性、病毒转移的多样性等原因，病毒的分布也不均匀，不同个体间感染病毒的机会和感染程度(带毒量)差异也较大。同一植物上病毒具有系统侵染的特点，在植物体中除生长点外的各个部位均可带毒，但不同的器官、组织、部位带毒量差别较大，即病毒在寄主体内呈不均匀分布。可用如下方法对感染植物进行脱毒。

(一) 物理方法

物理方法中常用的是热处理，通过热处理可由受侵染的个体得到无毒植株。其原理是适当的高温可部分或完全钝化植物组织中的病毒，但很少或不伤害寄主组织。热处理可通过热水或热空气进行，前者对休眠芽效果较好，后者对活跃生长的茎尖效果较好。热空气处理即把旺盛生长的植物移入热疗室中，35~40℃处理一定时间(几分钟到数周不等)。热处理后应立即把茎尖切下嫁接到无病砧木上或进行组培。需注意的是，热处理的最初几天空气温度应逐步升高，直至所需温度。如果连续的高温会伤害寄主组织，可采用高低温交替的办法，并保持适当的湿度和光照。接受热处理的植株需含丰富的碳水化合物，为此可在事前对植株进行缩剪，增加植株的热耐受力。然而并非所有的病毒都对热处理敏感，对于不能由单独热处理消除的病毒，可通过热处理与茎尖培养相结合，或单独茎尖培养来消除。

热处理的温度和持续时间十分重要。菊花热处理的时间由 10 天增加到 30 天无毒植株的频率由 9%增加到 90%，处理 40 天或更长时间不能再增加无毒植株的频率，却会显著减少能形成植株的茎尖数。为消除马铃薯芽眼中的马铃薯卷叶病毒，需采用 40℃、4h 和 6~20℃、20h 两种温度交替处理，连续 40℃高温会杀死芽眼。但是，延长寄主植物的处理时间可能钝化寄主植物组织中的抗性因子，降低处理效果。此外，在有些植物中，对植物进行较长时间的低温(2~4℃)处理也能消除病毒。

(二) 生物学方法

1. 茎尖组织培养脱毒法

1) 茎尖组织培养脱毒的原理

病毒在植物体内的分布是不均匀的，在茎尖中呈梯度分布。在受侵染的植株中，顶端分生组织无毒或含毒量极低，较老组织的含毒量随着与茎尖距离的加大而增加。分生组织含毒量低的原因可能是：①植物病毒自身不具有主动转移的能力，无论在病田植株间还是在病组织内，病毒的移动都是被动的。在植物体内，病毒可通过维管束组织系统长距离转移，转移速度较快，而分生组织中不存在维管束。病毒也可通过胞间连丝在细胞间移动，但速度很慢，难以追赶上活跃生长的茎尖。②在旺盛分裂的细胞中，代谢活性很高，使病毒无法进行复制。③在植物体内可能存在着病毒钝化系统，它在分生组织中比其他任何区域具有更高的活性。④在茎尖中存在高水平内源生长素，可抑制病毒的增殖。茎尖培养主要用于消除病毒及类病毒、类菌质体、细菌和真菌等病原物。

2) 茎尖组织培养脱毒的方法

用组织培养法生产无毒植株，所用的外植体为茎尖或茎的顶端分生组织。顶端分生组织是指茎的最幼龄叶原基上方的部分，最大直径约为 100μm，最大长度约为 250μm。茎尖是指顶端分生组织及其下方的 1~3 个幼叶原基。通过顶端分生组织培养消除病毒的概率高，但多数无毒植株都是通过培养茎尖外植体(250~1000μm)得到的。

在进行茎尖培养消除病毒时，为了降低供试植株材料的自然带毒，把供试植株种在温室的无菌盆土中，并采取相应的保护栽培管理措施，如浇水时将水直接浇在土壤上而不浇在叶片上，定期喷施内吸性杀菌剂等。某些田间种植的材料，可切取其插条，在营养液中培养，其腋芽长成的枝条比田间直接取材的污染少得多。

茎尖或顶端分生组织应是无菌的，但一般在切取外植体之前需对茎芽进行表面消毒。对于叶片包被紧实的芽(如菊花、菠萝、姜和兰花等)只需在 75%乙醇中浸蘸一下即可，对于叶片包被松散的芽(如大蒜、香石竹、马铃薯等)要用 0.1%次氯酸钠溶液表面消毒 10min。当然在实际工作中应灵活应用各种消毒方法，如在进行大蒜茎尖培养时，可先把小鳞茎在 95%乙醇中浸蘸一下，再用灯火烧掉乙醇，然后解剖出无菌茎芽。

在超净工作台上剥取茎尖时可借助体视显微镜，要防止超净工作台的气流和解剖镜上钨灯的散热使茎尖变干。为此，可使用冷光源，茎尖暴露的时间应尽量短，或在衬有湿滤纸的无菌培养皿内进行解剖，防止外植体变干。在剖取茎尖时，把茎芽置于解剖镜下，一手用一把细镊子将其按住，另一手用解剖针将叶片和叶原基剥掉，当闪亮半圆球形顶端分生组织充分暴露后，用刀片将分生组织切下，接种于培养基上，可带或不带叶原基。切下的茎尖外植体不能与芽的较老部分或者解剖镜台或持芽的镊子接触，尤其是当芽未进行过表面消毒时更需如此。由茎尖长出的新茎可进行生根诱导，不能生根的茎可嫁接到健康砧木上，以获得无毒植株。

3) 影响茎尖培养的因素

培养基、外植体大小、培养条件及植物生理发育时期等都会影响离体茎尖的再生能力和脱毒效果。

(1) 培养基：通过正确选择培养基，可以显著提高获得完整植株的成功率。培养基主要包括营养成分、生长调节物质和物理状态(液态、固态)等。在很多情况下，MS 培养基对茎尖培养是有效的。碳源一般是用蔗糖或葡萄糖，浓度范围为 2%~4%。虽然说较大的茎尖外植体(500μm 或更长)在不含植物生长调节剂的培养基中也可以再生出完整的植株，但一般来讲，含有少量(0.1~0.5mg/L)生长素或细胞分裂素或者二者兼有常常是有利的。在被子植物中，茎尖分生组织不是生长素的来源，不能自我提供所需的生长素。生长素可能是由第二对幼叶原基形成的。在洋紫苏、胡萝卜、烟草、粉蓝烟草、旱金莲等植物中，外源激素是必不可少的。在康乃馨离体顶端分生组织培养中，既需要生长素，又需细胞分裂素。在各种生长素中，应当尽量避免使用 2,4-D，它常易诱导形成愈伤组织，广泛使用的生长素有 NAA 和 IAA，其中 NAA 比较稳定，效果更好。GA_3 在茎尖培养中的作用最初是由 Morel 等证实的。据他们报道，在大丽花中，加入 0.1mg/L GA_3 能抑制愈伤组织的形成，有助于其更好地生长和分化。GA_3 与 6-BA 和 NAA 搭配使用，对于木薯离体茎尖(200~500μm)形成完整植株是必不可少。然而也有实验证明 GA_3 并没有什么显著的作用。

虽然在茎尖培养中，既可用液体培养基，也可用固体培养基，但是由于操作方便，一般更多地采用固体培养基。不过，在固体培养基能诱导愈伤组织化的情况下，最好还是使用液体培养基，在使用液体培养基的时候，可制作一个滤纸桥。

(2) 外植体大小：在最适合的培养条件下，外植体的大小可以决定茎尖的存活率。外植体越大，产生再生植株的概率也就越高。在木薯中，只有200μm长的外植体能够形成完整的植株，再小的茎尖或是形成愈伤组织，或是只能长根。小外植体对茎的生根也不太有利。当然，在考虑外植体的存活率时，应该与脱病毒效率(与外植体的大小成负相关)联系起来。理想的外植体应小到足以能根除病毒，大到能发育成一个完整的植株。

除了外植体的大小之外，叶原基的存在与否也影响分生组织形成植株的能力。大黄离体顶端分生组织必须带有2或3个叶原基才能再生成完整植株。Shabde和Murashige (1977)，以及Smith和Murashige (1970)在对若干种植物的研究中，虽然证实了不带叶原基的离体顶端分生组织有可能进行无限生长，并发育成完整的植株，但他们认为，叶原基能向分生组织提供生长和分化所必需的生长素及细胞分裂素。在含有必要的生长调节物质的培养基中，离体顶端分生组织能在组织重建过程中迅速形成双极性轴。根的形成出现于叶原基分化之前，根的发育是轴向的，而不是侧向的。一旦根茎之间的轴建立起来，其进一步的发育将与种子苗发育的方式相同。虽然在理论上讲，不带叶原基的顶端分生组织是可能的外植体，但对于脱毒实践来说并不可行。正如Murashige (1980)所说："如果培养方法得当，用较大的茎尖作外植体，其消除病毒的效果并不一定比只用分生组织的差。"

(3) 培养条件：在茎尖培养中，光照培养的效果通常都比暗培养好。Dale (1980)在一年生黑麦草中观察到，光照强度6000lx培养的茎尖有59%能再生植株，而暗培养的再生率只有34%。在马铃薯中茎尖培养的最适光照强度是1000lx，4周后应增加到20001x。当茎已长到1cm高时，光照强度还应进一步增加到4000lx。在进行天竺葵茎尖培养时，需要有一个完全黑暗的时期，这可能有助于充分减少多酚物质的抑制作用。关于在离体茎尖培养中温度对植株再生的效应，截至目前还未见报道，培养通常都是在(25±2)℃下进行。

(4) 外植体的生理状态：茎尖最好从活跃生长的芽上切取。在菊花中，培养顶芽茎尖比培养腋芽茎尖效果好。但Boxus等(1977)在草莓中没有看到这种差别。即使在腋芽比顶芽表现差的情况下，为了增加脱毒植株的总数也还是要采用腋芽，这是因为腋芽数目比顶芽多。

取芽的时间也是一个影响因子，对于表现周期性生长习性的树木来说更是如此。在温带树种中，植株的生长只限于短暂的春季，此后很长时间茎尖处于休眠状态，直到低温或光打破休眠为止。在这种情况下，茎尖培养应在春季进行，若要在休眠期进行，则必须采用某种适当的处理。

茎尖培养的效率除取决于外植体的存活率和茎的发育程度以外，还取决于茎的生根能力及其脱毒程序。在麝香石竹中，虽然冬季培养的茎尖最易生根，但夏季采取的外植体得到无毒植株的频率最高。在所研究的大多数马铃薯品种中，春季和初夏采集的茎尖比较晚季节采集的容易生根。

2. 愈伤组织培养脱毒法

并非所有愈伤组织的细胞都带有某种病原菌。用机械法由感染 TMV 的烟草愈伤组织分离出的单个细胞，只有 40%带毒，由此可再生出很多不含 TMV 的植株。受病毒侵染的愈伤组织中某些细胞不带病毒，可能是病毒的复制速度落后于细胞的增殖速度，或有些细胞通过突变获得了抗病毒特性，或抗病毒侵染的细胞可能与敏感型细胞一起存在于母体组织中。感染 TMV 的烟草叶片的暗绿色组织不含毒或含毒浓度很低，切取其上直径 1~3mm 的外植体进行培养，50%再生植株无毒。在马铃薯茎尖愈伤组织再生植株中，46%不含马铃薯 X 病毒，比由茎尖直接产生的植株高得多。不过，在采用愈伤组织培养消除病毒时，不能忽视培养细胞在遗传上的不稳定性，以及某些植物难以通过愈伤组织再生植株的问题。

3. 微体嫁接离体培养脱毒法

微体嫁接法是 20 世纪 70 年代以后发展起来的一种培养无病毒苗木的方法，其特点是把极小(＜0.2mm)的茎尖接穗嫁接到实生苗砧木上(种子实生苗不带毒)，然后连同砧木一起在培养基上培养。接穗在砧木的哺育下很容易成活，故可培养很小的茎尖，易于消除病毒。该技术已在柑橘、苹果上获得成功。

采用微体嫁接消除病毒时需注意：①要求剥离技术很高。嫁接的成活率与接穗大小成正相关，而脱毒率与接穗大小呈负相关，一般取小于 0.2 mm 的茎尖嫁接可以脱除多数病毒，脱除病毒的效果和茎尖剥离技术密切相关。②对培养基的筛选并不十分困难，但必须考虑到砧木和接穗对营养组成的不同要求才能收到良好效果。③与接穗的取材季节密切相关。不同的取材季节嫁接成活率不同，如苹果 4~6 月取材嫁接成活率较高，10 月到翌年 3 月前取材成活率较低。

4. 珠心组织培养脱毒法

1976 年 Millins 通过珠心组织培养获得柑橘、葡萄的无病毒植株。病毒是通过维管组织移动的，而珠心组织与维管组织没有直接联系，一般不带或很少带病毒，故可以通过珠心组织培养获得无病毒植株。

(三) 化学方法

在组织培养消除病毒的过程中培养条件也能起某些作用。例如，200μm 长的烟草茎尖区域带有 CMY，但此外植体却常再生无毒植株，病毒的消除可能是由于培养基中生长调节物质的作用。在黄花烟草的茎尖培养中，生长调节物质能减少组织中病毒的浓度，但不能全部将其消除。虽然化疗处理不能消除整株中的病毒，但对离体组织和原生质体可产生良好的除毒效果。在培养基中加入一种核苷类似物三氮唑核苷(ribavirin 或 virazole)可消除马铃薯叶肉原生质体再生植株中的 PVX(Shepard，1977)，以及各种类型离体培养组织中的 CMV 和苜蓿花叶病毒(Pierik，1989)。用齿舌兰环斑病毒抗血清预处理兰花的离体分生组织，可增加脱毒植株的频率。一种抗病毒制剂——virazole 对多种动物 DNA 和 RNA 病毒有效，可用以消除烟草原生质体再生植株的 PYX。放线菌酮和放线菌素 D 也能抑制原生质体中病毒的复制。

(四) 茎尖培养结合热处理脱毒法

某些病毒，如 PVX 和 CMV 等能侵染正在生长的茎尖分生区域，如由 300~600μm 长的菊花茎尖愈伤组织形成的植株都带毒。在这种情况下，需将茎尖培养与热处理法相结合。热处理可在脱毒之前的母株上或在茎尖培养期间进行。例如，热处理(36℃、6 周)与茎尖培养相结合，比单独茎尖培养更易于消除葡萄温性黄边病菌，热处理可提高多数葡萄品种植株的生长速率。PVS 和 PVX 是两种常见的马铃薯病毒，单独热处理或单独茎尖培养都不易将其消除，PVS 比 PVX 更难消除。然而，培养热处理植株上的茎尖就很容易消除这两种病毒。用 33~37℃热处理大蒜鳞茎 4 周，剥离带 2 或 3 个叶原基的茎尖，脱毒率比未经热处理而只培养茎尖的脱毒效率提高 22%~25%，与不经热处理、剥离带 1 个叶原基的茎尖相当，且成苗率提高 12.33%~35.4%。32~35℃处理马铃薯块茎 3~13 周，可提高脱毒株率 33%(PVX)和 83%(PVS)。热处理时要注意处理材料的保湿和通风，以免过于干燥和腐烂。

某些难以消除的病毒，可经多个周期的热处理，再进行茎尖培养可脱除仅靠茎尖培养脱除不掉的病毒。例如，将马铃薯块茎放入 35℃恒温培养箱内热处理 48 周，然后进行茎尖培养，可除去一般培养难以脱除的马铃薯纺锤形块茎类病毒。

二、脱病毒植株的检测

1. 直接测定法

脱毒苗叶色浓绿，长势好；带毒株长势弱，叶片表现褪绿条斑、扭曲、植株矮化(大蒜)、花叶或明脉、脉坏死、卷叶、植株束顶、矮缩(马铃薯)、花叶褪绿斑点(甘薯、香石竹)等。表现出病毒病症状的植株可初步定为病株。症状诊断时要注意区分病毒病症状与植物的生理性障碍、机械损伤、虫害及药害等表现。如果难以分辨，需结合其他诊断、鉴定方法。

2. 指示植物法

指示植物又称为鉴别寄主，是指对某种或某些特定病毒非常敏感，而且症状表现十分明显的植物。常见的指示植物有：千日红、苋色藜、曼陀罗、巴西牵牛、灰藜、昆诺阿藜等。

指示植物法的具体操作过程是由受检植株上取下叶片，置于等容积(*m*/*V*)缓冲液(0.1mol/L 磷酸钠)中，在研钵中将叶片研碎。在指示植物的叶片上撒上少许金刚砂，然后将受检植物的叶汁轻轻涂于其上，适当用力摩擦，以使植物叶片表面细胞受到侵染，但又不致损伤叶片，约 5min 后用清水轻轻洗去接种叶片上的残余汁液。将接种过的指示植物置于温室或防虫罩内，株间及其与其他植物间都要隔开一定距离。指示植物显症的时间一般为 6~8 天或更长，这主要取决于病毒的性质、接种量、指示植物、环境条件等因素。

3. 血清鉴定法

植物病毒是一种由核酸和蛋白质组成的抗原。当把经过纯化的某种已知病毒注射到脊椎动物(通常是兔)体内后，就会产生一种相应的抗体。抗体主要存在于血清中，含有抗体的血清称为抗血清。注射到动物体内的病毒不同，所产生的抗血清也不同。抗原和抗体之间能发生高度专一性的免疫反应，借助这种反应，就可用已知病毒的抗血清鉴定未知病毒的种类。其方法之一是：将待测植株的一滴汁液加到几种不同的抗血清中，在哪一种抗血清中出现沉淀，就证明该植株带有哪一种病毒。这个过程在很短时间内即可完成。因此，病毒的抗血清鉴定法既灵敏又快捷，是目前常用的一种病毒检测方法。

4. 酶联免疫吸附法

酶联免疫吸附法(enzyme linked immunosorbent assay，ELISA)是把抗原-抗体的免疫反应与酶的催化反应相互结合而发展起来的一种综合性技术，它的灵敏度高、特异性强，特别是当寄主体内病毒浓度很低或者同时存在病毒钝化物或抑制剂时，它的优势尤为明显，因而是近年来病毒检测中发展最快、应用最广的一种方法。

酶联免疫吸附法的原理是：利用以酶标记的特异抗体来指示抗原-抗体的结合，从而检出样品中的抗原。具体操作程序是：将待检植物汁液(抗原)注入酶联板中，使抗原吸附于它的孔壁，然后加入以酶标记的特异抗体，待抗原与抗体充分反应后，洗去未与抗原结合的多余酶标记抗体，于是在固相载体酶联板表面就只留下以酶标记的抗原-抗体复合物。这时加入酶的无色底物，复合物上的酶催化底物降解，生成有色产物。这一结果可用肉眼识别，也可用分光光度计对底物的降解量进行测定。

5. 电镜检测法

利用电镜直接观察脱毒培养后的植物材料，确定其中是否存在病毒颗粒，以及它们的大小、形状和结构。这种方法对于检测潜伏病毒非常有用，只是所需的设备昂贵，技术复杂，不易在一般苗圃中推广。

检验脱毒效果的方法除以上介绍的 5 种外，还有电泳检测法、点免疫结合测试法(DIBA)，以及分子生物学鉴定法(如双链 RNA 法和 RT-PCR 法)等。但在所有这些方法中，指示植物法是一种基本方法，其他各种方法都要与指示植物法同时并用，而不是完全取代指示植物法。当然，对于不表现可见症状的潜伏病毒来说，则必须采用其他方法进行鉴定。

三、脱病毒植株的保存与繁殖

脱毒植株并不具备额外的抗病性，可被重新感染，一般应种在温室或防虫罩内的灭菌土壤中。在生产上，一般原原种和原种的生产必须在专用的防虫纱网棚室或温室中进行，严禁脱毒植株的再次感染。建造防虫纱网棚室或温室的目的是防止蚜虫等介体昆虫的侵入而导致病毒的传播，这是繁殖以脱毒为目的的无毒苗木所必需的设备。大规模繁育生产用种时，可在田间隔离区内进行，以减少或消除重新感染的机会。经检验的无毒植株可通过离体培养扩繁和保存。由茎尖培养得到的植株一般很少或没有遗传变异，但仍要检查其种性和遗传稳定性。鉴定脱毒苗的遗传稳定性主要有三种方法，即农业性状观察、染色体镜检和随机扩增多态性 DNA(RAPD)分析。

脱毒植株继代培养快繁主要有三条途径，即通过愈伤组织、不定芽和丛生芽繁殖。

上述途径中以通过愈伤组织繁殖为最快，其缺点是繁殖后代的遗传性不够稳定。通过不定芽繁殖速度较快，但有形成嵌合体的现象，以致出现性状不稳定、表现不一致的情况。通过丛生芽繁殖不存在变异的危险，但许多植物在开始培养时产生腋芽的数量不够多，速度也较慢，但后期产生腋芽的数量和速度都增加，目前这种方法采用较多。

四、植物离体快繁技术

(一) 离体快繁的一般方法

植物离体快繁又称为微繁，是指利用植物组织培养技术对外植体进行离体培养，使其短期内获得遗传性一致的大量再生植株的方法。植物快繁是植物组织培养技术在农业生产中应用最广泛、产生经济效益最大的研究领域。植物快繁与传统的营养繁殖相比，其特点表现在：①繁殖速率高。由于不受季节和灾害性气候的影响，材料可周年繁殖，生长速度快，材料几乎以几何级增长。②培养条件可以控制。培养材料完全在人工控制的环境条件下进行生长，环境条件可以人为控制。③占地空间小。一间 $30m^2$ 的房子，可以同时放置 1 万多瓶的材料，培育数十万株组培苗。④管理方便，利于自动化控制。⑤便于种质保存和交换。通过抑制生长或超低温保存，保持材料的活力，既节约人力、物力，还能防止病虫害的侵害，有利于种质资源的保存和国际间的交换。

离体快繁是一个相当复杂的过程，包括好几个步骤或阶段，Murashing (1978)提出，可以把商业上进行无性繁殖的整个过程分为 4 个不同的阶段，各阶段的主要任务是：阶段Ⅰ，无菌培养物的建立(包括外植体的采集、表面灭菌和接种)；阶段Ⅱ，茎芽的增殖(采用一定的培养基促进茎芽的增殖或体细胞胚的快速形成)；阶段Ⅲ，离体形成的枝条的生根(再生茎芽的生根或体细胞胚的萌发)；阶段Ⅳ，植株的移栽(将生根试管苗经炼苗后栽入灭过菌的土壤中)。以上 4 个阶段中前 3 个都是在无菌条件下进行的，第 4 个则是在温室环境中完成的。

1. 培养物的建立

在一定程度上，用于离体繁殖的外植体的性质，是由所要采用的茎芽繁殖方法决定的。例如，为了增加腋芽生枝的数目，就应当使用带有营养芽的外植体。为了由受感染的个体生产脱毒植株，就必须使用不足 1mm 长的茎尖作外植体。不过，倘若母株是无毒的，或是不需要脱毒的，最适用的外植体则是带节的插条。这是因为，小的茎尖外植体不但存活率不高、初期生长很慢，而且还潜伏着使某些由病毒造成的特殊园艺性状消失的危险，如天竺葵品种“鳄鱼”的透明叶脉就属于这种性状。

根据一般经验，茎尖以下的较老节段对于杀菌剂毒性的忍耐力比顶端要强得多，不过，Miller 和 Murashige (1976)在铁树及龙血树的培养中使用的是顶芽，这是因为侧芽不能产生可供再培养的枝条。在花椰菜的无性繁殖中，Crisp 和 Walkey (1974)使用了尚未展开的花序切段，它们含有大量的分生组织，这些分生组织在培养中能回复为营养芽，并形成带叶片的枝条。在对根状茎植物如草莓等进行离体无性繁殖时，通常是使用匍匐枝的茎尖。在切取外植体的当时供体植株的生理状态，对于芽的反应能力有明显的影响。

在生长季开始时由活跃生长的枝条上切取的外植体，通常能产生最好的效果。若把供体植株种在温室或生长箱中，使它们保持在连续进行营养生长所需的光照和温度条件下，就有可能把茎芽对培养反应的季节性波动减小到最低限度。对于需要低温、高温或特殊的光周期才能打破休眠的鳞茎、球茎、块茎和其他器官，应当在取芽之前进行必要的处理。由经过 11℃冷处理 6~8 周的水仙鳞茎上切取的茎尖，比由未经处理的鳞茎上切取的茎尖在离体培养中生长快、存活率高。

在通过形成不定芽进行快繁时，无论是否要经历愈伤组织阶段，都可用根段、茎段、珠心、叶片或花瓣等已分化的组织作外植体。对于用作外植体源器官的选择，是由其天然形成不定芽的能力决定的。在单子叶植物中，叶和鳞片的分生组织处在近基部一端，在那里它们与基板(basal plate)连在一起。若以叶片基部和鳞片基部作外植体，其中必然包含一小段基板。

在愈伤组织培养中，正确选择外植体对茎芽的分化也起很大作用。在柠檬桉中，只有起源于木质块茎(lignotuber)的愈伤组织才能分化茎芽，由茎或根形成的愈伤组织没有这种能力。

在对优良树种进行无性繁殖时，通常必须由生长在田间的材料上切取外植体，因此需要特别当心。在这种情况下，理想的办法是先由入选的植株上切取插条，然后把它们种在温室中。对于插枝难于生根的物种，应把树上正在生长着的枝条松松地套在一个聚乙烯袋中，此后长出的新枝，由于不带风媒污染物，即可用来进行培养。或者是把由田间采回来的枝条在室内遮光水培，进行黄化预处理，然后消毒接种。在准备外植体时，弃去植物材料的表面组织，也能减少由微生物污染给培养带来的损失。在顶端茎段和整芽的培养中，污染的机会很多，而若在去掉几层老叶之后切取 0.5~1 mm 的茎尖进行培养，污染的机会就少得多。对于包在很多成熟叶片中的茎尖或是鳞茎中央的鳞片来说，只要把芽或鳞茎用 70%乙醇擦拭消毒，并小心地剥掉外层结构，其解剖出来即无菌。用自来水把植物材料冲洗 20~30min，可以显著减少微生物区系的群体数量。

2. *茎芽的增殖*

茎芽增殖是快繁的关键时期，快繁的失败多数都是在这个时期发生的。茎芽的离体增殖，主要有以下 4 种途径。

1) 原球茎途径

在兰科等植物的组织培养中，常从茎尖或侧芽的培养中产生一些原球茎，原球茎本身可以增殖，以后能萌发出小植株。原球茎最初是兰花种子发芽过程中的一种形态学构造。种子萌发初期并不出现胚根，只是胚逐渐膨大，以后种皮的一端破裂，胀大的胚呈小圆锥状，称为原球茎。因此，原球茎可理解为缩短的、呈珠状的、由胚性细胞组成的类似嫩茎的器官。从顶芽和侧芽的培养中产生的原球茎与种子萌发产生的原球茎相同。从一个芽周围能产生几个到几十个原球茎，培养一段时间后，原球茎逐渐转绿，长出毛状假根，叶原基发育成幼叶，转移入生根培养基，形成完整的再生植株。

2) 胚状体途径

利用植物细胞在培养中无限增殖的可能性及它们的全能性，可以对若干种植物进行快速繁殖。由这些植物的器官或组织诱导形成的愈伤组织，通过器官发生或体细胞胚胎发生都有可能分化出植株。通过胚状体发生途径，进行无性系的大量繁殖具有成苗速度快、数量多、结构完整等特点，因此在能够适用的情况下，这常常是进行植物繁殖的最快、最有效的方法，也是植物工厂化生产的重要组成部分(如人工种子的利用)。当然，植物器官也可直接发生胚状体。目前，许多高等植物都有胚状体的发生，其中包括单子叶植物、双子叶植物和裸子植物中的许多种。能进行工厂化生产的也很多，如紫花苜蓿的人工种子生产。目前来说，人工种子生产没有广泛使用的重要原因是其价格相对较高，但是随着技术的不断进步，这已成为一种趋势。

3) 不定芽途径

凡是在叶腋或茎尖以外任何其他地方所形成的芽统称为不定芽。不定芽可以发生在植物任何部位的器官或组织上，由愈伤组织分化形成的茎芽也应当视为不定芽。

大量试验表明，若干种植物在活体的情况下即能由不同的器官产生不定芽。Broertjes等(1968)曾列出了350个物种，它们的叶片都能产生不定芽。很多栽培植物是通过根或叶形成不定芽进行营养繁殖的，然而在离体培养条件下，产生不定芽的频率可以显著提高。例如，在秋海棠中，一般情况下芽只沿着切口形成，但在含有6-BA的培养基中，形成的芽非常多，以致整个外植体表面都被芽所覆盖。捕虫堇在正常情况下也是通过叶段繁殖的。用传统的方法，每个叶片只能产生一个植株，但通过组织培养技术，产生植株的数目增加了15倍。这种离体无性繁殖方法的另一个优点是，小到20~50mg的外植体也能产生不定芽，而在天然情况下不能成活。

受培养基中适当配比的激素的影响，就是那些在正常情况下不能进行营养繁殖的植物，如芸薹属植物、除虫菊、亚麻及番茄等，也能由叶段和茎段上长出不定芽。某些蕨类植物在离体条件下产生不定芽的能力也十分惊人。例如，把骨碎补(*Davallia*)和鹿角蕨(*Platycerium*)放在无菌搅拌器中粉碎之后，由它们的组织碎片就能够产生大量的新植株。很多有特化储藏器官的单子叶植物也具有强大的产生不定芽的能力。据报道，当培养在无激素培养基上时，由风信子和虎眼万年青的几乎每一种器官，都能长出很多不定芽。在水仙属植物活体营养繁殖中，最为有效的方法莫过于双生鳞片法，但这实际上是一种极慢的方法：由1个繁殖体(其中包含1或2个连在一片基板上的鳞片)只能产生1或2个小鳞茎。而类似的外植体若是培养在含有4~12mg/L 6-BA和1~2mg/L NAA的培养基上时，则可产生20个或更多的小鳞茎。

对于植物的无性繁殖而言，由离体器官直接形成不定芽，肯定比通过愈伤组织更好。常常是在愈伤组织产生细胞学异常植株的情况下，不定芽却形成了彼此一致的二倍体个体。然而，这并不意味着不定芽总是与原种相同。当把通过不定芽进行营养繁殖的方法，用在一个具有遗传嵌合性的品种上时，常常会产生性状分离。例如，由疏果后苹果树节间区域通过不定芽产生的某些植株，在生长习性、结果特性及果实颜色等方面与其亲本无性系不同，这可能是由于某些苹果无性系具有复杂的嵌合性。花斑叶天竺葵品种Mme Salleron也是一个嵌合体，不经愈伤组织由叶柄节段直接形成的植株都表现典型的花斑性状。与此相反，所有由茎尖培养产生的植株或是绿的，或是白的，从不表现嵌合性。

4) 顶芽和腋芽萌发途径

腋芽存在于每个叶片的叶腋中，每个腋芽都有发育成一个枝条的潜力。在自然情况下，取决于植株的生长类型，这些腋芽可以在长短不同的时间内保持休眠。在具有很强顶端优势的物种中，要刺激顶芽下面的一个腋芽长成枝条，必须打掉或伤害顶芽。这种顶端优势现象是由几种生长调节物质的互作控制的。在腋芽上施用细胞分裂素可以克服顶端优势效应，并在顶芽存在的情况下刺激侧芽生长，但这种效应只是暂时的，当这种外源生长调节物质减少时，侧芽即停止生长。

传统的通过插条进行营养繁殖的方法，是利用在不存在顶芽的情况下，腋芽具有取代主茎功能的能力。但一年中由一个植株上所能得到的插条数目极为有限，原因是自然界营养生长有季节性，而且为了能从中长成一个植株，最小的插条也需有 25~30cm 长。

当把小枝条放在一种含有适当种类和浓度细胞分裂素的培养基(生长素或有或无)上培养时，则可增强腋芽生枝能力，使枝条的繁殖系数显著提高。由于能连续得到细胞分裂素，原来存在于外植体(节段或茎尖)上的芽所形成的枝条就会长出腋芽，这些腋芽又可以提前直接发育成枝条。这个过程可以重复发生若干次，结果原来的外植体就变成了一丛新枝，其中既有二级枝条，也有三级枝条。在产生了足够数目的枝条以后，留下一部分继续进行繁殖，其余的即可转到生根培养基中。

在某些植物中，通过调节培养基中的激素组成还不能使腋芽由顶端优势下解放出来，原来存在于外植体上的芽只能长成一个不分枝的茎。在这种情况下，则需将待繁殖的枝条剪成单节茎段，接种在培养基上，长到一定高度后再将它剪成单节茎段，如此可以无限重复。采用这种繁殖方法，其增殖系数取决于每个培养周期之末其茎上所能切取的单节茎段的数目。在果树中，单节茎段扦插是一种最常用的离体快繁手段，繁殖系数有可能达到每 6 周增加 3~4 倍。

用促进腋芽生枝和单节茎段扦插的办法进行快繁，比用其他几种方法在开始时速度较慢，但总体上它的增殖数目也是相当可观。在栽培植物的无性繁殖中，这一方法应用相当普遍，这是因为通过这种方式繁殖不易发生遗传上的变异。而通过不定芽途径和胚状体途径进行快繁时，茎芽需重新形成，而很多重要栽培植物并不具备这种可能性。此外，在不定芽发育过程中，嵌合体裂解的概率也比茎芽途径大。

通过愈伤组织培养再生器官或胚状体进行植物繁殖时遇到的最严重问题是细胞在遗传上的不稳定性。例如，当通过细胞和愈伤组织培养繁殖石刁柏时，得到的植株表现多倍性和非整倍性，而由茎芽培养得到的植株都是二倍体的。通过愈伤组织再生植株进行离体快繁的另一个缺点是，随着继代保存时间的增加，愈伤组织最初表现的植株再生能力可能逐渐下降，最后甚至完全丧失。因此，在对一个品种进行无性繁殖时，如果可能，应当避免使用这种方法。不过，对于某些重要的物种如柑橘、咖啡、小苍兰和棕榈来说，这是目前进行离体营养繁殖的唯一方法。

3. 影响茎芽增殖的因素

1) 基本培养基

对大多数栽培植物来说，MS 培养基的无机盐可以取得令人满意的结果。不过对有些植物来说，MS 培养基中的无机盐或者有毒或者水平太高。例如，乌饭树的茎芽在一种只含 1/4 浓度 MS 无机盐的培养基中就能长得很好，无机盐水平再高要么有毒要么并没什么好效果。捕虫堇的叶片外植体甚至在 1/2 MS 培养基的无机盐中就会死亡，因此对捕虫堇进行快繁时，盐的浓度必须减少到 1/5 MS。与此相似，费约果的茎芽在含盐量低的 Knop 培养基中，比在 MS 培养基中存活率和繁殖系数都要高得多。

离体快繁中使用最多的是固体培养基，不过在有些植物中，使用液体培养基对于组织的存活可能是个关键。例如，在卡特兰和大多数凤梨科植物中，只有在液体培养基中才能把培养物建立起来。在大瓶子草中，液体培养基的效果与半固体培养基相同，有时甚至更好。应用液体振荡培养的一个显著优点是茎芽一边增殖一边彼此离散，不必像固体培养那样人工把成簇的茎芽切开。

2) 植物激素

植物器官分化受两类激素(生长素和细胞分裂素)的互作控制，是一个普遍适用的概念。器官分化的性质是由这两种激素的相对浓度决定的，当细胞分裂素对生长素的比率较高时，可促进茎芽的形成；当生长素对细胞分裂素的比率较高时，有利于根的分化。但这并不意味着为了促进不定芽形成或腋芽生枝，必须把这两种激素都包括在培养基中。对外源激素的要求取决于在该植物系统中内源激素的水平，而内源激素的水平随植物、组织的不同而变化。因此，为了促进茎芽的增殖，培养基中并不一定非加生长素不可，在若干情况下，单独一种细胞分裂素即足以很好地促成茎芽的增殖。

各种细胞分裂素中 6-BA 是最有用和最可靠的，也是最便宜的一种，其次是 KT，玉米素因为价格贵且稳定性差，一般不被使用。细胞分裂素的使用浓度通常为 0.1~10mg/L。在各种生长素中，IAA 最不稳定，因此在培养基中合成生长素 NAA 和 IBA 用得最多。由于 2,4-D 很容易引起愈伤组织的形成，所以通过腋芽生枝或不定芽发育进行离体繁殖时，应当尽量避免使用 2,4-D。不过对于体细胞胚胎发生来说，2,4-D 是最重要的生长素。生长素的使用浓度范围一般为 0.1~1mg/L。在诱导不定芽时，通常采用细胞分裂素浓度高于生长素浓度的配比，但在有些实验中也采用二者浓度比值接近于 1 的配比。较高水平的细胞分裂素有利于诱导不定芽的形成，但是细胞分裂素浓度的增加也可能引起形态上的异常，如在秋海棠中会出现畸形叶。因此，对每一种繁殖材料都有其最适的激素浓度。

离体快繁中有时也要加入一定浓度的 GA_3，以促进腋芽生长，形成丛芽。GA_3 还有促进节间伸长的作用，如 2.0mg/L 的 GA_3 对梨离体快繁中出现的莲座状茎有明显促进伸长的作用。

3) 光照和温度

在离体条件下生长的幼枝尽管是绿色的，但它们是异养型的，所有的有机营养和无机营养皆来自培养基，光的作用只是满足某些形态发生过程的需要，因此 1000~5000lx 的光照强度即已足够。据 Murashige (1974)报道，在大丁草属和很多其他草本植物中，茎芽增殖所需的适宜光照强度是 1000lx，但 300lx 即可满足基本要求，3000lx 或更高的光照强度表现严重的抑制作用。对许多植物来说，光周期不太重要，每天光照 16h 黑暗 8h 交替照明，即可产生令人满意的效果。离体材料的培养和快繁应参照原产地的环境条件。热带植物喜欢高温，高山植物喜欢低温。但多数植物在(25±2)℃都能正常地被诱导、增殖和生根，低于 10℃生长会停止，高于 35℃生长也会被抑制。离体快繁中有时适当地对外植体的高温或低温处理可促进器官分化，提高诱导频率，增加无病毒植株的获得。

4) 无根苗的生根

除了体细胞胚有原先形成的胚根，可以直接发育成小植株外，由茎芽形成的枝条一般都没有根。诱导无根苗生根的方法有以下两种。

A. 试管内生根

把大约 2cm 长的小枝条剪下，接入生根培养基中即可诱导生根。生根培养一般需要较低的盐浓度，如果茎芽增殖是在 MS 培养基上进行的，那么生根培养应将盐浓度减到 1/2 或 1/4，也可用 White 等低无机盐培养基。另外，降低糖浓度也有利于根的诱导，生根阶段，糖的浓度通常为 1%~3%。此外，对于大多数物种来说，诱导生根需要有适当的生长素，其中最常用的是 NAA 和 IBA，浓度一般为 0.1~10.0mg/L，但有些植物枝条在无激素培养基上也能生根，如番茄、水仙、草莓等。对不易生根的某些植物也可尝试先用高浓度的生长素浸泡一段时间(由几秒到几小时)，然后再接入无激素(或低生长素)培养基中诱导生根。另外，如果在诱导生根之前将离体繁殖的试管苗多次继代，在一些木本植物中出现返幼效果，生根能力会显著增强。

离体培养中的生根期也是前移栽期，因此在这个时期必须使植物做好顺利通过移栽关的各种准备。在生根培养基中适当降低蔗糖浓度(如减到大约 1%)和增加光照强度(如增至 3000~10 000lx)，能刺激小植株顺利过渡。有研究表明，较强的光照能促进根的发育，并使植株变得坚韧，从而对干燥和病害有较强的忍耐力。虽然在高光照强度下植株生长迟缓并轻微褪绿，但移入土中之后，这样的植株比在低光照强度下形成的又高又绿的植株容易成活。

枝条在离体条件下生根所需的时间由几天到几十天不等。经验表明，根长 5mm 左右时移栽最为方便，更长的根在移栽时易断，因此会降低植株的成活率。

B. 试管外生根

有些植物，可以把在离体条件下形成的枝条当做微插条进行扦插生根。在这种情况下，通常要把插条的基部切口先用生根粉或混在滑石粉中的 IBA、NAA 等生长素处理，然后移栽生根；也有一些植物如月季，则可先在试管内诱导枝条形成根原基，然后再移栽，遮阴保湿，待其生根。离体培养的杜鹃枝条在试管内外都能很好地生根。此外，在苹果、猕猴桃、葡萄和毛白杨等的离体繁殖中，试管外生根的方法也已取得成功。由于试管外生根减少了一个无菌操作步骤，所以在植物繁殖中可降低生产成本。

5) 无根苗的嫁接

当试管内难于诱导枝条生根，或在市场拒绝自根苗的情况下，嫁接就成了完成离体快繁最后一步的必然选择。嫁接又可分为试管内嫁接和试管外嫁接两种情况。

试管内嫁接又称为微体嫁接，即以试管苗 0.1~0.2mm 长的茎尖为接穗，以在试管内预先培养出来的带根无菌苗为砧木，在无菌条件下借助体视显微镜进行嫁接，之后继续在试管内培养，愈合后成为完整植株再移入土中。这种嫁接方法技术难度高，不太容易掌握，但在苹果和柑橘脱毒苗生产中，已取得了一定进展。

试管外嫁接方法在三倍体无籽西瓜试管苗生产中应用较早，当把试管苗嫁接到瓠子上后，在温度为25~30℃、相对湿度基本饱和的条件下，3天后伤口长出愈伤组织，1周后成活并长出新叶。苹果苗试管外嫁接时选取苗高2cm、茎粗0.1~0.2cm的试管苗为接穗，在室温下锻炼1~2天后，劈接或插皮接于大树新梢上，3周后即可愈合。

6) 壮苗、炼苗和移栽

移栽是离体快繁全过程中的最后一个环节，看似简单，实则充满风险，若盲目为之，轻则大量死苗，重则前功尽弃，因此对这项工作的艰巨性绝不能掉以轻心。为了保证万无一失，首先需要对试管苗的特点有所了解。试管苗生长在恒温、高湿、弱光、无菌和有完全营养供应的特殊条件下，虽有叶绿素，但营异养生活，因此在形态解剖和生理特性上都有很大脆弱性，如水分输导系统存在障碍，叶面无角质层或蜡质层，气孔张开过大且不具备关闭功能等。这样的试管苗若未经充分锻炼，一旦被移出试管，投入到一个变温、低湿、强光、有菌和缺少完全营养供应的条件下，必定要被剧变的环境所吞噬，很快失水萎蔫，最后死亡。因此，为了确保移栽成功，在移栽之前必须先培育壮苗和开瓶炼苗。

为了提高移栽成活率，移栽前有必要进行壮苗培养，但壮苗方法因材料和情况的不同而异，在培养基中加入一定量的生长延缓剂如多效唑(PP_{333})、B_9、矮壮素(CCC)等都可不同程度地提高苗木的质量。此外，中国农业大学利用高糖(蔗糖 9%)和高生长素(IAA 10mg/L)的 N_6 培养基在小麦及小麦远缘杂种试管苗中也取得了很好的壮苗效果，经数日炼苗后移栽成活率高达100%。

壮苗之后则需开瓶炼苗降低瓶中湿度，增强光照强度，以便促使叶表面逐渐形成角质，促使气孔逐渐建立开闭机制，促使叶片逐渐启动光合功能等。炼苗的具体措施则因苗种类的不同而异。有些单子叶草本植物，只要苗壮，炼苗方法十分简单，拿掉封口塑料膜，在培养基表面加上薄薄一层自来水，置于散射光下3~5天即可。有些植物如霞草和刺槐试管苗极易萎蔫，封口膜在炼苗开始时只能半开，且要求炼苗环境有较高的相对湿度。喜光植物如枣和刺槐等可在全光下炼苗，耐阴植物如玉簪和白鹤芋等则需在较荫蔽的地方炼苗，萱草、月季、福禄考、油茶等可在50%~70%的遮阴网下炼苗。

移栽时先应将沾在根上的琼脂培养基彻底洗掉，以免栽后发霉。移栽介质要选用排水性和透气性良好的蛭石、河沙、珍珠岩、草木炭和腐殖土等材料，栽苗之前需用0.3%~0.5%高锰酸钾溶液对其进行消毒。移栽后，最初几天要通过喷雾加湿或盖上透明塑料膜以增加湿度(90%~100%)，在用塑料膜覆盖时需在膜上打些小孔，以利气体交换。有时在移栽时适量剪去叶片也可减少水分的蒸发。在保湿数天之后，可把植株移入温室，但仍需遮阴数日，此后方可让这些材料在正常的温室或田间条件下生长。总之，移栽时要求必须保证空气的湿度高，土壤的通透性好，并且不能于太阳下直照。

(二) 离体无性繁殖的应用

通过离体快繁能生产种苗的植物种类很多，但大部分植物因一些关键技术尚未突破，繁殖系数较低，生产成本过高及市场需求不大等而未能进行规模化和商业化生产。目前离体快繁在生产中的应用主要有以下几方面。

1. 用于稀缺或急需良种植物的繁殖

一些新选育或新引进的良种由于生产上的需求量大，常规繁殖速度慢，短时间内无法满足需要，所以多尝试用离体快繁的方式解决。这方面已有火炬松、香蕉、桉树、杨树、枣、葡萄、山葡萄、杜鹃、樱桃、除虫菊、非洲菊、月季、苹果、甘蔗、马铃薯、枸杞、木薯、甘薯、香石竹、大丁草、苎麻及其他果树及其砧木的相关报道。

2. 用于脱毒苗的快速繁殖

将经茎尖培养或热处理脱除病毒的苗木用试管加以繁殖，可以获得大量无病毒苗木。这是消除植物病毒病最为有效的方法，也是试管繁殖用于生产最为有效的另外一方面。在国外，40%~80%的草莓是通过试管脱毒后繁殖的。意大利各个省都有年产百万草莓无毒苗的工厂。新西兰为防除柑橘病毒病，橘园全部用脱毒苗更换。国际马铃薯中心、韩国和我国等生产马铃薯的主要机构及国家都采用试管脱毒或微型种薯，其在生产上已被广泛使用，增产幅度达 17%~66%。我国南方许多地区利用试管快繁无毒香蕉良种，取得了显著的社会和经济效益。山东等地脱毒和快繁甘薯良种可显著增加其产量及品质，种植面积已达 3 万余亩(1 亩=667m^2)。其他脱毒花卉、果树等对生产也起到了显著作用。我国年生产各类脱毒试管苗 1000 万余株，经济和社会效益都十分显著。

3. 雌雄异株植物、三倍体、单倍体及基因工程植株的快速繁殖

在雌雄异株植物中，种子繁殖后代有 50%雄株和 50%雌株，但在有些情况下，生产上只希望种植其中一个性别的植株，因此营养繁殖就极为重要。例如，在石刁柏中，雄株比雌株价值高，但现在还不能通过茎插条进行无性繁殖。Yang (1977)介绍了一种由嫩芽快速繁殖这种植物的离体方法。木瓜是另一种雌雄异株植物，在靠种子进行繁殖的果园中，由于要淘汰大量雄株，而淘汰又只有在植株长到开花期时才能进行，所以造成的损失很大，若对雌株进行离体无性繁殖，就可以避免这种损失。三倍体、单倍体及基因工程植物通过离体快繁可以取得大量遗传性一致的植株。

4. 濒危植物的拯救

一些珍稀植物或濒危、濒临灭绝植物，数量极少，若不加以保护，就有灭绝的可能。对其通过试管保存及扩大繁殖，则可避免其灭绝。例如，中国科学院成都生物研究所利用试管繁殖珍稀植物桫椤，现已在峨眉山建起了人工桫椤林。甘肃农业大学等利用试管繁殖技术使仅存一株的鸣山大枣数量迅速增加。北京林业大学等用试管繁殖珍稀大枣品种——冬枣累计已达 300 万株。利用离体繁殖技术使其他一些珍稀濒危植物也得到了不同程度的保护，已取得了良好的社会和生态效益。

5. 用于种质的试管保存及交换

利用试管保存植物种质资源具有体积小，保存数量多，条件可控，避免病虫害再度

侵害及节省人力、物力、土地，以及便于国家和地区间转移及交换等优点。利用低温或超低温等技术保存一些无病毒苗木是一条非常经济的途径，生产上一旦需要，可以在短期内迅速获得大量苗木。

第二节　植物体细胞胚胎建成与人工种子

体细胞胚胎建成一般指诱导体细胞形成体细胞胚，然后再形成完整植株的过程。在组织培养中形成的胚有各种不同的名称，其中以体细胞胚(somatic-embryo)和胚状体(embryoid)应用得最为广泛。从胚状体的这个概念可以看出：①胚状体不同于合子胚，因为它不是两性细胞融合的产物；②胚状体不同于孤雌胚或孤雄胚，因为它不是无融合生殖的产物；③胚状体不同于组织培养中通过器官发生途径形成的茎芽和根，因为它的形成需经历与合子胚相似的发育过程，而且成熟的胚状体是一个双极性结构。

一、植物胚状体的产生方式

体细胞胚胎发生的方式有两种：一种是由培养中的器官、组织、细胞或原生质体直接分化成胚，中间不经过愈伤组织阶段。例如，由石龙芮再生植株茎表面长出的不定胚，槐树子叶在切口愈伤化的同时组织内分化产生胚等。另一种方式是外植体先愈伤化，然后由愈伤组织细胞分化成胚。例如，石龙芮花器、博落回叶肉和柑橘珠心愈伤组织分化成胚，以及当槐树子叶外植体表面全部愈伤化后，由愈伤组织表层细胞分化形成体细胞胚等。在这两种胚胎发生方式中，由愈伤组织产生胚状体最为常见。

二、影响胚状体发生和发育的因素

1. 外植体的选择

植物体细胞离体培养通过胚状体途径再生植株已是极其普遍的现象，一般来说，基因型和外植体的生理状态是影响胚状体发生的内在因素，若是通过愈伤组织再生，愈伤组织的继代次数对胚状体的发生也有重要影响。

培养个体的遗传基础决定了离体培养的反应能力。不同种的植物甚至同种植物的不同品种(或不同地理来源)个体之间，其个体基因型存在着差异，这就决定了不同体细胞胚胎的发生能力。Kamiya 等(1988)在对 500 个水稻品种的研究中发现，有 19 个品种体细胞胚胎发生率为 65%~100%，41 个品种为 35%~64%，440 个品种几乎无胚胎发生。Barro 等(1999)对大麦、小麦和黑麦自发四倍体杂交后代(双二倍体)体细胞胚胎发生的研究表明，不同染色体组的花序和旗叶外植体体细胞胚胎的发生能力有很大差异，双二倍体比亲本的再生能力强，双二倍体 DDRR 体细胞胚发生能力最强，其次为 HHDD 和 HHRR。另外有研究证明，在芸香科植物珠心组织的培养中，所有不同植物的珠心组织细胞均具有发育成胚状体的潜力，但在种间和品种间表现出发育成胚状体的能力上却有明显的差异。因此，针对不同遗传型的植株，应研究出相应的适合该材料胚状体发生的培养方案。

分子生物学的研究也表明，基因型对植物体细胞胚胎发生能力起着重要的决定作用。

Beaumont 等和 Dufour 等对玉米的 DH 群体、愈伤组织等材料的分子标记进行分析，发现并定位了与胚状体形成能力有关的基因。此外，在大麦、小麦和水稻中也发现了影响体细胞组织培养反应能力的基因。这些基因的发现和定位对提高一些有重要商业价值的植物再生能力有着重要的意义。

理论上讲，植物体细胞均具有全能性，同一植物的不同器官或组织所形成的愈伤组织，在形态和生理上也没什么不同。但是在许多植物中胚状体的发生和形成能力与离体培养的器官或组织类型有关。另外，外植体的不同发育阶段即生理状态对组织胚状体也有明显的影响。一般来讲，选择幼嫩的分化程度低的组织比成熟的完全分化的组织好。因而，花序、幼胚、幼叶和幼根是诱导胚状体发生的合适外植体。

愈伤组织的年龄也是影响胚状体发生的因素之一。年龄越大，当转移在新鲜培养基上时其再生植株的频率越低。也就是说，愈伤组织或悬浮培养物长期培养可使其胚性丧失，从而导致植株再生能力下降。因此，在组织培养中，要及时转移已形成的愈伤组织或悬浮培养细胞进行分化培养，这样可大大提高植株的分化频率。但是愈伤组织继代培养多少代仍能保持分化能力，在不同植物之间差异较大。禾本科植物一般继代培养 10 次左右，就几乎全部丧失再生植株的能力。

2. 培养基成分

由于植物外植体生理状态和遗传差异的影响，在培养过程中通过调节培养基成分，可以达到较好的培养效果。没有哪一种培养基能适用于所有植物细胞的培养，所以有必要根据植物种类及外植体的类型选择和优化培养基的成分。

目前已发现一些金属离子在植物组织培养中，对促进胚状体发生有重要的作用。钾离子对胚状体发生是必需的，在低氮水平的情况下，钾离子浓度不适宜产生的影响特别明显。铁也是影响胚状体发生的一个重要元素，铁在烟草花药培养中对胚状体的形成也有重要的影响，在胚胎发生的花药培养中，以螯合型铁盐的培养效果为好。在缺铁情况下，胚不能从球形期发育到心形期；在普通烟草和颠茄的花粉胚培养中也观察到了这种现象。在小麦愈伤组织诱导胚状体的过程中，也发现了 Zn^{2+}、Cu^{2+}、Co^{2+}、Mn^{2+}等具有重要的促进作用。

培养基中氮源的形态也会显著影响离体条件下的胚胎发生。Halperin 和 Wetherell (1965)报道，在野生胡萝卜叶柄节段培养中，只有当培养基中含有一定数量的还原态氮时，才能出现胚胎发生过程。在以 KNO_3 为唯一氮源的培养基上建立起来的愈伤组织，去掉生长素以后不能形成胚。然而，若在含有 55mmol/L KNO_3 的培养基中加入少量(5mmol/L)NH_4Cl，胚胎发育过程就会出现。Halperin 等还证实，关键是在诱导培养基中有还原态氮存在，因此，如果愈伤组织是在含有 KNO_3+NH_4Cl 的培养基上建立起来的，那么无论分化培养基中是否含有 NH_4C1，愈伤组织都能形成胚。胚胎发生过程对 NH_4^+ 的要求在胡萝卜和颠茄中也已得到证实。

然而，Reinert 及其合作者证明，在胡萝卜愈伤组织培养中，即使培养基中不含还原态氮，只要 KNO_3 的浓度相当高，也能形成体细胞胚。不过，在只有 KNO_3 的培养基上胚胎发生频率低于在 KNO_3+NH_4Cl 培养基上的频率。

欲使胡萝卜培养细胞形成体细胞胚，必须有一个最低量的内源 NH_4^+存在（每千克鲜重的组织约 5mmol）。如果内源 NH_4^+达不到这个临界值，细胞就不能进行胚胎分化。而要使细胞内 NH_4^+达到这个水平，不但需要有很少量的外源 NH_4^+存在(2.5mmol/L)，还需要供应相对浓度很高的 NO_3^-(60mmol/L)。

一般来说，培养基中已包含了植物细胞生长所必需的各种无机营养和有机营养，不同的培养基配方尽管有一定的差异，但基本上都含有这些物质，即使一些植物有一些特殊的要求，稍做改变也能使之适应。相对于无机营养和有机营养，植物激素，特别是生长素对胚状体的发生影响更为明显。

在离体条件下，胡萝卜体细胞胚的发育过程是先在含一定浓度生长素 2,4-D 的培养基上诱导愈伤组织发生和增殖，在这样一种培养基(增殖培养基)上，愈伤组织的若干部位分化形成分生细胞团，称为“胚性细胞团”。在增殖培养基上反复继代，胚性细胞团的数量不断增加，但并不出现成熟的胚。然而，如果把胚性细胞团转移到一种生长素含量很低(0.01~0.1mg/L)或完全没有生长素的培养基(成胚培养基)上，它们就能发育为成熟的胚。在增殖培养过程中生长素的存在，对于胚性细胞团后来在成胚培养基上发育为胚是必不可少的。如果愈伤组织连续保存在无生长素的培养基中也不能形成胚。从这个意义上讲，可把增殖培养基看成是体细胞胚胎发生的“诱导培养基”，而把每个胚性细胞团看成是一个无结构的胚。在咖啡中也是这样，只有把培养在含 2,4-D 培养基上的愈伤组织转移到不含 2,4-D 的培养基上以后，才能形成体细胞胚。在有些实验中还可使用 2,4-D 以外的各种生长素。例如，在南瓜中，NAA 和 IBA 促进胚胎发生。

在对甜橙驯化愈伤组织(habituated callus)的研究中，也证实了生长素对胚胎发生的重要作用。起初，甜橙的珠心愈伤组织需要 IAA 和激动素才能生长及发生胚胎分化。但是继代培养一定时间以后，这些组织变成了驯化组织，低至 0.001mg/L 的 IAA 也会抑制胚胎发生。另外，任何有碍细胞合成生长素的处理，如使用生长素合成抑制剂(2-羟基-5-硝基-苯酰溴或 7-氮-吲哚)或辐照，都能显著改善胚胎分化情况。已知辐照能使生长素分解，在受到高于 16×10SR 辐照处理的组织中，培养基里本来会抑制胚胎形成的生长素则表现为促进作用。这些研究都表明，对于离体条件下体细胞胚胎发生来说，一个最低限度的内源或外源生长素是必不可少的。

Wochok 和 Wetherell (1971)认为，2,4-D 对胚胎成熟过程的抑制作用可能是通过产生内源乙烯引起的。乙烯利在植物组织中释放乙烯，故在胡萝卜悬浮培养中也能抑制成熟体细胞胚的发育，但并不显著降低胚性细胞团的生长和增殖速率。此外还已经知道，培养在含 2,4-D 培养基上的胡萝卜愈伤组织，比培养在无 2,4-D 培养基上的组织能产生较多的乙烯。组织内乙烯含量的增加将会导致纤维素酶或(和)果胶酶活性的增强，在原胚发生极性分化之前即引起胚性细胞团破坏，使原胚不能发生进一步的组织分化。因此，在含有 2,4-D 的培养基上，组织能够不断增殖，但胚不能发育成熟。

Halperin (1970)报道，在增殖培养基中加入 6-BA 可以促进胡萝卜愈伤组织的细胞分裂，但会抑制它的成胚潜力。这可能是对非胚性细胞的增殖发生选择性刺激作用的结果。不过，有些研究者却发现了细胞分裂素对胚胎发生过程的促进作用。Fujimura 和

Komamine (1979)在对胡萝卜的研究中看到，虽然 6-BA 和激动素对胚胎发生过程表现抑制作用，但浓度为 0.1μmol/L 的玉米素能促进这个过程。倘若在把胚性愈伤组织由诱导培养基转移到成胚培养基之后 3~4 天时加入玉米素，这种刺激作用会表现得格外明显。不过，在咖啡叶片愈伤组织的整个培养期间，只有在激动素与生长素的比例较高时，胚胎发生的频率才能较高。

赤霉素能抑制体细胞胚胎发生。据报道，IAA、ABA 及 GA_3 在胡萝卜和柑橘属植物中也会抑制胚胎发生。

乙烯在形态发生中的作用也较大。对体细胞胚胎发生来说，针叶树胚性组织的乙烯水平比非胚性组织的低 10~100 倍，在培养基中添加乙烯抑制剂能促进橡胶树、胡萝卜和玉米愈伤组织的体细胞胚建成。Santos 等(1997)在乙烯抑制剂硝酸银和 aminoethoxyvinyl-lglycine (AVG)对大豆体细胞胚胎诱导的影响的研究中，发现乙烯抑制剂对体细胞胚发生频率低的品种来说，没有显著作用；但对体细胞胚发生频率高的品种，有促进其萌发的作用。

3. 培养的环境条件

不论培养基的物理状态是固态还是液态都对胚状体的发生影响不大，但渗透压对愈伤组织的增殖和胚状体的发生都有着重要的影响。培养基中的渗透压通常由蔗糖、葡萄糖、果糖、甘露醇和山梨醇等糖类物质来调节，其渗透压的改变影响到胚状体的形成。例如，油菜花药培养中，宜先将其放在高糖(9%~10%)培养基中，才有利于细胞增殖和胚状体的形成。在胡萝卜和水防风的悬浮培养中，无生长素的 MS 培养基能诱导形成胚，但若在 MS 培养基中加入 12%的蔗糖或其他能提高渗透压的物质(如甘露醇和山梨醇)时，形成的胚发育得比较小，其形态比在正常 MS 培养基上形成的胚更像合子胚，这种影响类似于在胚胎培养中观察到的现象。

培养基的 pH 变化可影响培养物营养元素的吸收、呼吸代谢、多胺代谢和 DNA 合成，以及植物激素进出细胞等，从而直接或间接地影响愈伤组织的生长及其形态建成。胚状体的发生一般都要求有一个较为合适的 pH。例如，对于烟草花粉胚状体的形成，pH 以 6.8 为宜，而柑橘以 5.6 为宜。以 pH 7.0 处理 1 天可显著提高所诱导的水稻花粉愈伤组织分化绿苗的潜力。Jay 等(1994)发现，生物反应器中 pH 4.3 时胡萝卜胚状体发生频率高，但胚发育被抑制在鱼雷形胚阶段前，只有在 pH 5.8 时体细胞胚才继续生长发育。目前有关 pH 对愈伤组织形成和胚状体分化影响的研究较多，但具体规律还不是十分明确。

植物组织培养一般是以日光灯为光源，光照强度为 1000~4000lx，光周期通常是 16h/8h。胚状体发生对光照的要求因植物种类不同而异。例如，烟草和可可的体细胞胚发生要求高强度的光照，而胡萝卜、黄蒿和咖啡的体细胞胚发生在全黑的条件下较合适。高强的白光、蓝光抑制胡萝卜悬浮细胞的体细胞胚胎发生和体细胞胚生长。而黑暗，或红光、绿光所得体细胞胚产率最高，蓝光还可促进心形胚中 ABA 的合成，而红光促进心形胚的发育。

培养容器中的气体成分(O_2、CO_2 等)对胚状体的发生也有重要影响。78%、60%的 O_2 分别加强苜蓿和一品红悬浮细胞体细胞胚发生。当 O_2 浓度为 5%~10%时，胡萝卜细胞生长和体细胞胚分化都被抑制，而60%的 O_2 使其细胞无分化生长，氧气浓度为20%时最有利于胚状体形成。对于 CO_2 对细胞增殖和胚状体发生的影响目前还存在争议，生物反应器中 CO_2 水平从0.3%提高到1%，百合科植物蓝春星花细胞生物产量无变化；但仙客来的原胚性细胞团随 CO_2 浓度升高而增加(Hvoslef-Eide，1998)。

三、人工种子

Murashige (1978)提出人工种子或合成种子的概念，人工种子指植物体细胞胚胎被包埋在具有水化或干燥外壳的胶囊中，并能像有性种子一样萌发的单位。胶囊的外壳有机械保护作用，胶囊自身起人工胚乳的作用。除体细胞胚外，用不定芽和腋芽等营养繁殖体代替体细胞胚制备人工种子，也取得了很好的效果，所以人工种子不仅仅指用体细胞胚胎制备的产物，还包含各种营养繁殖体。虽然已能大量制备胡萝卜、芹菜和苜蓿等植物的人工种子，但人工种子在生产上的应用还很少。除了人工种子自身的原因如储藏和萌发外，由于生产成本大大超过天然种子，阻碍了人工种子的利用。但人工种子能够工厂化大规模生产、储藏和迅速推广良种的优越性，使人工种子的研究和应用仍然具有十分诱人的前景。

1. 人工种子的种类

Redenbaush 等(1991)将人工种子分为4类：①裸露的或休眠的繁殖体，如休眠的微鳞茎、微型薯等，对人工种皮包裹要求不严格，可以直接种植；②人工种皮包裹的繁殖体，采用聚氧乙烯膜包裹胡萝卜体细胞胚，胚重新水合后能够发芽；③水凝胶包埋的胚、芽及休眠的小鳞茎等繁殖体，水凝胶中可含多种养分和激素，从而促进繁殖体的生长；④液胶包埋的繁殖体，Drew (1979)和 Cantliffe 等(1988)分别用此方法包埋了胡萝卜及甘薯的体细胞胚。在以上几类人工种子中，只有马铃薯微型薯已大规模工厂化生产和商品化，其他繁殖体制备的人工种子尚未在生产上大量使用。据统计，迄今已对22种植物的人工种子进行了研究。

2. 人工种子的制备

完整的人工种子由三部分组成，即体细胞胚 (营养繁殖体) 、人工胚乳和人工种皮。人工胚乳的基本成分由培养基成分组成，根据不同植物或培养类型，在人工胚乳中可以添加不同浓度的植物激素、有益微生物、杀虫剂和除草剂等化合物。人工种皮是人工种子的最外层部分，其要求是不但能控制种子内水分和营养物质的流失，而且能通气和具有机械保护作用。而对于藻酸钠包埋的人工种子来说，关键是需要获得发育时期一致的成熟的体细胞胚胎并控制藻酸钠胶囊颗粒的大小和硬度。

1) 体细胞胚发育的调节

体细胞胚胎可以由各种组织诱导发生，但在同批培养物中，体细胞胚胎的发育是不一致的。为了保证人工种子的质量，首先要求体细胞胚发育成熟一致。控制体细胞胚的同步生长可以采取以下方法：第一种方法是控制细胞同步分裂。常用 DNA 合成抑制剂如 5-氨基脲嘧啶等，抑制胚性细胞 DNA 复制。当除去抑制剂后，细胞进入同步分裂。低温处理也可以抑制细胞分裂，将温度恢复到生长适宜温度时，部分细胞分裂可以同步化。第二种方法是分离大小相同的胚性细胞团。可用尼龙网筛或在 Ficoll 溶液中进行梯度离心，将筛选出来的生长相近的胚性细胞团转移到无生长素培养基上培养，可以获得成熟度比较一致的体细胞胚。第三种方法是利用渗透压控制体细胞胚同步生长。不同发育阶段的体细胞胚，其渗透压不同。例如，向日葵体细胞胚由小到大，渗透压逐渐降低。控制培养基中渗透压稳定剂的浓度，就可以抑制或者促进某一发育阶段的体细胞胚发育。

2) 藻酸钠胶囊的制备

在人工种皮的研究中，研究者采用了许多包埋材料，而且新的包埋材料还在不断研究中，但使用较多的仍然是藻酸钠。利用藻酸钠为包埋材料时，包埋胶囊硬度和颗粒大小取决于藻酸钠浓度。藻酸钠胶囊的优点是无毒和价格低廉，缺点是水溶性养分容易浸出，其人工种子储藏期短及胶囊丸之间容易粘连，影响播种或自动化操作。漏斗中 2%的藻酸钠溶液缓慢地呈液滴下落，体细胞胚迅速通过玻璃细管排入藻酸钠液滴中，并随藻酸钠液滴滴入 100mmol/L $Ca(NO_3)_2$ 溶液中。藻酸钠液滴与 $Ca(NO_3)_2$ 溶液中的钙离子螯合形成白色半透明胶囊，水洗后晾干即制备成人工种子。

第三节 性细胞培养与单倍体育种

一、花药培养

所谓单倍体，是指具有配子体染色体数的个体或组织，即体细胞染色体数为 n。由于物种的倍性不同，可以把单倍体分为两类：一类是一倍单倍体，这类单倍体起源于二倍体；另一类是多倍单倍体，这类单倍体起源于多倍体(如 $4x$、$6x$)，典型的单倍体只能是多倍单倍体植物，一倍单倍体只有在加倍后形成双倍体后才能存活下来。单倍体培养包括花药培养、花粉(小孢子)培养和未受精子房及卵细胞培养，其中花药和花粉(小孢子)培养是体外诱导单倍体的主要途径。尽管花药和花粉(小孢子)培养的目的都是获得单倍体，但是从严格的组织培养角度讲，花药和花粉(小孢子)培养有着不同的含义：花药培养属于器官培养的范畴；而花粉(小孢子)培养与单细胞培养类似，属于细胞培养的范畴。

由于在单倍体细胞中只有 1 个染色体组，表现型和基因型一致，一旦发生突变，无论是显性还是隐性，在当代就可表现出来，所以单倍体是体细胞遗传研究和突变育种的理想材料。在品种间杂交育种程序中，通过 F_1 花药培养得到单倍体植株后，经染色体加倍立即成为纯合二倍体，从杂交到获得不分离的杂种后代单株只需要 2 个世代，和常规育种方法相比，育种年限显著缩短。花药/小孢子培养还可以排除杂种优势对后代选择的干扰和用于消除致死基因。除此之外，单倍体材料也是研究遗传转化的良好实验材料体系和受体材料。单倍体的这些重要意义虽然早已为人所知，但是，由于自然界中单倍体出现的频率极低，只有 0.001%~0.01%，所以以前它们并未得到广泛的利用。自 20 世纪 60 年代中期 Guha 和 Maheshwari (1964)首次报道由毛叶曼陀罗花药培养获得了大量花粉起源的单倍体植株以后，立即引起了遗传育种工作者的巨大兴趣，随后包括中国在内的很多国家都广泛开展了花药培养的研究。花药/小孢子培养被育种学家认为是缩短育种周期、提高选择效率、获得遗传材料和有用突变体的一个重要途径。经过几十年的发展，花培取得了很大的进步。

(一) 花药培养的一般程序

1. 取材

花药在接种以前，应预先用乙酸洋红压片法进行镜检，以确定花粉的发育时期，并找出花粉发育时期与花蕾或幼穗的大小、颜色等外部特征之间的对应关系。一般而言，单核后期花药对培养的反应较好，在烟草中，此时花蕾的花冠大约与萼片等长，小麦旗叶和旗叶下一叶之叶耳距为5~15cm；水稻颖片通常已达到最后大小，颜色淡绿，颖内的花药颜色亦淡绿(白则太嫩，黄则偏老)。因此，我们可以将植物的外观特征与花粉发育时期对应起来，根据植物的外观特征选择合适时期的花药进行培养。但值得注意的是，这种相关性绝不是一成不变的，而会因品种和气候的不同而异。因此，在每次实验时都应通过镜检确定花粉发育的准确时期。

2. 预处理

适当的预处理可以显著提高花药的愈伤组织诱导率。常用的预处理方法是低温冷藏，具体的处理温度和时间因物种不同而异，烟草在7~9℃下处理7~14天，水稻在7~10℃下处理10~15天；黑麦在1~3℃下处理7~9天；大麦在3~7℃下处理7~14天，均有助于提高愈伤组织的诱导率。但低温预处理对小麦的效果不稳定，有时还有副作用。

3. 消毒

花药适宜培养时，花蕾尚未开放，花药在花被或颖片的严密包被之中，本身处于无菌状态，因此，通常只要以70%乙醇喷洒或擦拭花器或包被着麦穗的叶鞘表面，即可达到灭菌要求。如果花蕾已经开放，可采用0.1%的升汞和70%的乙醇进行表面消毒，具体时间根据材料而定。

4. 接种

在无菌条件下把雄蕊上的花药轻轻地从花丝上摘下，水平地放在培养基上进行培养。注意在整个操作过程中不应使花药受到损伤，因为机械损伤常常会刺激花药壁形成二倍体愈伤组织，所以花药一旦受到损伤，则应立即淘汰。

如果接种的材料是花器很小的植物，如天门冬属、芸薹属和三叶草属植物等，则需借助体视显微镜夹取花药，或是只把花被去掉，把花蕾的其余部分连同其中原封未动的雄蕊一起接种在培养基上。在有些情况下，甚至是接种整个花序以得到花粉单倍体植株。然而这种简单化的方法只适用于这样一些基因型，即其中雄核发育在只含无机盐、维生素和糖的简单培养基上即可进行，而在这种培养基上孢子体组织增殖的机会很少。当必须使用生长素才能诱导花粉粒雄核发育时，应当尽可能把孢子体组织去掉。

另外，由于花药对离体培养的反应存在“密度效应”，所以每个容器中接种的花药数量不宜太少，以形成一个合理的群体密度。

5. 培养方式和培养条件

初期的花药培养工作都用以琼脂固化的培养基，后来发现固体培养效果并不理想，因此发展出液体培养、双层培养、分步培养和条件培养等多种培养方式。

在液体培养中，特别容易造成培养物的通气不良，进而影响愈伤组织的分化能力。针对这一问题，在培养基中加入 30%的 Ficoll，可增加培养基的密度和浮力，使培养物浮出水面，处于良好的通气状态。但是 Ficoll 的价格相对较高，大量培养花药时成本昂贵。双层培养的优点是花药在培养早期可以从活性高的液体培养基中吸取营养，花粉胚长大后又不会沉没，可以在通气良好的条件下分化成植株。双层培养基的制作方法如下：首先在 35mm×10mm 的小培养皿中铺加 1~1.5ml 琼脂培养基，待固化之后，在其表面再加入 0.5ml 液体培养基。双层培养基制作简便、效果明显，这在大麦(孙敬三等，1991)和小麦(朱至清，1991)花药培养中都已得到了证明。将花药接种在液体培养基(含 Ficoll)上进行漂浮培养时，花粉可以从花药中自然释放出来，散落在液体培养基中，然后及时用吸管将花粉从液体培养基中取出，植板于琼脂培养基上，使其处于良好的通气环境中，使得花粉植株的诱导率大大提高。这种花药/花粉分步培养的方法已在大麦上取得了很好的实验结果，由 1 个大麦花药平均可产生 13 棵绿色花粉植株(胡含，1990)。所谓“条件培养基”，是指预先培养过花药的液体培养基。用这种条件培养基再次进行花药培养，则可使花药培养效率大大提高。条件培养基的制作方法如下：将花粉处于双核早期的大麦花药，按每毫升培养基中接种 10~20 枚花药的密度，接种在含 2,4-D 5mg/L、KT 0.5mg/L 的 N_6 培养基上，培养 7 天之后，去掉花药并离心清除散落在培养基中的花粉，所得上清液即所谓“条件培养基”。用这种培养基培养单核中期的大麦花药，可使花粉愈伤组织的诱导率从对照的 5%提高到 80%~90%。而且已经证明，条件培养基不存在种的特异性，如培养过小麦花药的培养基对大麦同样也有好的效应。

离体花药的培养条件主要包括温度、湿度和光照。由于培养花药的容器内相对湿度几乎是 100%，而且不加调节，所以主要是调控培养温度和光照。

离体培养的花药对温度比较敏感，早期的工作多数在 25~28℃条件下进行花药培养，现在发现有不少植物的花药在较高的温度下培养效果更好，特别是最初几天经历一段高温培养出愈率会明显提高。例如，在开始培养的 2~3 周，将温度升高到 30℃以上，可大幅度提高油菜花粉胚的生成率。对大多数小麦品种说来，培养初期需要 30~32℃的较高温度，经 8 天的高温培养之后，转入 28℃培养较为适宜(欧阳俊闻等，1988)。短期高温培养不但可提高小麦花药的出愈率，而且对以后愈伤组织绿苗分化能力也有好的影响。和小麦不同，水稻花药培养的适宜温度为 27℃，提高培养温度虽然也能增加水稻花粉愈伤组织的数量，但随着温度的提高，花粉白苗的概率也会增加。相比之下，在愈伤组织分化时期对温度的要求研究不多，一般认为，分化阶段对温度的要求并不像愈伤组织诱导时期那样严格。

离体花药对光照的反应在烟草和曼陀罗上是不同的，连续光照可明显增加烟草花粉胚的产量，但却强烈抑制曼陀罗的花粉胚胎发生。对禾本科植物说来，花药愈伤组织的诱导期间光的有无并不重要，一般主张愈伤组织诱导期间进行暗培养或者给以弱光或散射光处理。愈伤组织的分化原则上都应在光照下进行，但不同植物对光照长度和给光时间的要求是不同的。例如水稻的愈伤组织如果在转入分化培养基之后立即给予光照，虽然芽点出现较快，但容易引起愈伤组织的老化坏死，如果采用“先暗后光”的培养方法，则可避免上述现象发生。在小麦愈伤组织分化期间及以后的试管苗越夏期间，都应给以短日照处理，否则试管苗移栽后会提前抽穗，甚至移栽前在试管中就会抽穗。关于光质对花粉愈伤组织形成和芽分化的影响研究不多，已知红光对曼陀罗花粉胚的产生有抑制作用，而蓝光和紫光对芽的形成有刺激作用。

6. 花粉植株的诱导

烟草花药接种在无激素培养基上 1 周以后，即有部分花粉粒开始膨大，2 周以后细胞开始不断分裂，相继形成球形胚、心形胚和鱼雷形胚等，3 周后在花药开裂处即可见到许多淡黄色的胚状体，见光后变绿，并逐渐长成小苗。每个花药中长出的小苗数可从 1 株到几十株不等，最多者可达 180 株以上。

禾本科植物的花药在培养中通常不能形成胚状体，在这类植物中，花粉植株的诱导往往要分两步进行：第一步，将花药接种在含有一定浓度 2,4-D(1~2mg/L)的诱导培养基上，诱导花粉粒形成单倍体愈伤组织。第二步，将花粉愈伤组织转到分化培养基上诱导植株分化。分化培养基中通常不含 2,4-D，只含有 NAA 和 KT 等激素。在分化培养基上，愈伤组织表面陆续分化出芽和根。

在烟草中，花粉植株是由胚状体产生的，因此几乎都是单倍体。在稻麦等植物中，由于花粉植株是经由愈伤组织产生的，染色体数常有变化，其中既有单倍体，也有二倍体、三倍体及各种非整倍体等。离体花药在培养条件下可经器官发生或胚胎发生途径分别产生单倍体植株。但就某种植物来讲往往以其中一种途径为主。

7. 壮苗和移栽

花药植株的壮苗培养方法与普通的试管苗相同，可在培养基中加入一定的 PP_{333}、B_9 等生长延缓剂进行培养。花粉植株的移栽看似简单，但做好并不容易。因为试管苗在培养基上主要是靠培养基中的营养成分进行代谢，而且在试管中湿度和温度都比较稳定，一旦移入土壤，生理生态环境发生巨大变化，往往由于试管苗不能很快适应这种变化而大批死亡。特别是小麦等越冬作物，花粉植株生长至适合于移栽的大小时，适值盛夏，自然气温很高，按期移栽很难成活，所以应当在 4℃冰箱中冷藏越夏。9 月底将试管苗取出在自然光下炼苗 5~7 天，然后洗净琼脂，进行移栽。移栽后在苗床上搭盖塑料薄膜棚，一般可以顺利成活。

在我国北方，水稻花粉植株的移栽正值秋末和初冬季节，因此一般都需在温室进行，移栽前如果根系生长不良，可先经生根培养，即将试管苗的老根剪除干净，移入含有 IAA 0.2~0.5mg/L 的培养基诱导其发生不定根。移苗前用水洗去琼脂，剪去衰老叶片和黄根，并在清水中炼苗 4~5 天，待有新根发出，即可移入土壤，移栽后保持土温不低于 25℃，相对湿度在 85%以上。在北方温室移栽时要特别注意使土壤的 pH 保持在酸性(pH 5.5~6.0)，以利生根成活。温室的温度白天保持在 25℃，夜间不低于 15℃。

玉米花粉植株的移栽比较困难，移苗前培养瓶要在温室的光线下放一段时间，使花粉植株生长健壮。移苗后要加盖塑料薄膜保湿，温室温度应保持在 16~20℃，并保持良好的光照。温度过高或过低都会造成死苗。

8. 单倍体植株的染色体加倍

单倍体植株通常情况下表现为植株矮小，生长瘦弱，由于染色体在减数分裂时不能正常配对，所以表现为高度不育。对单倍体进行加倍处理，使其成为双单倍体，是稳定其遗传行为和为育种服务的必要措施。单倍体的加倍方法有自发加倍和诱发加倍两种。在培养过程中，不同发育阶段的单倍体细胞可以自发加倍，但通常情况下，自然加倍率很低。为了得到更多的纯合二倍体，有必要通过人工方法使单倍体植株的染色体加倍，成为纯合二倍体。

秋水仙素处理是诱导染色体加倍的传统方法，由于单倍体植株的产生经历离体培养、植株诱导与生长发育等多个时期，所以，诱导花粉植株加倍可在各个时期实施。以烟草为例，其具体做法是：把幼小的花粉植株浸入过滤灭菌的 0.4%秋水仙素溶液中 96h，然后转移到培养基上使其进一步生长。秋水仙素的处理也可通过羊毛脂进行，即把含有秋水仙素的羊毛脂涂于上部叶片的腋芽上，然后将主茎的顶芽去掉，以刺激侧芽长成二倍体的可育枝条。

秋水仙素可以使细胞加倍，但它同时又是一种诱变剂，可以造成染色体和基因的不稳定，也很易使细胞多倍化，出现混倍体和嵌合植株。为解决这一问题，需要使处理植株经过一到几个生活周期，并加以选择，才能获得正常加倍的纯合植株。一些研究人员认为，用秋水仙素处理单个单倍体细胞，如果处理的时间很短，则可以降低混倍体和嵌合体的频率。如果单核小孢子在第一次有丝分裂之前被加倍，获得正常单倍体的频率便会增加。Zamani 等(2000)在进行小麦花药培养之前，首先在含有 0.03%秋水仙素的诱导培养基里于 29℃条件下对花药培养 3 天，然后转移到不含秋水仙素的新鲜培养基里于同样条件下继续培养，获得了大量的可育植株。可见，用秋水仙素处理时要注意处理的时间和剂量。当然对于不同的组织、细胞，不同的发育阶段，处理方式可能需要适当的调整。

氟乐灵(trifluralin)是一种植物特异性微管形成抑制剂，也可使染色体加倍。Zhao 等(1995)的研究发现，氟乐灵处理分离的甘蓝型油菜小孢子，30min 后微管解聚，而秋水仙素处理需 3~8h。而且使用氟乐灵处理产生的不正常胚率低于使用秋水仙素。在甘蓝型油菜小孢子培养的最初 18h，用 1 或 10μmol/L 氟乐灵处理被认为是最好的获得双单倍体的方法。

花药植株倍性的鉴定，最可靠的方法是对茎尖或根尖细胞进行染色体计数，但这种方法费时、费工，手续烦琐。对于小麦花粉植株，一种简便的方法是根据叶片保卫细胞长度鉴定倍性，具体方法如下：从分蘖盛期花粉植株主茎第二叶的尖端，剪取 1.5~2.0cm 长的叶片，以下表皮向上置于载玻片中央，用左手食指压住叶片尖端，右手持解剖刀，将下表皮和叶肉刮去，仅留下上表皮，然后在显微镜下测量保卫细胞的长度，保卫细胞长度在 65μm 以下的为单倍体，在 65μm 以上的为染色体加倍的二倍体。

(二) 影响花药培养的因素

1. 基因型

现在已由 120 余种被子植物的花药培养出花粉植株，对培养有反应的物种集中在茄科的烟草属和曼陀罗属，十字花科的芸薹属，以及禾本科的许多属。一些木本植物，如杨属的一些种，三叶橡胶和四季橘的花药培养也获得成功。虽然有些科属的植物容易产生花粉植株，但总体而言，花药培养的难易和供体植物的系统地位并无必然的联系。以茄科为例，烟草属极易诱导花粉植株，而同科的泡囊草属就不易诱导。在烟草属内，大部分种很容易产生花粉植株，但是郎氏烟草的花粉植株诱导率非常低。同一物种的不同亚种乃至品种在诱导率上也表现极大的差异。花药中小孢子产生植株的能力被称为花药培养力，已有证据表明花药培养力与一些基因的表达有关，但是基因调控的背景比较复杂。

Cowen 等(1992)用限制性片段长度多态性(RFLP)法对两个不同的玉米基因型杂交种进行分析时发现，有两个上位的和两个隐性的基因控制着玉米单倍体发生。初期的小孢子培养研究中多选用花药培养诱导率高的基因型，但有的能获得成功，有的则不能成功。另外，花药培养不易成功的基因型在小孢子培养时也可以获得较好的结果，这似乎说明两种培养方法适应的基因型不一定一致，小孢子的诱导能力可能是由遗传性事先确定了的，但花药组织可能存在促进或抑制小孢子脱分化的两种可能的机制。长期以来，由于人们对基因型的本质缺乏深入的了解，所以对基因型的选择和使用存在着很大的盲目性，这是一个值得探讨的问题。

2. *药壁因子*

大量实验表明，花药壁在花粉胚发育过程中有着重要作用。Pelletier 和 Ilami (1972)发现，将烟草一个种的花粉转移到其他品系的花药中进行培养，花粉仍能顺利地发育成胚。这说明药壁对花粉发育有着看护作用，这便有了“药壁因子”一说。随后又有花药对同一物种及不同物种离体花粉雄核发育具有看护作用的报道。人们利用花药的看护作用成功地对许多品种的离体花粉进行了培养，并育成了单倍体。花药提取液也能刺激花粉胚的形成。有实验表明，培育过花药的培养基可显著地促进花粉胚的形成或产生更多愈伤组织。

组织学研究也证实了药壁因子在花粉胚发育中的作用。在烟草中，只有原来贴靠着花药壁的花粉粒才能顺利发育成花粉胚。在天仙子花药培养中，也只有紧靠外围绒毡层的花粉能够成胚。这说明，花药绒毡层中的某些物质在诱导花粉分化成胚的过程中起关键作用。

3. *小孢子或花粉粒发育时期*

花粉的发育时期是影响花粉培养效果的重要因素。被子植物的花粉历经四分体时期、单核期(小孢子阶段)、双核期和三核期(雄配子体阶段)，单核期又可细分为单核早期、单核中期和单核晚期。花粉培养的最适发育阶段因物种不同而不同。就多数植物而言，单核中期至晚期的花粉最容易形成花粉胚或花粉愈伤组织。曼陀罗属、烟草属和水稻的单核早期及双核期的花粉也能产生花粉植株，但花药培养成功率最高的时期仍然是单核中期和单核晚期。小麦和玉米只有用单核中期的花药才能诱导出花粉植株。有些植物需要采用更幼嫩的花药，如天竺葵最适宜的花药培养时期为四分体时期，而番茄为减数分裂中期 I 阶段。禾本科植物花粉发育的适宜时期为单核期，其中大麦为单核早期，小麦和玉米为单核中期。颠茄和烟草的单倍体培养最适时期是双核早期。拟南芥单倍体发生的理想阶段是花粉母细胞的减数分裂Ⅰ，而芸薹属植物以成熟花药或从中分离花粉进行培养显示出较好的生长反应。小孢子或花粉通过诱导，可从配子体向孢子体转化，从而产生单倍体。这一转化过程可能发生在花粉有丝分裂的同时或稍前稍后，体细胞或(和)性细胞的有丝分裂过程均可发生。

有时游离小孢子培养和花药培养要求的发育时期不一样。例如，烟草的花药培养宜选用小孢子单核晚期的花药进行接种，但小孢子培养以双核中期的小孢子为宜。大麦花药培养宜选用单核中期至单核晚期的小孢子，而小孢子培养宜选用小孢子分裂前期的小孢子。油菜小孢子培养中常选用单核晚期至双核早期的小孢子。

4. 花蕾和花药的预处理

为了提高花药培养和游离小孢子培养的成功率，需要在接种前对试验材料(花序、花蕾、花药或小孢子)进行低温、高温等各种预处理。

Nitsch 和 Norreel (1973)首先发现低温预处理可以明显提高花粉胚的诱导频率。他们将毛叶曼陀罗的花蕾连同总花梗一起采下，将其插在水中，在 3℃冰箱中保存 48h，然后取花药接种，经过三次重复对比实验证明预处理明显提高花粉胚的诱导频率。后来的实验表明，低温预处理对烟草、水稻、小麦、黑麦和玉米的花药培养普遍有效，但每种植物要求的温度和处理时间有差异。例如，烟草为 7~9℃下 7~14 天，水稻为 7~10℃下 10~15 天，小麦、黑麦和杨树为 1~3℃下 7~9 天。需注意的是各种材料的预处理应在保湿的情况下进行，否则会造成材料的萎蔫甚至死亡，达不到预期的效果。由于低温预处理的时间幅度较大，在花药培养材料短时间内集中出现的情况下，可以把大量的材料储存在冰箱中，从容不迫地进行接种工作。

同样，高温处理也有助于提高花粉胚的诱导率，具体方法是将游离小孢子或花药在分离纯化步骤结束后，放置在高温条件下培养一段时间，然后再转移到常温下进行培养。在油菜的小孢子培养中，直接将分离的新鲜小孢子在 32℃条件下先培养 3 天，然后转入 25℃条件下继续培养，其结果与 25℃恒温下培养有显著的差异。刘公社等(1995)的实验也证明高温预培养对诱导大白菜小孢子进行对称分裂和胚胎发生十分重要，但高温预培养并非在任何时间都起作用，只在起始培养的 24h 之内最为敏感，如果以小孢子分裂指数为指标，小孢子感受高温的敏感期位于起始培养的 12h 之内。高温预培养在几种芸薹属植物上也广为应用。

除温度处理以外，其他一些因素的预处理有时也能收效，如用激素处理供体植株可以提高土豆花药单倍体的形成能力。也有报道用甲磺酸乙酯、乙醇、射线、降低气压、高低渗处理进行预处理。

5. 供体植株的生理状态

供体植株的生理年龄及其所处的生长条件也能影响花药对离体培养的反应。一般来说，幼年植株的花药形成孢子体的频率较高，开花初期采集的花蕾其形成孢子体的频率比花后期采集的更佳。

供体植株的生长条件对培养效果也有重要影响，有时只有在控温、一定光周期和光照强度的环境条件下，花药才有反应。环境条件对于不同的植物物种有很大不同，所以没有一个固定的环境控制模式。在烟草中，短光周期(8h)和高光照强度(16 000lx)较有利。而大麦在低温(12~20℃)和高光照强度(20 000lx)较好。有报道说用乙烯利、生长素和赤霉素处理植株可提高花粉胚诱导率。缺氮条件下培育的花药比在氮肥充足条件下培育的花药更易诱导出单倍体。因此，用来进行小孢子培养的植物材料应事先严格控制其生长条件。

6. 培养基和培养密度

基本培养基的组成对花药和游离小孢子培养成功率有明显的影响。早期的花药培养大多沿用已有的植物组织培养基，如 Nitsch 培养基、Miller 培养基和 MS 培养基。后来研制出专门用于各类植物的花药培养基。例如，适合于烟草花药培养的 H 培养基。朱至清等(1975)提出了 N_6 培养基，这种培养基已被广泛用来培养水稻、小麦、小黑麦、黑麦、玉米和甘蔗等禾谷类作物的花药，其效果明显优于 MS 等原有的培养基，特别有利于花粉胚状体的形成。

花药培养时往往需要一定的渗透压，有的要求低浓度的蔗糖(2%~4%)，有的要求高浓度的蔗糖(8%~12%)。蔗糖对雄核发育的必要性最初是由 Nitsch (1969)在烟草中发现，后来又被 Sunderland (1974)在南洋金花中被证实。蔗糖是必需的，但不一定总需要高浓度的蔗糖。在大麦花药培养中，Clapham (1971)最初使用 12%的蔗糖，但后来发现并不需要这么高的蔗糖浓度，建议使用 3%的蔗糖。不过欧阳俊闻等(1973)在小麦中发现，6%的蔗糖能促进花粉形成愈伤组织，但抑制体细胞组织的增殖。与此相似，根据能形成花粉胚的花药数判断，在马铃薯中 6%的蔗糖也显著优于 2%或 4%的蔗糖。成熟花粉是二细胞结构的，往往需低浓度糖；而成熟花粉为三细胞结构的植物，往往需高渗条件，如油菜小孢子培养时，糖的浓度可用到 13%~17%。

培养基中激素的种类、使用量和配比，对诱导花粉细胞的增殖和发育起着重要的作用，其取决于植物的不同种类，花药在离体培养中对激素的要求有两种不同的情况：①在烟草、曼陀罗、矮牵牛等植物中，雄核发育的途径是直接形成花粉胚。在这些植物中，一般不需要激素，在基本培养基上即可产生单倍体植株；在有些情况下，甚至连维生素都不需要，也能再生出单倍体植株。②在大多数已知能进行雄核发育的非茄科植物中，花粉粒首先形成愈伤组织，然后在同一种培养基或略作改动的培养基中，由愈伤组织分化出植株。在这些植物中，为了诱导花药进行雄核发育，必须加入一种或多种激素及水解酪蛋白、酵母浸出液、椰子汁等其他有机附加物。在大多数禾本科植物如水稻、小麦、大麦和黑麦的花药培养中，外源激素特别是 2,4-D 对花粉的启动、分裂、形成愈伤组织和胚状体起着决定性作用。细胞分裂素类物质(KT、6-BA)可以促进茄科植物如烟草、马铃薯、曼陀罗等的花粉植株形成，但对禾本科植物离体花粉的分裂不是必要条件。在小麦花药诱导培养基中，一般加入 0.5mg/L 的 KT，其作用在于抑制花丝愈伤组织的形成。对水稻花粉愈伤组织的诱导，KT 虽然不是必需的，但对以后愈伤组织分化成苗有较好的后效应，因此认为在诱导培养基中添加 KT 有利于增强愈伤组织的胚胎发生能力。虽然水稻和小麦花粉愈伤组织的植株分化可以在无任何激素的培养基上进行，但是如果在培养基中加入低浓度的 NAA 和 IAA 及相对高浓度的 KT，则分化率会明显提高。花药培养基中有时也加入种类较多的维生素、氨基酸和其他有机附加物，在实验的基础上，合理的搭配这些化合物可以在一定程度上提高花粉植株的诱导频率。

氮素的用量和各种氮素的比例对培养效果有明显影响。朱至清等(1975)在水稻花药培养中证实，改变培养基中无机氮源可以显著改变花粉形成愈伤组织的频率，随后又能影响由愈伤组织分化绿苗的频率。在他们所研制的 N_6 培养基中，供试的三个水稻品种花粉形成愈伤组织的频率分别为 37.7%、32.2%和 7.5%，而在 Miller 培养基上分别只有 15.5%、10.8%和 0。N_6 与 Miller 培养基中氮的组成有明显不同。

有机物在花药培养中可能起重要作用。在大麦和小麦的花药培养中，谷氨酰胺对小孢子胚形成具有明显的促进作用。3mg/L 丙氨酸能大大提高籼稻和籼粳杂交后代愈伤诱导率和绿苗分化率，培养力平均可提高 3.8 倍。培养基中添加维生素和某些植物提取物也可以改善培养效果。

有些作物的花药对培养基的 pH 有一定要求。在曼陀罗的花药培养中观察到随着 pH 的变化，产生胚状体的花药百分率增加，当 pH 达到 5.8 时，效果最好；当 pH 增至 6.5 时，花粉不形成胚状体，镜检发现花粉不发生细胞分裂。在油菜的小孢子培养中，通常采用 pH 6.2 的效果较好。

培养基中添加乙烯抑制剂对有些植物的花药培养是有利的。Dias 和 Martins (1999)采用三种 $AgNO_3$ 浓度对 27 种不同形态类型的甘蓝进行花药培养研究，发现培养基中加 $AgNO_3$ 能显著增加大多数材料花粉胚的产量。可是大麦的花药培养正相反，培养的花药向培养基中释放乙烯达到一定程度可以刺激胚胎发生。

培养基中加入活性炭可以使由烟草雄核发育的花药数由 15%增加到 45%。Bajaj 等(1977)发现，在烟草花药培养中，培养基中添加 2%的活性炭，雄核发育的花药百分率由 41%增加到 91%，而且每个花药产生的植株数量增加，再生的时间缩短。玉米花药培养中加入 0.5%的活性炭，能使愈伤组织或胚状体的诱导频率提高 1 倍左右；在分化培养基中加入 0.5%的活性炭，还能促使分化的幼苗生长健壮、根系发达。

培养密度是离体花粉培养的另一个非常重要的因子。培养密度的影响因不同品种、不同花粉胚诱导率而不一样。例如，欧洲油菜(*Brassica napus*)进行胚胎发生的最小密度为 3000 粒/ml (以花粉粒计)。

7. 培养条件

温度刺激可提高小孢子单倍体发生的诱导率。Nitsch (1974)将茄属植物的花蕾进行 72h 的低温(3℃或 5℃)处理，可诱导大约 58%的花药产生花粉胚，而在 22℃处理相同时间花粉胚诱导率只有约 21%。水稻花序在 13℃下处理 10~14 天的愈伤组织诱导率最高。黑麦、玉米和狼尾草(*Pennistum*)等通过低温储藏后用于花药培养，单倍体的诱导率也较高。不同的植物对温度刺激的敏感程度不同，在实践中还需要根据具体情况分别进行研究。尽管有的基因型的植物在光照和黑暗条件下均能生长，但是光照还是有利于提高单倍体诱导率和促进小植株生长。Nitsch (1977)观察到，单独的花粉比花药中的花粉对光照更敏感。低亮度的白光或红色荧光比高亮度的白光更有利于烟草花粉胚胎的发育。

二、花粉(小孢子)培养

花粉培养是指把花粉从花药中分离出来，以单个花粉粒作为外植体进行的离体培养技术。花粉(小孢子)培养与花药培养相比的优势在于：①花粉已是单倍体细胞，诱发后经愈伤组织或胚状体发育成的小植株都是单倍体植株或双单倍体，不含因药壁、花丝、药隔等体细胞组织的干扰而形成的体细胞植株；②由于起始材料是小孢子，获得的材料总是纯合的，不管它是二倍体还是三倍体；③小孢子培养可观察到由单个细胞开始雄核发育的全过程，是一个很好的遗传与发育研究的材料体系；④由于花粉能均匀地接触化学的和物理的诱变因素，所以，花粉也是研究吸收、转化和诱变的理想材料。

(一) 分离花粉的方法

1. 自然释放法

将花蕾进行表面消毒后，无菌条件下取出花药，放在固体或液体培养基上培养，花药会自然开裂，将花粉散落在培养基上。然后将花药壁等去除，即可进行花粉培养。这种方法在油菜和几种禾本科植物中有所应用。

2. 研磨过滤收集法

这种方法是将花蕾表面消毒后，放入含培养基或分离液的无菌研磨器中研磨，使花粉(小孢子)释放出来，然后通过一定孔径的网筛过滤、离心，收集花粉并用培养基或分离液洗涤，然后用培养基将花粉调整到理想的接种密度，移入培养皿进行培养。

3. 剖裂释放法

这一技术需要借助一定工具剖裂药壁，使花粉释放出来，而不是自然释放。这种方法最早在烟草中尝试。显然，这种方法比自然释放法费时。

(二) 花粉培养方法

1. 液体浅层培养

这一方法类似于原生质体培养，分离的小孢子经洗涤纯化后，调整到所需浓度，根据培养皿的大小，适量加入培养皿内进行培养。待愈伤组织或胚状体形成后转移到分化培养基或胚发育的培养基上使其生长。

2. 平板培养法

是根据接种密度的需求，将分离的花粉(小孢子)用液体培养基稀释或离心浓缩到最终接种密度的 2 倍，把含 0.6%~1%琼脂的固体培养基加热熔化后，冷却到 35℃，置于恒温水浴锅中保持这个温度不变。然后将这种培养基与花粉(小孢子)培养液等量混合，迅速注入并使之铺展在培养皿内。在这个过程中要做到：当培养基凝固后，花粉(小孢子)能均匀分布并固定在很薄一层培养基中，然后用封口膜把培养皿封严。最后将材料在 25℃下进行暗培养，诱导产生胚状体或再生不定芽，并进而分化成小植株。平板培养的最大优点是每个外植体的培养位置相对固定，可以追踪花粉(小孢子)的发育和分化过程。

3. 看护培养法

Sharp 等(1972)建立了一种看护培养法，由培养的番茄花粉形成了细胞无性繁殖系。具体做法是将完整的花药放在固体培养基上，然后将滤纸片放置在花药上面，一会滤纸就被湿润，然后迅速将花粉放置在滤纸片上，进行培养。对照是把花粉粒直接放在固体培养基表面上，其他操作完全相同。试验表明，花粉在看护培养基上植板率可达 60%，而对照的花粉不能生长。由此可见，看护组织不仅给花粉(小孢子)提供了培养基中的营养成分，而且还提供促进细胞分裂的其他物质，这种促进细胞分裂的物质可通过滤纸而不断扩散。这种培养方式有助于低密度下的花粉(小孢子)培养，或其他方式培养不易成功时的花粉培养。

4. 微室悬滴培养法

Kameya 等(1970)用甘蓝×芥蓝 F_1 的成熟花粉进行培养获得成功。其方法是把 F_1 花序取下，表面消毒后用塑料薄膜包好，静置一夜，待花药裂开、花粉散出，制成每滴含有 50~80 粒花粉的悬浮培养基，然后放在微室内进行悬滴培养。与看护培养相比，微室培养是用条件培养基取代了看护组织而进行培养的一种方法。其主要优点是培养过程中可连续进行显微观察，把花粉(小孢子)的生长、分裂过程全部记录下来。

微室的制作方法是：把一滴花粉(小孢子)悬浮液滴在无菌的载玻片上，在这滴培养液的四周与之隔一定距离加上一圈石蜡，构成微室的“围墙”，在“围墙”的左右两侧各加一滴石蜡，再在其上置一张盖片作为微室的“支柱”，然后将第三张盖片架在两个“支柱”之间，构成微室的“屋顶”，于是那个花粉(小孢子)的悬滴就被覆盖在微室内。构成“围墙”的石蜡能阻止微室内水分的散失，但不会妨碍内外气体的交换。

5. 条件培养法

条件培养法是在合成培养基中加入失活的花药提取物，然后接入花粉进行培养的一种方法。具体做法是：首先将花药接种在合适的培养基上培养一定时间，然后将这些花药取出浸泡在沸水中杀死细胞，用研钵研碎，倒入离心管离心，获得的上清液即为花药提取物。第二步，将提取液过滤灭菌后加入培养基中，然后再接种花粉进行培养。由于失活花药的提取物中含有促进花粉发育的物质，所以加入花药提取物有利于花粉培养的成功。

第四节 原生质体培养和体细胞杂交

植物原生质体(protoplast)是指去掉细胞壁的单个生活细胞。早期分离植物原生质体采用机械方法，以此法获得的原生质体产量低，并限于使用成熟的、能进行明显质壁分离的组织，不能从分生组织及其他较幼嫩的组织分离原生质体，使原生质体研究发展缓慢。1960 年英国诺丁汉大学植物学系 Cocking 用纤维素酶从番茄幼苗根分离得到原生质体后，相继从许多植物的组织、愈伤组织和悬浮细胞获得原生质体，推动了植物原生质体研究的迅速发展。1971 年，Takebe 等首次获得烟草原生质体再生植株，到 1999 年，已获得的原生质体再生植株涉及 46 个科 161 个属 368 个种的高等植物。

在原生质体培养成功的基础上，可以将种间、属间，甚至科间的植物原生质体融合，得到体细胞杂种(somatic hybrid)，这对于远缘杂交不亲和的植物实现遗传物质的交流，培育作物新品种有重大的意义。体细胞杂交除了克服有性杂交不育外，供体亲本向受体亲本转移的染色体或染色体片段，对于多基因的导入，特别是对于多基因控制的农艺性状改良具有较大的优越性，是目前植物基因工程还不能替代的。因此，植物原生质体培养和体细胞杂交的研究仍然将在增加生物多样性和改良植物品种中发挥更大的作用。

一、植物原生质体培养

植物原生质体培养首先要获得产量高、活力强的原生质体，复壁的原生质体经过细胞分裂形成愈伤组织，然后诱导再生植株。其每一环节都影响原生质体的成功培养。

(一) 原生质体的分离与纯化

1. 原生质体的分离

1) 原生质体的分离方法

早期分离原生质体采用的是机械的方法。1892 年，Klercker 最先尝试了用机械方法从高等植物分离原生质体。当时他所用的方法是，把细胞置于一种高渗的糖溶液中，使细胞发生质壁分离，原生质体收缩为球形，然后用利刀切割，切碎质壁分离的组织，通过质壁分离复原释放出原生质体。用机械法获得的原生质体量很少，而且只能从洋葱球茎、萝卜根、黄瓜中果皮和甜菜根高度液泡化的储存组织中分离，不适合于原生质体培养的需要。自 Cocking (1960)用纤维素酶解离番茄根得到原生质体后，酶解分离法成为获得原生质体的主要途径。然而，进一步的研究是有了商品酶的供应，自从 1968 年纤维素酶和离析酶投入市场以后，植物原生质体研究才变成一个热门的领域。本节主要介绍酶解法分离原生质体。

1968 年 Takebe 等在用商品酶分离烟草叶肉原生质体时依次使用了纤维素酶和离析酶，即先用离析酶处理叶片小块，使之释放出单个细胞，然后再以纤维素酶消化掉细胞壁，释放出原生质体。Power 和 Cocking 证实，这两种酶也可以一起使用。“同时处理法”或“一步处理法”比这种“顺序处理法”快，并且减少了步骤，从而减少了实验过程中污染的可能性。现在，多数研究者都使用这种简化的一步法。

2) 影响原生质体分离的因素

原生质体分离时主要应考虑外植体来源、前处理、分离培养基、酶的种类和浓度、酶的渗透压稳定剂、酶解条件和时间等。

(1) 外植体来源：生长旺盛、生命力强的组织和细胞是获得高活力原生质体的关键，并影响着原生质体的复壁、分裂、愈伤组织形成乃至植株再生。用于原生质体分离的植物外植体有叶片、叶柄、茎尖、根、子叶、茎段、胚、原球茎、花瓣、叶表皮、愈伤组织和悬浮培养物等。叶肉细胞是常用的材料，因为叶片很易获得而且能充分供应。取材时，一般用刚展开的幼嫩叶片。另一个分离原生质体的常用材料是愈伤组织或悬浮细胞，采用其作材料可以避免植株生长环境的不良影响，可以常年供应，易于控制新生细胞的年龄，处理时操作方便，无需消毒。愈伤组织应选择在固体培养基上具有再生能力的颗粒状胚性愈伤组织。选用悬浮细胞作材料时，需继代培养 3~7 天使细胞处于旺盛生长状态。

(2) 前处理：除非材料来源于无菌条件，否则都要进行表面消毒。另外，为了保证酶液充分进入组织，可撕去叶片下表皮，如果叶片的下表皮撕不掉或很难撕掉，可把叶片切成小块，如果是其他组织可直接切成小块。为了促进酶液的渗入也可结合真空抽滤。当然在分离原生质体时也可对组织进行适当的前处理如高渗处理、激素处理、低温处理及激素处理与低温处理结合等方法，以促进原生质体分离和促进细胞分裂。

(3) 分离培养基：分离植物原生质体的酶液主要由分离培养基、酶和渗透压稳定剂组成。常用的分离培养基主要是 CPW 盐溶液，也有用钙盐($CaCl_2 \cdot 2H_2O$)和磷盐(KH_2PO_4)组成的溶液或 1/2 MS 盐溶液等。

(4) 酶的种类和浓度：常用的酶有纤维素酶、半纤维素酶、果胶酶和离析酶，酶解花粉母细胞和四分体小孢子时还要加入蜗牛酶。纤维素酶的作用是降解构成细胞壁的纤维素；果胶酶的作用是降解连接细胞的中胶层，使细胞从组织中分开，以及细胞与细胞分开。植物细胞壁中纤维素、半纤维素和果胶质的组成在不同细胞中各不相同。通常，纤维素占细胞壁干重的 25%~50%，半纤维素占细胞壁干重的 53%左右，果胶质一般占细胞壁的 5%左右。所以，纤维素酶、果胶酶和半纤维素酶的水平应根据不同植物材料而有所变化。常用的纤维素酶浓度是 1%~3%，果胶酶为 0.1%~0.5%，离析酶为 0.5%~1%，半纤维素酶为 0.2%~0.5%。同时，同一植物不同基因型或者不同外植体所用的酶的种类和浓度也不尽相同。一般幼嫩的叶片去壁相对容易，所用的酶浓度也较小；而愈伤组织和悬浮细胞要求较高的酶浓度。

在配制酶液时通常要加入一些化学物质，以提高酶解效率或增强酶解原生质体的活力。酶液中添加适量的 $CaCl_2 \cdot 2H_2O$、KH_2PO_4 或葡聚糖硫酸钾有利于提高细胞膜的稳定性和原生质体的活力，加入 2, *N*-氮吗啉-乙基磺酸可稳定酶液的 pH，加入牛血清蛋白能够减少酶解过程中细胞器的损伤。另外，酶液配好后不能进行高温高压灭菌，常用 0.22μm 或 0.45μm 的滤膜过滤灭菌。

(5) 渗透压稳定剂：酶液中渗透压对平衡细胞内的渗透压、维持原生质体的完整性和活力有很重要的作用。一般来说，酶液、洗涤液和培养液中的渗透压应高于原生质体内的渗透压，会比等渗溶液有利于原生质体的稳定；较高的渗透压可防止原生质体破裂或出芽，但同时也使原生质体收缩并阻碍原生质体再生细胞分裂。广泛使用的渗透压调节剂有甘露醇、山梨醇、蔗糖、葡萄糖和麦芽糖，其浓度为 0.3~0.7mol/L，随不同植物和细胞类型而有所变化。大多数一年生植物所需要的渗透压稳定剂浓度较低(0.3~0.5mol/L)，多年生植物特别是木本植物要求较高浓度的渗透压稳定剂(0.5~0.7mol/L)。

分离原生质体时根据渗透压稳定剂的浓度和成分不同，常用的培养基有：CPW13M(CPW 盐+13%甘露醇)、CPW9M(CPW 盐+9%甘露醇)、CPW21S(CPW 盐+21%蔗糖)、CPW0M: CPW 盐溶液。

(6) 酶解条件和时间：酶处理时间视材料而定，范围为 2~8h，一般不超过 24h。酶解的温度一般为 23~32℃，酶解的 pH 因使用酶的不同而不一样，一般在 5.6~5.8，过高或过低均不适于原生质体分离。一般而言，分离原生质体的培养时间与温度成反比，温度越高时间越短，但温度不宜过高，高温下短时间分离的原生质体易褐化和破裂，不适于培养。酶处理时一般在暗处培养。叶片分离原生质体可在静置条件下进行，悬浮细胞由于壁厚，培养(分离)过程中间断低速振荡有利于酶液的渗透。

2. 原生质体的纯化

当材料酶解完成后，轻轻振动容器或挤压组织使原生质体释放出来。然后将酶解后的混合物穿过一个镍丝网，将较大的组织碎屑过滤掉，得到的就是粗原生质体。粗原生质体溶液除了完整的原生质体，还有亚细胞碎屑，如叶绿体、维管成分及未被消化的细胞和碎裂的原生质体，要把这些杂质滤掉需进一步的纯化，常用的方法有以下三种。

(1) 沉降法：将镍丝网滤出液置于离心管中，在 75~100g 下离心 2~3min 后，原生质体沉于离心管底部，残渣碎屑悬浮于上清液中，弃去上清液。再把沉淀物悬浮于清洗液中，在 50g 下离心 3~5min 后再悬浮，如此重复三次。

(2) 漂浮法：根据原生质体来源的不同，利用密度大于原生质体的高渗糖液，离心后使原生质体漂浮于其上，残渣碎屑沉于管底。具体做法是：将悬浮于少量酶液或清洗液的原生质体沉淀置于离心管内蔗糖溶液(21%)的顶部，在 100g 下离心 10min。碎屑下沉到管底后，一个纯净的原生质体带出现在蔗糖溶液和原生质体悬浮液的界面上。用移液管小心地将原生质体吸出，转入另一个离心管中。如沉降法一样，再将原生质体清洗三次。

(3) 界面法：采用两种密度不同的溶液，离心后使完整的原生质体处在两液相的界面。具体做法是：在离心管中依次加入一层含 500mmol/L 蔗糖的培养基，一层含 140mmol/L 蔗糖和 360mmol/L 山梨醇的培养基，最后是一层悬浮在酶液中的原生质体，其中含有 300mmol/L 山梨醇和 100mmol/L $CaCl_2$。经 400g 离心 5min 以后，刚好在蔗糖层之上出现一个纯净的原生质体层，而碎屑沉在管底。

(二) 原生质体培养

1. 原生质体计数与活力检测

1) 原生质体的计数

与细胞培养中的情况相似，原生质体初始植板密度对植板效率有着显著的影响。原生质体的密度一般为每毫升 10^4~10^5 个原生质体。原生质体的计数通常采用血球计数法。

2) 原生质体的活力检测

原生质体活力受到分离材料、分离方法和操作因素等的影响，这些因素同样影响该原生质体的培养。因此，检测原生质体活力有利于选择分离材料、改进分离方法等。检测原生质体活性的方法有观察细胞质环流、氧气摄入量、光合作用活性和活体染色等。常用的活体染色包括伊凡蓝染色和二乙酸荧光素(FDA)染色。前者的基本原理是生活细胞具有完整的质膜，伊凡蓝不能进入原生质体，只有质膜损伤的原生质体才能被染色。FDA

本身没有荧光和极性，但能透过完整的原生质体膜。FDA 在原生质中被脂酶分解成产生荧光的极性物质荧光素，该化合物不能自由出入原生质体膜，所以有活力的原生质体能产生荧光；无活力的原生质体不能分解 FDA，无荧光产生；活力低的原生质体产生的荧光弱。

2. 原生质体的培养

1) 原生质体培养的条件

大多数情况下原生质体培养所用的是 MS、B_5 或其衍生培养基的盐类。据 Kao 等(1973)报道，在一种蚕豆属植物和无芒雀麦的原生质体培养中，若在培养基中加入 1mmol/L $CaCl_2$ 能提高分裂细胞的频率，然而在该培养基中加入 20mmol/L NH_4NO_3 会降低分裂细胞的频率。在烟草和马铃薯的叶肉原生质体培养中也有关于铵离子作用的报道。

在原生质体培养中，所需维生素和有机物与标准组织培养基中相同，只是在低密度原生质体培养中需要更多的维生素和氨基酸，低密度原生质体培养理想的培养基配方是 KM8P。原生质体培养中，提高肌醇浓度能明显促进龙葵原生质体生长发育，使细胞第一次分裂率增加 2~3 倍。添加其他有机物也有利于原生质体培养。

植物激素，尤其是生长素和细胞分裂素似乎总是必不可少的。生长素中最常用的是 2,4-D，也有的用 NAA 和 IAA。细胞分裂素中最常用的是 6-BA、KT 和 2ip。由活跃生长的培养细胞分离的原生质体要求较高的生长素/细胞分裂素细胞才能分裂，但是由高度分化的细胞如叶肉细胞等得到的原生质体，常常要求较高的细胞分裂素/生长素才能进行脱分化。

细胞壁再生前的原生质体和其酶解时一样必须有一定的培养基渗透压保护。培养基中的渗透压一般是以 500~600mmol/L 甘露醇或山梨醇来调节。但也有证明葡萄糖、果糖、蔗糖有效果的报道。培养的植物种类不同，渗透压调节剂的种类也不同。

培养环境中的温度和光照对原生质体的复壁及细胞分裂都有重要的影响。新分离出来的原生质体应在散射光或黑暗中培养。在某些物种中原生质体对光非常敏感，最初的 4~7 天应置于完全黑暗中培养。在显微台上以加绿光滤片的白灯光照射 5min，豌豆根原生质体的有丝分裂活动就会受到完全抑制。培养 5~7 天，待完整的细胞壁形成以后，细胞就具有了这种耐光的特性，这时才可以把培养物转移至光下。原生质体培养中有关温度对细胞壁再生和以后分裂活动的研究很少。原生质体的培养一般在 25~30℃下进行。

2) 原生质体培养方法

原生质体培养的主要方法有液体培养、固体培养和固液双层培养等方法。此外，不同学者在上述方法的基础上又发展了一些其他方法，如看护培养、饲喂层培养等。

(1) 液体培养：液体培养又分为浅层液体培养和液滴培养，前者是将一定量原生质体悬浮液植板于培养皿或三角瓶中，使之成一薄层。优点是便于培养物的转移和添加、更换新鲜培养液，缺点是原生质体在培养基中分布不均匀，容易造成局部密度过高或原生质体黏聚而影响原生质体再生细胞的分裂和其进一步生长发育。悬滴培养法是将 40~50 个/ml 的原生质体悬浮液滴到培养皿盖内侧，液滴与液滴之间不相接触。该法适用于低密度原生质体培养和筛选培养基成分。

(2) 固体培养：固体培养也称为琼脂糖平板法或包埋培养法。该培养法是将纯化后的原生质体悬浮液与热熔化后琼脂糖凝胶培养基等量混合，使原生质体比较均匀地包埋于琼脂糖凝胶中进行培养。原生质体与凝胶混合时，凝胶温度不能超过45℃，因此，应该使用低熔点(40℃)的琼脂糖。混合前，原生质体密度和琼脂糖浓度是混合后的2倍。原生质体与琼脂糖混合后，立即植板于培养皿，避免植板时琼脂糖发生凝固。此方法的优点是避免了细胞间有害代谢产物的影响，有利于定点观察。缺点是气体交换受到影响。

(3) 固液双层培养：固体和液体培养基结合的固液双层培养结合了固体培养及浅层液体培养的优点，是在培养皿中先铺一薄层琼脂或琼脂糖等凝胶培养基，待培养基凝固后，将原生质体悬浮液植板于固体培养基上。固体培养基中的营养成分可以慢慢地向液体中释放，以补充培养物对营养的消耗，同时可吸收培养物产生的一些有害物质，有利于培养物的生长。此外，固体培养基中添加活性炭或可溶性PVP，能更有效地吸附培养物所产生的酚类等有害物质，促进原生质体培养。

不同培养方法对原生质体培养的效果不一样，如猕猴桃子叶愈伤组织来源的原生质体用浅层液体培养最好，在琼脂糖包埋中原生质体再生细胞只有几次分裂。但是禾谷类原生质体及木兰科和百合科一些物种的原生质体多用琼脂糖(1.2%)包埋培养。

植物原生质体对密度比较敏感，如果低于10^4个/ml可能不分裂，为了解决低密度培养的问题，一些学者在双层培养的基础上发展起来饲喂层培养(feeder layer culture)和看护培养(nurse culture)。饲喂层培养是指原生质体与经射线照射处理不能分裂的同种或不同种原生质体混合后进行包埋培养，或将处理的原生质体包埋在固体层，待培养的原生质体在液体层中培养。这种方法培养的原生质体密度可以比正常方法培养的密度低。看护培养也称为共培养，是将原生质体与其同种或不同种的植物细胞共同培养以提高其培养效率的一种方法。培养基中的细胞称为看护细胞，可明显提高原生质体再生细胞分裂和再生植株频率。这种培养方法主要用于低密度原生质体培养和难以再生植株的原生质体培养材料。研究表明，这两种培养方法可以提高原生质体的植板效率，其可能机制是饲喂层细胞或看护细胞为待培养的原生质体提供了某些促进生长的物质，也可能是吸收了培养原生质体释放出来的有害物质。

3. 培养原生质体的植株再生

原生质体培养后经过一段时间会再生出细胞壁，原生质体在培养初期仍然为圆球形，随着培养时间的延长，逐渐变为椭圆形，此时表明已经开始再生细胞壁。不同植物原生质体培养再生细胞壁所需时间不一样，从几小时到几天不等，如落叶松需要1~2天，柿、树梅、洋麻、百脉根、柑橘等需要4~7天，高粱等需要10天或者更长的时间。简单的鉴别细胞壁再生的方法是用荧光增白剂(calcofluor white)，专染纤维素，在荧光灯下发出荧光。复壁后的原生质体不断进行分裂，形成多细胞团。此时，应注意加入新鲜培养基，以适应细胞生长的需要。当细胞团进一步发育成为肉眼可见的小愈伤组织时，将愈伤组织及时转入分化培养基中，培养与再生过程同一般的愈伤组织培养，培养的愈伤组织经器官发生途径或胚状体发生途径再生出完整植株。

4. 影响原生质体培养及植株再生的因素

影响植物原生质体培养的因素较多，有原生质体的来源、基因型、培养基、培养条件和培养方法及渗透调节剂等。

1) 原生质体来源

分离原生质体所用外植体的生理状态和原生质体的质量与其后的分裂有着密切的关系。典型的例子是禾本科植物的原生质体。例如，水稻叶片分离的原生质体很难培养成功，但采用幼胚或成熟胚诱导的胚性愈伤组织或胚性悬浮细胞系游离原生质体取得了突破。有报道称，经低温预处理的外植体分离的原生质体培养 10~15 天时植板率高达 40%，分裂高峰可持续 20 天左右；而对照的植板率只有 15%~25%，分裂高峰在 10 天左右，之后下降，并有褐化发生。在小麦原生质体培养中，3~6 月龄的悬浮系分离的原生质体分裂率比 1 月龄的原生质体高。番茄叶肉原生质体再生的愈伤组织比悬浮系原生质体再生的愈伤组织分化早 2 周。黄瓜胚性悬浮培养物分离的原生质体在 4~5 天恢复第一次分裂，而愈伤组织原生质体需要 7~8 天。

2) 基因型

研究表明，基因型与原生质体培养及形态分化有一定的关系，同一植物不同基因型的原生质体脱分化与再分化所要求的条件不一样，造成不同品种在相同条件下的再生能力不同。基因型影响原生质体的持续分裂和植株再生的现象已在甜菜、柑橘和油菜等植物中观察到。Hu 等采用饲喂层培养芸薹属 6 个类型的 36 个基因型的原生质体，其中白菜和新疆野生油菜不能再生植株，其他类型均能再生出植株。Olin-Fatih 培养白菜、甘蓝和甘蓝型油菜原生质体，其中白菜再生的植株最少。基因型影响原生质体持续分裂能力的作用可能与其抗逆性和组织培养分化能力有关。

3) 培养基

即使来源于同一种基因型的原生质体，在不同培养基中的再生能力也不一样。采用 MS、V-KM、MS-KM 三种培养基培养番茄原生质体，发现 MS-KM 培养基中的植板效率最高。采用 D_2、DCR、KM8P 和 TE 4 种培养基培养火炬松的原生质体，发现在 DCR 培养基中的植板效率最高，体细胞胚胎发生反应最强；而在 D_2 和 TE 培养基中不能形成胚状体。需注意的是，培养基中的无机盐离子对原生质体的培养效果有较大的影响，有报道称 NH_4^+ 抑制马铃薯原生质体的分裂，也有报道称高浓度的 NH_4^+ 对枸树、李、杏等植物的原生质体培养不利。

培养基中的内源激素对原生质体的分裂和再生有较大的影响，以美味猕猴桃、毛花猕猴桃子叶愈伤组织及玉米叶片为材料，其原生质体培养结果表明：高水平内源玉米素核苷(ZR)和高 ZR/IAA 值有利于原生质体分裂，但高水平的 ABA 对原生质体的分裂起抑制作用。在猕猴桃和葡萄原生质体培养中，同样发现培养基中加入 NAA 和 6-BA 能够提高原生质体的分裂频率。油菜小孢子原生质体在无生长激素的培养基中，有 14.5%的原生质体发生了分裂，但只形成出芽状的多细胞结构，只有在添加了 2,4-D 和 NAA 的培养基中，才能形成愈伤组织。

除激素外，其他培养成分也会对培养效果产生较大影响。柠檬酸能够促进菠菜原生质体分裂。在芸薹属不同类型原生质体再生培养中加入 6μmol/L 和 30μmol/L 的硝酸银可以将植株的再生频率提高到 25.4%及 52.2%，而对照只有 7.3%。

4) 培养条件和培养方法

培养环境的光质对原生质体细胞壁再生有重要的影响。例如，在绿豆的原生质体培养中，红光下培养的原生质体细胞壁再生率最高，其次为白光，在蓝光中培养的原生质体细胞壁再生率最低。并且红光和白光对绿豆的第一次分裂有明显的促进作用，蓝光的促进作用很小，甚至没有。

原生质体培养一般在 25~30℃下进行。不同植物的原生质体培养对适宜温度的要求有所不同，如豌豆、蚕豆叶肉原生质体培养的适宜温度为 19~21℃，条斑紫菜原生质体培养的温度是(20±2)℃，烟草为 26~28℃，棉花为 28~30℃。当培养在 25℃时，番茄和秘鲁番茄的叶肉原生质体及陆地棉培养细胞的原生质体不分裂，或者分裂频率很低；但在 27~29℃下，这些原生质体发生分裂，植板率很高。据分析认为，较高的温度不仅影响分裂的速率，而且迄今在不能分裂的原生质体系统中，其还可能是启动和维持分裂的一个前提。

原生质体的培养方法不同，结果也不一样。例如，在黄花烟草叶肉原生质体培养中，固液双层培养的原生质体比固体培养要提前 1 周形成细胞团和愈伤组织。Lee 等(1999)采用 4 种方法培养水稻原生质体，结果表明：滤纸膜培养的植板率最高，但是一层尼纶网的植株再生频率最高，其次是用多花黑麦草作为饲喂层细胞的双层尼纶网、滤纸膜培养和琼脂糖包埋培养。分化培养基是植株再生不可缺少的培养基，然而分化培养基的使用方法可能会影响植株再生，采用分步分化法(逐步降低生长素浓度或提高细胞分裂素浓度)比单一采用同一分化培养基更易诱导植株再生，这一现象已在猕猴桃和水稻原生质体培养中观察到。

5) 渗透调节剂

渗透调节剂对原生质体的分裂具有较大的影响。但渗透压调节剂的种类较多，其作用也不一样，所以要根据培养植物材料的不同选择合适的种类。例如，李韬和戴朝曦(2000)对马铃薯原生质体培养中不同种类的渗透压调节剂对原生质体细胞分裂的影响进行了研究，结果发现以蔗糖为渗透调节剂的效果为最好，其次为甘露醇，甘露醇+葡萄糖的效果居中。在构树、人参、当归、川芎和紫草等药用植物的原生质体培养中，以蔗糖和果糖作为渗透压调节剂时，细胞不能持续分裂；而用葡萄糖时，原生质体能持续分裂并形成细胞团。在花椰菜的下胚轴原生质体培养中也发现蔗糖作为渗透压稳定剂的效果不如葡萄糖。

二、植物体细胞杂交

原生质体融合(protoplast fusion)，即细胞融合(cell fusion)，也称为体细胞杂交(somatic hybridization)、超性杂交(parasexual hybridization)或超性融合(parasexual fusion)，是指不同种类的原生质体不经过有性阶段，在一定条件下融合创造杂种的过程。为了与有性杂交区别开来，原生质体融合常常写作“a(+)b”，其中 a 和 b 是两个融合亲本，(+)表示体细胞杂交。通过原生质体融合能获得体细胞杂种和胞质杂种(cybrid)。体细胞杂种与胞质杂种的区别是：前者具有两亲本的细胞核和细胞质的遗传物质，而后者具有一个亲本的细胞核和另一个亲本或两亲本的细胞质遗传物质。由于有性杂交中细胞质基因组的遗传表现为母性遗传，即杂种植株只具有母本植株的细胞质基因组，无父本的细胞质基因组，体细胞杂交获得的胞质杂种能实现不同亲本的细胞质基因组的交流。现有研究表明，植物细胞质控制着许多优良的性状，如线粒体控制胞质雄性不育、叶绿体控制的抗除草剂特性，通过原生质体融合可以成功地将一方亲本控制的雄性不育和另一亲本控制的抗除草剂特性综合到同一植物。另外，原生质体融合也可以克服有性杂交的不亲和性和生殖障碍，如一些植物的野生材料具有良好的抗性，但与栽培品种之间存在着杂交不亲和性，通过原生质体融合可以实现有益性状的转移或创造新的种质材料。产生胞质杂种的原生质体融合又称为细胞质杂交。体细胞杂交或细胞质杂交的一般过程为：原生质体融合、杂种细胞的选择及植株再生、体细胞杂种植株的鉴定和优良农艺性状的遗传稳定性培育。

(一) 原生质体融合的方法

原生质体的融合有自发融合和诱发融合两种，自发融合即酶解细胞壁过程中相邻的原生质体彼此融合形成同核体的过程。来源于分裂旺盛细胞的原生质体，自发融合的频率较高。但人们更多采用的是理化诱发融合，其中常用的有化学融合与电融合。化学融合中先后使用过的有 $NaNO_3$ 融合、高 pH-高钙融合和聚乙二醇(PEG)诱导融合的方法。目前以 PEG 融合和电融合方法使用较为普遍。先后在使用这些方法的过程中体现了原生质体融合技术的发展过程。

1. $NaNO_3$ 法

这个方法在原生质体融合中最早使用。Kuster (1909)报道，在 1 个发生了质壁分离的表皮细胞中，低渗 $NaNO_3$ 溶液引起 2 个亚原生质体的融合。Power 等(1970)用 0.25mol/L $NaNO_3$ 诱导，使原生质体融合实验能够重复和控制。Carlson 等(1972)利用 $NaNO_3$ 处理获得了第 1 个体细胞杂种。但是，这个方法的缺点是异核细胞形成频率不高，尤其是在高度液泡化的叶肉原生质体融合时更是如此。因此，后来的原生质体融合中不再使用 $NaNO_3$ 处理。

2. 高 pH-高钙法

1973 年，Keller 和 Melchers 首次用 pH 10.5(0.05mol/L 甘氨酸-NaOH 缓冲液)的高浓度钙(50mmol/L $CaCl_2 \cdot 2H_2O$)溶液，在 37℃下处理两个品系的烟草叶肉原生质体，约 30min 后原生质体彼此融合。Melchers 和 Labib (1974)及 Melchers 等(1978)采用这个方法分别获得烟草属种内和种间的体细胞杂种。对于矮牵牛体细胞杂交来说，采用高 pH-高钙处理获得的体细胞杂种比采用其他化学方法好。现在这个方法已得到了普遍使用，许多种内和种间体细胞杂种是用这个方法得到的。使用该方法的缺点是高 pH 对有些植物的原生质体系统可能产生毒害。

3. PEG 法

这一方法是 Kao 和 Michayluk (1974)提出来的。采用 PEG 作为融合剂的优点是：异核体形成的频率很高、重复性好，而且对大多数细胞类型来说毒性很低，因此得到广泛使用。当以PEG处理时，大多数原生质体以2或3个原生质体团聚的方式紧密黏结在一起，使PEG处理后形成双核异核体的比例较高。PEG是一种水溶性的高分子多聚体，平均分子质量变化很大，一般选择分子质量为1500~6000的PEG，使用浓度为15%~45%。在原生质体的融合过程中，使用的PEG分子质量越大，获得融合产物的比例越高，但对原生质体的毒害也增大；但平均分子质量低于100的PEG不能诱导原生质体紧密黏结。在一年生植物的原生质体融合中，常使用PEG 1000、PEG 1500等低分子质量的PEG；而对多年生植物来说，使用PEG 6000等较高分子质量的PEG。

植物原生质体表面带负电荷，这阻止了原生质体之间接触，使之不能发生融合。目前PEG诱导原生质体融合的机理并不十分清楚。Kao等认为，带微弱极性负电荷的PEG能与水、蛋白质和碳水化合物等具有正电荷基团的分子形成氢键，当PEG分子链足够大时，其能在邻近原生质体表面之间起分子桥的作用，引起原生质体紧紧粘连在一起。

1976年Kao等发现在用高浓度的强碱清洗PEG诱导后的原生质体时，融合频率得到了进一步的提高，因而发展起来了高pH-高钙-PEG法，这实际上就是高pH-高钙法与PEG法的结合。此法现在被用于很多植物的原生质体融合中，是迄今为止最为成功的化学方法。其可能机理是：Ca^{2+}在蛋白质或磷脂负电荷基团和PEG之间形成桥，加强原生质体之间的粘连作用。

PEG诱导原生质体融合的频率受原生质体的质量和密度、处理时间的长短、pH和融合剂附加物质等因素的影响。例如，PEG溶液中加入二甲基亚砜，可显著提高融合频率，加入链霉蛋白对融合也有促进作用。除PEG外，还有一些化学诱导剂被用于原生质体融合，如聚乙酸乙烯酯、聚乙烯吡咯烷酮、葡萄糖和藻酸钠等。PEG诱导融合的不足是：操作较为烦琐，且融合率偏低；提高PEG的浓度或者延长诱导时间可提高融合率，却影响原生质体的活力。

4. 电融合

电融合是20世纪70年代末80年代初开始发展起来的一项新的融合技术，其优点是操作简单、迅速、效率高，并且对原生质体不产生毒害。电融合法有微电极法和双向电泳法，现在许多实验室广泛采用的是双向电泳法。该电融合是依靠细胞融合仪与融合板进行的，融合板的融合小室两端装有平行的电极。电融合可以分为两步：第一步将一定密度的原生质体悬浮液置于融合板的融合小室中。第二步启动单波发生器，使融合室处于低电压和交流电场，导致原生质体彼此靠近并在2个电极间排列成念珠状，这个过程需要的时间很短。当原生质体完全排列成念珠状后，启动直流电脉冲发生器，给以瞬间的高压直流电脉冲(0.125~1kV/cm)。高压直流电诱导原生质体接触部位的质膜发生可逆性击穿而导致融合，随后质膜重组并恢复成完整状态。从原生质体放入融合小室到结束，整个电融合过程可以在5min内完成。该方法的基本原理是在高频、不均匀交流电场作用下，原生质体的两极电场强度不一致使其表面电荷偶极化，从而使原生质体沿电场线运动，相互接触排成珍珠串，当施加直流方波脉冲电场时，相接触的原生质体发生可逆性击穿，最终导致融合。

用这种方法获得的融合产物多数来自 2 个或 3 个细胞。影响电融合操作的物理参数有交变电流的强弱、电脉冲的大小及脉冲期宽度与间隔，这些参数随不同来源的原生质体而有所改变。目前，电融合产生体细胞杂种的频率最高。Jones 等(1990)分别利用电融合和 PEG 诱导融合的方法进行马铃薯及 *S. brevidens* 的体细胞杂交，不加任何选择的条件下，电融合方法产生的体细胞杂种植株达到 12.3%，而 PEG 方法只有 2.6%。

5. 微融合

微融合应包括两种：一种是通常所说的一对一融合，另一种是原生质体与亚原生质体融合。Koop 等(1983)首先在烟草原生质体中进行一对一融合，而全部自动化一对一融合方式是由 Schweiger 等于 1987 年建立。这种融合方式因为需要自动化，所以主要由电场诱导，现在也有采用 PEG 诱导成对原生质体融合的报道。将异源原生质体成对地固定在微滴培养基中，微融合的产物要采用微培养方法。采用微融合的优点是：①融合频率高；②可以用于原生质体产量低的材料间融合；③可以准确追踪融合过程和融合后的发育过程，有利于开展细胞生物学研究；④不需融合亲本原生质体具有选择性标记，省去了杂种选择程序。除了一对一融合外，微融合还可以用于多个原生质体的先后或同时融合。

微融合用于原生质体与亚原生质体融合具有更大的优势，因为后者在制备过程中常常混杂有原生质体。由于融合是一个随机的过程，混杂在亚原生质体中的原生质体也会融合，所以，使原生质体与亚原生质体融合再生杂种后代的频率下降，而采用微融合可以解决此问题。

(二) 原生质体融合的方式

原生质体融合方式主要有对称融合、非对称融合、配子-体细胞融合和亚原生质体-原生质体融合等几种方式。

1. 对称融合

对称融合也称为标准化融合，是亲本原生质体在融合前未进行任何处理的一种融合方式。目前开展的原生质体融合试验中大部分是对称融合，这种融合方式在获得农艺性状互补的体细胞杂种方面有一定的优势。例如，枳抗柑橘速衰病，但不抗柑橘裂皮病；红橘抗柑橘裂皮病但不抗柑橘速衰病，二者的融合体可以综合这两种抗性，既抗柑橘速衰病又抗柑橘裂皮病。但由于它综合双亲的全部性状，在导入有利性状的同时，也不可避免地带入了一些不利性状。尤其是远缘组合中，存在着一定程度的体细胞不亲和性，使得杂种植株的表现并不是预期的那么理想。

2. 非对称融合

在融合前，对一方原生质体进行射线照射处理，以钝化其细胞核，另一方原生质体不处理或经化学试剂(如碘乙酰胺、碘乙酸、罗丹明 6-G 等)处理，前者通常称为供体(donor)，后者则称为受体(recipient)，所以也称为供-受体融合(donor-recipient fusion)。

1) 供体处理

对供体进行处理的目的主要是造成染色体的断裂和片段化(fragmentation)，从而使供体染色体进入受体后部分或全部丢失，达到转移部分遗传物质或只转移细胞质的目的。此外，当供体原生质体受到的辐射剂量达到一定值时，不能分裂，也就不能再生细胞团，从而能够减少再生后代的筛选工作。目前，对供体的处理有以下几种方法：射线(X、γ和 UV)辐射原生质体；限制性内切核酸酶处理原生质体；纺锤体毒素、染色体浓缩剂处理原生质体等。但从几种方法处理对原生质体的效果来看，射线的作用最好，绝大部分情况下，被辐射的供体材料为原生质体。原生质体受辐射后，用洗涤液洗 1~2 次就可以用于融合。但也有一些研究者用愈伤组织或悬浮细胞作为辐射的材料，再用它们分离原生质体。有的研究者还将愈伤组织放在酶液中，分离原生质体时进行辐射。还有研究者将离体培养的小植株作为辐射材料，从辐射的小植株上取小叶片分离原生质体。由于原生质体是去除细胞壁的活细胞，而愈伤组织和悬浮细胞是多细胞组成的细胞团，所以这几种材料中，辐射原生质体的效果最好。

2) 受体的处理

为了减少融合再生后代的筛选工作，研究者利用一些代谢抑制剂(metabolism inhibitor)处理受体原生质体以抑制其分裂。常用的抑制剂有碘乙酸(iodoacetic acid，IA)、碘乙酰胺(iodoacetamide，IOA)和罗丹明 6-G(rhodamine 6-G，R-6-G)。受 IA、R-6-G 及 IOA 处理的细胞和未受代谢抑制剂处理的细胞发生融合后，代谢上就会得到互补，从而能够正常生长。

尽管在对称融合中对供体原生质体不采用上述处理，但由于诸多因素的影响，在原生质体对称融合后的细胞培养中，也发现有染色体自发丢失从而得到非对称杂种或胞质杂种等自发非对称现象。因此，对称融合和非对称融合再生的体细胞杂种均能获得对称杂种、非对称杂种及胞质杂种三种情况。对称杂种(symmetric hybrid)是指杂种中具有融合双亲全部的核遗传物质；非对称杂种(asymmetric hybrid)是指双亲或其中一方的核遗传物质出现丢失；胞质杂种(cybrid)是非对称杂种的一种，指融合一方的核遗传物质出现完全丢失，并且具有双亲的细胞质遗传物质。此外，还有一类杂种称为异质杂种(alloplasmic hybrid)，指杂种的细胞核来源于一方，而细胞质来源于另一方。

3) 配子-体细胞融合

花粉原生质体具有单倍体和原生质体的双重优点，可以为植物细胞工程提供新的实验体系。自 1972 年从烟草四分体得到原生质体以来，在 20 世纪 70 年代开展了很多相关研究，涉及花粉发育各个时期的原生质体的分离和培养。分离到花粉原生质体的植物也很多，配子体原生质体的获得为开展配子-体细胞原生质体融合奠定了基础。迄今为止，已在烟草属、矮牵牛属、芸薹属、柑橘属等植物中开展了配子-体细胞原生质体融合的研究，其中所用的配子原生质体有四分体原生质体、幼嫩花粉原生质体、成熟花粉原生质体。四分体原生质体用于融合具有独特的优点，因为它本身不能再生，可以减少杂种细胞的筛选。开展配子-体细胞融合的目的主要是获得三倍体材料，以便获得无籽新种质。

4) 亚原生质体-原生质体融合

亚原生质体主要有小原生质体(miniprotoplast，具备完整细胞核但只含部分细胞质)、胞质体(cytoplast，无细胞核，只有细胞质)和微小原生质体(microprotoplast，只有 1 条或几条染色体的原生质体)三种类型。其中用得最多的是胞质体和微小原生质体。微小原生质体主要采用化学药剂处理结合高速离心获得，微小原生质体与原生质体融合，能得到高度非对称杂种。胞质体与原生质体融合可以得到胞质杂种，实现细胞器的转移。由于胞质体只具有细胞质而不含核物质，所以被认为是理想的胞质因子供体，“胞质体-原生质体”融合也被认为是获得胞质杂种、转移胞质因子最为有效的方法。到目前为止，已通过“胞质体-原生质体”融合获得了烟草+烟草、萝卜+烟草、萝卜+油菜、大白菜+油菜等组合的胞质杂种，均有效地实现了胞质因子的转移。

(三) 体细胞杂种的筛选

原生质体融合产生的体细胞杂种可以在从杂种细胞到杂种植株过程中各个阶段进行选择和鉴定。将体细胞杂种与未融合的、同源融合的亲本细胞区分开，是选择和鉴定体细胞杂种的关键步骤，也是体细胞杂交技术的重要环节之一。以下是体细胞杂种研究中使用的几种选择方法。

1. 形态选择

形态选择依靠融合产物及其再生植株是否具有两亲本形态特征进行选择，是最基本的选择方法。体细胞杂种的形态主要有两种：一是居于双亲之间，表现为双亲的中间形态特征；另一种是与亲本之一相同，这在胞质杂种或非对称杂种中较为常见。对于肉眼不能明显观察到差异的原生质体可采用荧光激活细胞分拣术进行选择，此法需要使用流式细胞仪。

2. 互补选择筛选

1) 培养基互补成分选择

培养基互补成分选择是利用或诱发各种缺陷型或抗性细胞系，通过选择培养基将互补的杂种细胞选出来。Hamill (1983)通过有性杂交的方法，将硝酸盐还原酶缺陷的突变体与链霉素抗性突变体综合在一个突变系中，建立了同时具有显、隐性突变的烟草双突变体。它可以与任何一种无选择标记的原生质体融合，利用亲本对链霉素敏感及双突变体特殊的营养需要(如需要还原氮)，当融合产物培养于含氮源为氧化氮和链霉素的培养基上时，能继续分裂生长的细胞就是杂种细胞，因两亲本均不能在这种培养基上生长。除了构成双突变体的隐性性状是硝酸盐还原酶缺陷、显性性状是链霉素抗性外，还有抗 5-甲基色氨酸、抗卡那霉素等。配合转基因技术，将卡那霉素抗性基因和潮霉素基因等分别导入亲本，作为选择标记，原生质体融合后很容易通过在培养基中添加抗生素而筛选出杂种细胞和植株。

2) 细胞代谢互补选择

细胞代谢互补选择是用物理和化学方法分别处理亲本原生质体，使其细胞核失活或细胞质生理功能被抑制而不能分裂，融合后得到的杂种细胞由于生理功能互补，恢复正常的代谢活动，从而能够在培养基上正常生长。常用的物理和化学因子有 X 射线、γ 射线、碘乙酸、碘乙酰胺和罗丹明 6-G 等。X 射线等处理一亲本原生质体时会使其细胞核失活，而一定浓度的 R-6-G 抑制另一亲本线粒体中葡萄糖的氧化磷酸化过程，导致未融合原生质体或同源融合物不能进行生长和细胞分裂。分别用 IOA 和 R-6-G 处理亲本原生质体，同样能通过细胞代谢互补选择杂种细胞。此外，如果一亲本原生质体不能分裂或具有不能再生植株等性状，只需用化学试剂处理一个亲本，就能达到选择体细胞杂种的目的。

此外，通过不同亲本细胞对药物或者抗生素的敏感性，能有效地选择体细胞杂种。例如，碧冬茄原生质体能形成愈伤组织，但对放线菌素 D 敏感，而同属植物 *Petunia parodii* 的原生质体只能生长到小细胞团阶段，对放线菌素 D 不敏感。将放线菌素 D 加入原生质体培养基，只有它们的融合产物才能生长分裂并再生成体细胞杂种植株。

(四) 体细胞杂种的鉴定

1. 形态学鉴定

杂种植株的叶形、叶面绒毛、叶缘、叶色、株高、花色、花形和植物生长习性等都是体细胞杂种的鉴定指标。体细胞杂种的形态有居于双亲之间的，如粗柠檬和哈姆林甜橙体细胞杂种花的颜色体现了两者的特征；有与亲本之一形态相同的，这种杂种在胞质杂种或非对称杂种中较为常见。远缘体细胞杂种，尤其是有性杂交不亲和的组合，杂种形态变化较多，有亲本型、居中型、变异型等几种。

2. 细胞学鉴定

细胞学鉴定主要是观察染色体的核型、染色体的形态差异和进行染色体计数。如果融合亲本在染色体形态上差别较大，则通过细胞学方法较易将体细胞杂种鉴别开。例如，水稻染色体小，而大麦染色体大，两者融合后，其体细胞杂种从染色体形态上很容易就能鉴别出。但有的植物染色体差别不大，则不容易鉴别出。就染色体的数量来说，在对称融合中，体细胞杂种染色体数量一般为双亲之和，但也有例外。例如，在韭菜和洋葱、柑橘和澳洲指橘的对称融合后代中，体细胞杂种染色体数均比双亲之和少。传统的染色体观察法为染色法(苏木精染色或洋红染色)，但现在分析体细胞杂种倍性的一种快速且简单的方法是采用流式细胞仪进行分析。

3. 生化和分子生物学鉴定

生化和分子生物学鉴定是在以上各种选择鉴定法基础上进行的。同工酶是基因表达的产物，在聚丙烯酰胺或淀粉凝胶电泳中会出现迁移率的差异，并且相对来说较为稳定。利用同工酶鉴定体细胞杂种已在茄属、柑橘、苜蓿、胡萝卜等植物中应用，用于鉴定体细胞杂种的同工酶有酸性磷酸酶、酯酶、淀粉酶、过氧化物酶、苹果酸脱氢酶、乳酸脱氢酶、谷氨酸转氨酶、乙醇脱氢酶、磷酸葡萄糖异构酶、磷酸葡萄糖变位酶和谷氨酸草酰乙酸转氨酶等。分子生物学方法有限制性片段长度多态性(RFLP)、随机扩增多态性 DNA (RAPD)分析等。综合利用不同的方法是鉴定体细胞杂种的有效手段，对于对称体细胞杂种来说，同工酶、RFLP 与 RAPD 图谱等均能表现出亲本不同的特征带。利用细胞质基因组的 DNA 序列作探针，可用于分析 cpDNA 和 mtDNA 的遗传特征。

(五) 体细胞杂种的遗传

1. 体细胞杂种的核遗传

1) 对称融合中核遗传

由于存在不同程度的体细胞不亲和性，原生质体对称融合得到的异核体发育有 5 种不同的途径：第一种是双亲的核能够同步分裂，并导致融合，最终形成的是具有双亲染色体的体细胞杂种(染色体为双亲染色体之和，再生体细胞杂种常常是稳定的双二倍体)，这种途径主要是亲缘关系较近的组合；第二种是双亲核能同步分裂并且发生融合，但融合后出现染色体的丢失，形成的体细胞杂种只具有双亲的部分遗传物质，得到的是非对称杂种；第三种是双亲的核不能融合，中间产生新膜形成细胞，这样一来，再生的植株就会出现分离，得到的材料可能是体细胞杂种(胞质杂种或异质杂种)，也可能是亲本原生质体再生体；第四种是两个亲本的核不能融合，形成多核体，仍为体细胞杂种，并且染色体数为双亲之和，但可能发生了染色体重组或重排；第五种是亲本的核不能融合，其中一方的核被排除，得到的植株为胞质杂种或异质杂种，这种现象在柑橘原生质体融合中发生较多。以二倍体与二倍体对称融合为例，得到的杂种倍性变化较大，可能是二倍体、三倍体、四倍体、五倍体、六倍体杂种植株，也可能是非整倍体杂种。例如，二倍体番茄与二倍体马铃薯融合，得到了四倍体和六倍体杂种；柑橘二倍体间融合再生植株有二倍体、三倍体、四倍体和六倍体。

2) 非对称融合中核遗传

非对称融合中，供体由于受到射线或其他处理，染色体会发生一定的丢失。染色体丢失是非对称融合的核心问题，不同报道中供体染色体丢失的情况不一样，有些研究中发现非对称杂种中供体植株的染色体丢失非常严重，有的报道其可以保留很多染色体。除了供体的染色体丢失外，在一些融合试验中也发现有受体染色体丢失的情况发生。到目前为止，关于染色体丢失的根本原因尚不完全清楚，但可以肯定的是辐射剂量、融合亲本的亲缘关系远近及融合亲本原生质体所处的细胞周期等都与细胞核中染色体的丢失有关。当然染色体的丢失也与材料的基因型和生理状态有关。现在有一种倾向性认识，认为融合双亲在亲缘关系上的远近比辐射剂量对染色体丢失的影响更大。亲缘关系越远，染色体丢失就越严重，能得到大量高度非对称杂种；亲缘关系越近，非对称杂种中保留供体的大部分基因组。高度非对称可能是正常细胞分裂、器官分化和植株再生的前提。因而在有些组合中，只有当供体染色体丢失较多时，才能获得杂种植株。融合亲本的倍性也是影响染色体丢失的一个因子。有研究表明，不同倍性的原生质体融合更容易丢失染色体。

2. 体细胞杂种胞质的遗传

体细胞杂种和胞质杂种都具有杂合的细胞质基因。细胞质基因组有叶绿体基因(cpDNA)和线粒体基因(mtDNA)，来自不同亲本的 cpDNA 和 mtDNA 也因双亲亲缘关系、供体亲本辐射处理强度等影响而表现不同遗传类型。

1) 体细胞杂种中叶绿体的遗传

cpDNA 遗传有随机分离和非随机分离两种遗传类型，很少有 cpDNA 重组的类型。

随机分离出现在双亲亲缘关系较近的杂种中，非随机分离则相反。例如，脐橙和 Murcott 橘分别属于柑橘属的甜橙及宽皮橘两个种，系统演化研究认为甜橙是以宽皮橘为亲本之一的杂交种，两者亲缘关系较近。脐橙和 Murcott 橘的 16 个体细胞杂种中，cpDNA 分离比例为 9∶7，符合 1∶1 分离的理论值。普通烟草和黏毛烟草(*N.gluinosa*)属于同一亚属 *Tabacum*，它们的 41 个体细胞杂种的 cpDNA 分离比例为 16∶25，X^2 测验无显著性差异，符合孟德尔随机分离规律。而普通烟草+黄花烟草的 21 个体细胞杂种的 cpDNA 分离比例为 1∶20，均属于非随机分离。更典型的非随机分离是，普通烟草+碧冬茄的属间体细胞杂种中没有碧冬茄的叶绿体基因组。烟草+胡萝卜的体细胞杂种的全部 cpDNA 都来自烟草。苜蓿+水稻的体细胞杂种的 cpDNA 均来自亲本苜蓿。此外，叶绿体的分离类型与射线照射剂量有关，辐射剂量越大，非随机分离的程度越高。亲本原生质体的生理状态和融合培养条件也是影响分离类型的因素。

2) 体细胞杂种中线粒体的遗传

对于体细胞杂种 mtDNA 来说，主要遗传特征是重组 mtDNA 的出现，也有关于 mtDNA 非随机分离的个别报道，如番茄种间杂种全为一个亲本的 mtDNA(Bonnema et al., 1991)。mtDNA 的重组程度也与双亲亲缘关系有关。

值得提出的是，体细胞杂种或胞质杂种中出现细胞质雄性不育性状的杂种植株，其线粒体基因组均是重组类型。例如，Melchers 等(1992)用 IOA 使番茄的叶肉原生质体失活，用 γ 射线或 X 射线使马铃薯或野生茄的细胞核失活，二者获得的杂种植株形态、染色体数和生理特性与番茄相似，同时表现出不同程度的细胞质雄性不育(CMS)。分析 mtDNA 的结果表明，杂种的线粒体基因组发生重组，没有任一亲本的 mtDNA 类型。

在同一杂交组合中，叶绿体和线粒体基因组的遗传是多样化的。叶绿体分离在体细胞杂种中是稳定的，但重组 mtDNA 具有不稳定性。Morgan 等(1987)研究芸薹属胞质杂种时发现，胞质杂种 Bnl59、Bnl60 和 Bhl61 在愈伤组织阶段的 mtDNA 重组类型为 R4，而在再生植株中分别变化为 R5 和 R1 等类型。当然，有的杂种经过 19~22 次细胞分裂后，重组 mtDNA 就能在再生植株中稳定遗传。从杂种表现型来看，在菊苣与雄性不育向日葵的胞质杂种中，重组 mtDNA 使杂种的细胞质雄性不育经过较长时间才能稳定。第一代植株中，没有完全雄不育的植株，到第三代，有 2.2%的细胞质雄性不育植株。在普通烟草+碧冬茄的属间胞质杂种中，凡是具有普通烟草 mtDNA 的植株都正常生长和发育，而发生 mtDNA 重组的植株生长和发育情况差，表现为可育性降低、无花粉产生、有的植株授粉后不结实等。

综上所述，不同组合中体细胞杂种的遗传特征有很大差别，核基因和胞质基因在体细胞杂种中的遗传特征各不相同，杂交方法和双亲亲缘关系影响体细胞杂种的遗传及变异。所以，在弄清体细胞杂种遗传规律的前提下，把体细胞杂交和常规育种程序结合，能更有效地改良和培育具有优良农艺性状的新品种。

第五章　植物基因工程

第一节　植物基因工程的载体和工具酶

一、植物基因工程所需要的载体

在基因工程中，载体(vector)是指携带外源目的基因进入宿主细胞进行扩增和表达的工具。从20世纪70年代中期开始，许多载体应运而生，主要有质粒载体、噬菌体载体和人工染色体载体等。根据功能的不同，分为克隆载体和表达载体。以繁殖DNA片段为目的的载体通常称为克隆载体(cloning vector)。理想的克隆载体应具备下列条件：①能自我复制，并能带动插入的外源基因一起复制；②具有合适的限制性内切核酸酶位点；③具有合适的筛选标记基因，如抗药性基因等；④在细胞内拷贝数要多；⑤载体的相对分子质量要小，可以容纳较大的外源DNA插入片段；⑥在细胞内稳定性高，可以保证重组体稳定传代而不易丢失；⑦载体必须安全，不应含有对受体细胞有害的基因，并且不会转入到除受体细胞以外的其他生物细胞，特别是人的细胞。表达载体(expression vector)是用来将克隆到的外源性基因转移到宿主细胞内并进行表达的载体。表达载体又分为胞内表达载体和分泌表达载体。根据表达所用受体细胞的不同，可分为原核细胞表达载体和真核细胞表达载体。表达载体必须具有很强的启动子和很强的终止子，且启动子必须是受控制的，只有当被诱导时才能进行转录，表达载体的mRNA还必须具有翻译起始信号，即AUG和SD序列，另外还应具备复制起点和灵活的酶切位点。

(一) 质粒载体

1. 质粒的基本性质

质粒是基因工程的主要载体。质粒(plasmid)是染色体以外的遗传物质，绝大多数是双链闭合环状DNA分子，其大小为1~200kb。质粒主要存在于细菌、放线菌和真菌细胞中，具有自主复制和转录能力，能在子代细胞中保持恒定的拷贝数。质粒的复制和转录要依赖于宿主细胞编码的某些酶和蛋白质，如离开宿主细胞则不能存活，而宿主即使没有它们也可以正常存活。虽然质粒对细胞的生存没有影响，DNA仅占细胞染色体组的1%~3%，但质粒DNA上的一些编码基因，包括抗生素抗性基因、降解复杂有机物的酶基因、大肠杆菌素基因等，使宿主细胞获得了一些特性。

质粒DNA分子中如果两条链都是完整的环，这种质粒DNA分子称为共价闭合环状DNA(covalently closed circular DNA，CCC DNA)。如果质粒DNA中有一条链是不完整的，那么就称为开环DNA(open circle DNA，OC DNA)，开环DNA通常是由内切酶或机械剪切造成的。如果两条链都被切开就形成线形DNA(L DNA)。从细胞中提取质粒时，质粒

DNA 常常会转变成超螺旋的构型。它们在琼脂糖凝胶电泳中的迁移率也不同，CCC DNA 的泳动速度最快，OC DNA 泳动速度最慢，L DNA 居中，所以很容易通过凝胶电泳和 EB 染色的方法将不同构型的 DNA 区分开来。

根据质粒的拷贝数将质粒分为松弛型质粒和严紧型质粒。质粒拷贝数(plasmid copy number)是指细胞中单一质粒的份数同染色体数之比值，常用质粒数/染色体来表示。不同的质粒在宿主细胞中的拷贝数不同。松弛型质粒(relaxed plasmid)的复制只受本身的遗传结构的控制，而不受染色体复制机制的制约，因而有较多的拷贝数，通常可达 10~15 个/染色体，如 Col E1 质粒。并且可以在氯霉素作用下进行扩增，有的质粒扩增后，可达到 3000 个/染色体，像 Col E1，可由 24 个达到 1000~3000 个。这类质粒多半是分子质量较小，不具传递能力的质粒。基因工程中使用的多是松弛型质粒。严紧型质粒(stringent plasmid)在寄主细胞内的复制除了受本身的复制机制控制外，还受染色体的严格控制，因此拷贝数较少，一般只有 1 个/染色体或 2 个/染色体，如 F 因子，这种质粒一般不能用氯霉素进行扩增。严紧型质粒多数是具有自我传递能力的大质粒。

2. 质粒载体的构建

质粒载体是在天然质粒的基础上为适应实验室操作进行人工构建的一种载体。与天然质粒相比，质粒载体通常带有一个或一个以上的选择性标记基因(如抗生素抗性基因)和一个人工合成的含有多个限制性内切核酸酶识别位点的多克隆位点序列，并去掉了大部分非必需序列，使分子质量尽可能减少，以便于基因工程操作。大多质粒载体带有一些多用途的辅助序列，这些用途包括通过组织化学方法肉眼鉴定重组克隆、产生用于序列测定的单链 DNA、体外转录外源 DNA 序列、鉴定片段的插入方向、外源基因的大量表达等。下面介绍几种重要的大肠杆菌质粒载体。

1) pBR322 质粒载体

pBR322 质粒是目前在基因克隆中广泛使用的一种大肠杆菌质粒载体。pBR322 质粒是由三个不同来源的部分组成(图 5-1)：第一部分来源于质粒 R1drd19 易位子 Tn3 的氨苄青霉素抗性基因(Amp^r)；第二部分来源于 pSC101 质粒的四环素抗性基因(Tet^r)；第三部分则来源于 Col E1 的派生质粒 pMB1 的 DNA 复制起点(ori)。在 pBR322 质粒载体的构建过程中，一个重要目标是缩小基因组的大小，移去一些对基因克隆载体无关紧要的 DNA 片段和限制酶识别位点。构建出的 pBR322 质粒具有较小的分子质量，为 4363bp；具有两种抗菌素抗性基因可供作转化子的选择标记。pBR322 DNA 分子内具有多个限制酶识别位点，外源 DNA 插入某些位点会导致抗菌素抗性基因失活，利用质粒 DNA 编码的抗菌素抗性基因的插入失活效应，可以有效地检测重组体质粒。此质粒还具有较高的拷贝数，而且经过氯霉素扩增之后，每个细胞中可累积 1000~3000 个拷贝。这就为重组 DNA 的制备提供了极大的方便。

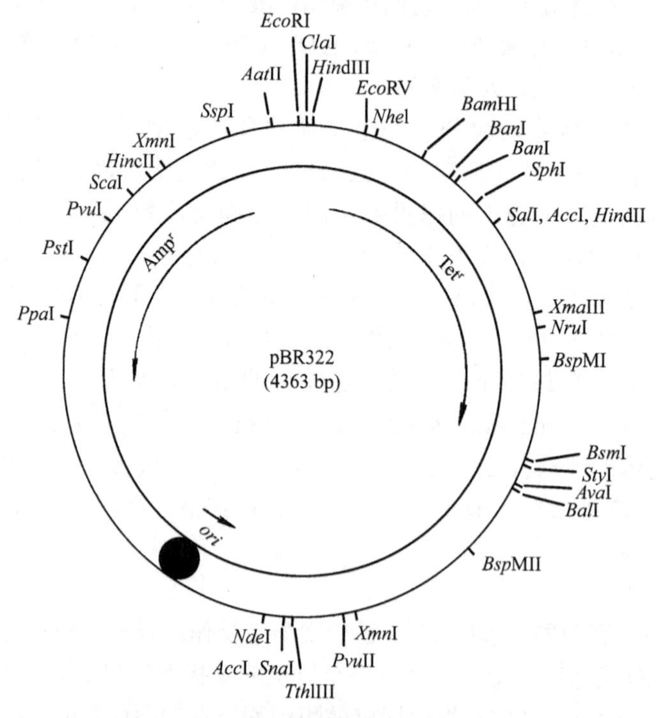

图 5-1 pBR322 质粒载体的结构组成

2) pUC 质粒载体

pUC 载体是在 pBR322 质粒载体的基础上，在其 5′端组入了一个带有多克隆位点的 *lacZ′*基因，而发展成为具有双功能检测特性的新型质粒载体系列。

典型的 pUC 系列的质粒载体，包括如下 4 个组成部分(图 5-2)：①来自 pBR322 质粒的复制起点(ori)；②氨苄青霉素抗性基因(Amp^r)，但它的 DNA 核苷酸序列已经发生了变化，不再含有原来的限制性内切核酸酶的单识别位点；③大肠杆菌 *β*-半乳糖酶基因(*lacZ*)的启动子及其编码 α-肽链的 DNA 序列，此结构特称为 *lacZ′*基因；④位于 *lacZ′*基因中的靠近 5′端的一段多克隆位点(MCS)区段，但它并不破坏该基因的功能。

与 pBR322 质粒相比，pUC 质粒载体具有更小的分子质量和更高的拷贝数，如 pUC8 为 2750bp，pUC18 为 2686bp，平均每个细胞 pUC8 质粒即可达 500~700 个拷贝。pUC8 质粒结构中具有来自大肠杆菌 lac 操纵子的 *lacZ′*基因，所编码的 α-肽链可参与 α-互补作用。因此，在应用 pUC8 质粒为载体的重组实验中，可用 Xgal 显色的组织化学方法一步实现对重组体转化子克隆的鉴定。具有多克隆位点 MCS 区段的 pUC8 质粒载体具有与 M13mp8 噬菌体载体相同的多克隆位点 MCS 区段，它可以在这两类载体系列之间来回“穿梭”。因此克隆在 MCS 当中的外源 DNA 片段，可以方便地从 pUC8 质粒载体转移到 M13mp8 载体上，进行克隆序列的核苷酸测序工作。同时，也正是由于具有 MCS 序列，可以使具两种不同黏性末端(如 *Eco*RI 和 *Bam*HI)的外源 DNA 片段无需借助其他操作而直接克隆到 pUC8 质粒载体上。

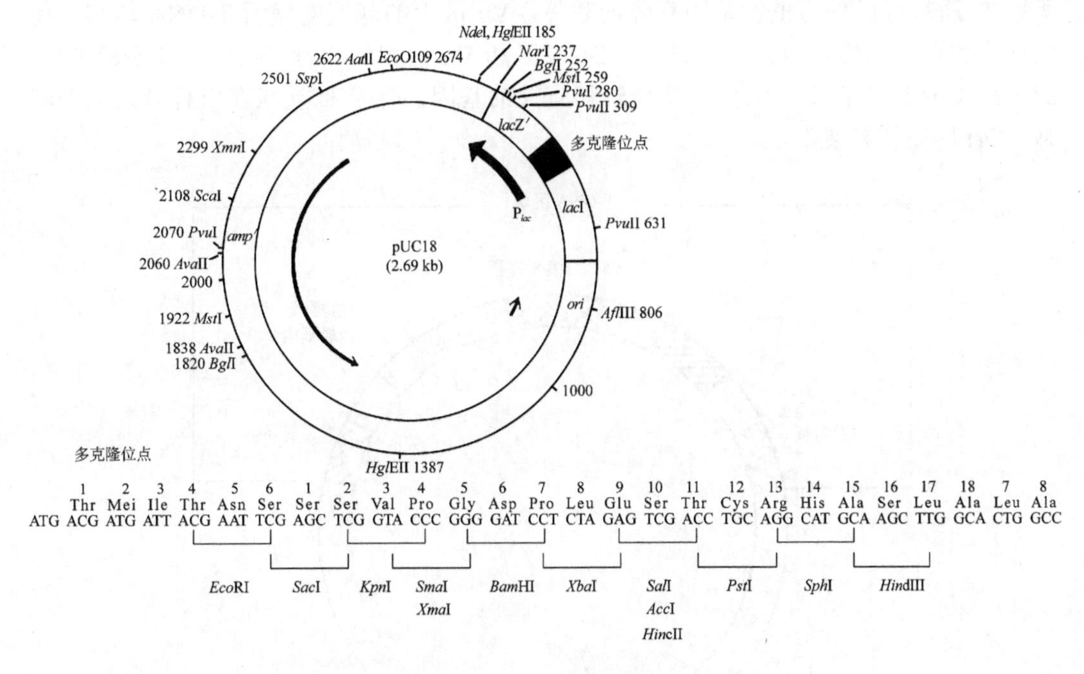

图 5-2 pUC18 质粒载体图

3) Ti 质粒载体

Ti 质粒是存在于根瘤土壤杆菌(*Agrobacterium tumefaciens*)中决定冠瘿病的一种质粒，即诱发寄主植物产生肿瘤的质粒(tumor-inducing plasmid)。而在发根土壤杆菌(*Agrobaterium rhizogenes*)中，决定毛根症的质粒称为 Ri 质粒，即诱发寄主植物产生毛根的质粒(root-inducing plasmid)。

1958 年，A.C.Braun 才提出了植物肿瘤诱导因子学说，用以解释冠瘿病诱导的机理，而且还推测这种因子可能是一种染色体外的遗传成分。1974 年，I.Zaenen 等用实验证明，这种因子实质上是一种存在于根瘤土壤杆菌细胞中的巨大致瘤质粒，土壤杆菌的致瘤能力正是由这种质粒的存在所造成的。在植物的肿瘤中，无论是 Ti 质粒还是 Ri 质粒都是属于接合型的质粒，因而具有感染性。Ti 质粒 DNA 分子质量相当大，为 150~200kb。迄今为止，已经准确地测定了相当一部分 Ti 质粒 DNA 的限制片段的大小及顺序，并且建立了相应的限制图谱。

Ti 质粒可分为 4 个区(图 5-3)：主要是 T-DNA 区、Vir 区、Con 区和 Ori 区。T-DNA 即转移 DNA，是整合在植物细胞核基因组上的、决定植物形成冠瘿瘤的一段 DNA 片段。T-DNA 占 Ti 质粒 DNA 总长度的 10%左右，T-DNA 上有三套基因，其中两套基因分别控制合成植物生长素与细胞分裂素，促使植物创伤组织无限制的生长与分裂，形成冠瘿瘤。第三套基因合成冠瘿碱，冠瘿碱有 4 种类型：章鱼碱(octopine)、胭脂碱(nopaline)、农杆碱(agropine)、琥珀碱(succinamopine)，是农杆菌生长必需的物质。显而易见，根瘤土壤杆菌通过 Ti 质粒的转化作用实现了植物基因的遗传转化，所以 Ti 质粒可以作为植物基因克隆的载体。Vir 区上的基因能激活 T-DNA 转移，使农杆菌表现出毒性，故称之为毒区。T-DNA 区和 Vir 区相邻，合起来约占 Ti 质粒 DNA 的 1/3。Con 区存在着与细菌间结合转移有关的基因，调控 Ti 质粒在农杆菌之间的转移。Ori 区是质粒复制区。

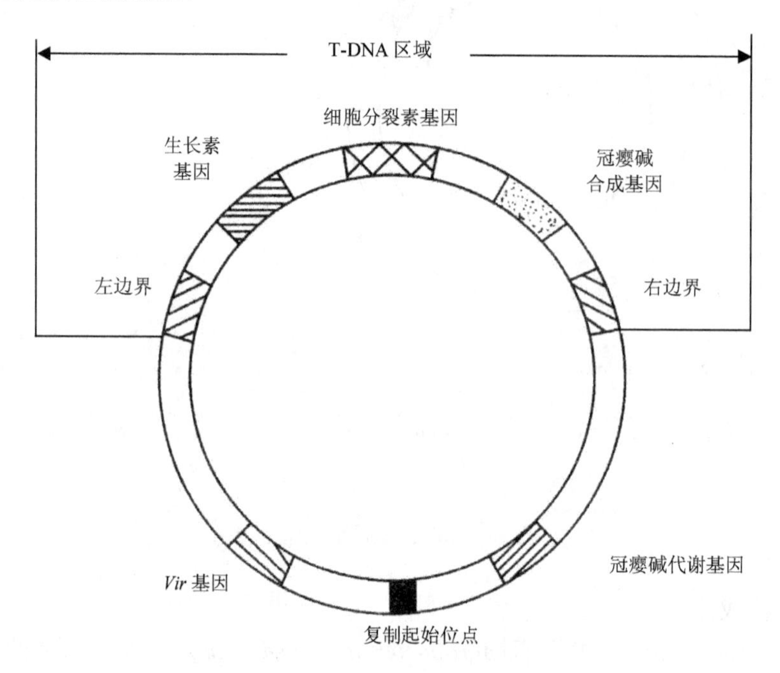

图 5-3 Ti 质粒结构示意图

自然界中，Ti 质粒能够感染大量的双子叶植物，且可以将 T-DNA 区段转移给寄主植物细胞并整合到核染色体的基因组上，最后实现基因的功能表达。所以，Ti 质粒是植物基因工程的一种天然的载体。但是野生型 Ti 质粒不能拿来直接用作载体，必须经过一番科学的改建之后，才能成为适宜的植物基因克隆载体。其主要包括如下内容。

(1) 质粒上存在的一些对于转移无用的基因使其片段过大，限制酶位点多，在基因工程中难以操作，不必需的部分必须切除。

(2) 生长在培养基上的植物转化细胞产生大量的生长素和细胞分裂素阻止了细胞分化出整株植物，必须删除 T-DNA 上的生长素(*tms*)和细胞分裂素(*tmr*)基因，解除其表达产物对整株植物再生的抑制。

(3) 有机碱的生物合成与 T-DNA 的转化无关，而且其合成过程消耗大量的精氨酸和谷氨酸，直接影响转基因植物细胞的生长代谢，因此必须删除 T-DNA 上的有机碱合成基因(*tmt*)。

(4) Ti 质粒不能在大肠杆菌中复制，只能在农杆菌中扩增，限制了基因工程的操作，要加入大肠杆菌复制子和选择标记，构建根癌农杆菌-大肠杆菌穿梭质粒，便于重组分子的克隆与扩增。

(5) 随着激素基因区段的缺失，也就丧失了不依赖于植物激素的独立生长能力，因此有必要给这些派生的质粒载体加上一个抗菌素抗性基因，作为转化的显性选择记号。由于这些抗性基因是来源于细菌的，故不具备在植物组织中进行转录所必需的真核特性。针对这一缺陷，人们已经设计出了一些嵌合基因，即将在植物中有功能的启动子同药物抗性基因的编码区相融合，并在启动子的后面连接上多聚腺苷化作用的信号序列AATAAA。为此，特别选用了组成型的Ti质粒胭脂碱合成酶基因*nos*的启动子，它的表达属于组成型，这类嵌合结构的基因，使得这些抗菌素抗性基因能够在植物中实现表达，因而可以作为转化组织的选择记号。

(二) 病毒载体

在植物中生产外源重组蛋白有两种途径：一种是将外源基因整合进植物染色体基因组，使外源基因在植物中稳定表达；另一种是应用植物病毒载体系统进行瞬时表达。与农杆菌Ti质粒载体相比，植物病毒表达载体系统具有许多优点：第一，是病毒表达水平较高，可携带外源基因进行高水平表达；第二，病毒增殖速度快，外源基因在很短时间(通常在接种后1~2周内)可达最大量的积累；第三，病毒基因组小，易于进行遗传操作，大多数植物病毒可以通过机械接种感染植物，适于大规模商业操作；第四，宿主范围广，一些病毒载体能侵染农杆菌不能或很难转化的一些植物，扩大了基因工程的宿主范围；第五，病毒颗粒易于纯化，可显著降低下游生产成本。所以植物病毒是实现外源基因瞬时高效表达的可用载体。

目前已有十几种植物病毒被改造成不同类型的外源蛋白表达载体，包括花椰菜花叶病毒(CaMV)、雀麦草花叶病毒(BMV)、烟草花叶病毒(TMV)、豇豆花叶病毒(CPMV)和马铃薯X病毒(PVX)等。其中在TMV载体中成功表达的外源病毒有150多种。

1. 单链RNA植物病毒

大约90%以上的植物病毒的遗传物质，都是具有感染性的正链RNA(即mRNA)。以RNA病毒作载体克隆基因的基本步骤是：首先应用反转录酶和DNA聚合酶，将单链的病毒RNA转变成双链拷贝的DNA(dcDNA)；然后把这种DNA克隆到一种原核生物的质粒或柯斯质粒载体上，在形成的重组质粒分子中，人们期望的外源基因是插入在dcDNA部分；最后，将带有外源基因的病毒载体重新导入植物寄主细胞。

2. 单链DNA植物病毒

双子座病毒组病毒(gemini virus)是一类具有成对或成双颗粒的单链DNA植物病毒。这类病原体专门侵染寄主植株的韧皮部组织，并在细胞核中进行复制和增殖，对农业生产的危害相当严重。双子座病毒组病毒具有广泛的寄主范围，对单子叶及双子叶植物都有感染性。双子座病毒组病毒具有2种不同的分子，是一种二连的基因组，其基因组比较小，分子大小为2.5~3.0kb，而且主要是由环状的DNA分子组成。

番茄金色花叶病毒(TGMV)是一种双子座病毒组病毒，是最有发展前途且被作为植物基因转移载体的一种。这种病毒在同一个蛋白质外壳内存在着两条各长2.5kb的单链DNA。单链DNA A，又称TGMV A组分，编码病毒外壳蛋白及参与蛋白质复制；而单链DNA B，又称TGMV B组分，编码着控制病毒从一个细胞转移到另一个细胞的运动蛋白。DNA 分子仅能在植物细胞中复制，但只有 DNA B 存在的情况下才具有感染性。由于双链复制型的 TGMV DNA，处于没有外壳蛋白的环境中仍然具有感染性。所以，外壳蛋白编码基因的大部分序列，可以从 DNA A 中删除掉，以便为外源基因的插入留出必要的空间位置。现已构成了带有 TGMV DNA 的植物表达载体。当用它感染植物时，克隆的外源目的基因就会随着 TGMV DNA 被传播到感染植株的所有细胞。所以培育利用这样的克隆载体进行转基因的植物，就可避免从转化细胞到再生植株的烦琐过程。

3. *双链 DNA 植物病毒*

花椰菜花叶病毒组(caulimoviruses)是唯一的一群以双链 DNA 作为遗传物质的植物病毒，这一组病毒共有 12 种。此病毒寄主范围比较局限，虽然在实验室中可以转移到十字花科以外的少数几种植物，而在自然界中只感染十字花科的若干种植物。其中花椰菜花叶病毒(CaMV)是研究得最为详尽的一种典型的代表性病毒。

CaMV DNA 具有 2 种异常的特性。CaMV DNA 经变性处理或用单链特异的 S1 核酸酶处理后作凝胶电泳，结果表明在它的上面存在着若干间断，即通常所说的“裂口”。此外，CaMV DNA 还具有另一种异常的特性，即在它的分子群体中有小部分的比例是一些短的核糖核苷酸序列，其总数还不到核苷酸总量的 1%。CaMV 直接用作载体存在以下困难：CaMV 虽然可以作为承载小片段外源 DNA 插入的克隆载体，但由于在它的大多数限制酶位点中插入外源 DNA 都会导致病毒的失活，而且它不能包装具 300bp 以上插入片段的重组体基因组，同时 CaMV 的绝大多数基因都是必不可少的，不能被外源 DNA 所取代。

多年来有关 CaMV 克隆载体的设计思路，主要集中在以下三个方面：第一，由缺陷型的 CaMV 病毒分子同辅助病毒分子组成互补的载体系统；第二，将 CaMV DNA 整合在 Ti 质粒 DNA 分子上，组成混合的载体系统；第三，构成带有 CaMV 35S 启动子的融合基因，在植物细胞中表达外源 DNA。

二、基因工程所需要的工具酶

在基因工程中，基因的体外分离与重组需要若干种酶的参与，一般把这些有关的酶称为基因工程的工具酶。表 5-1列出了重组 DNA 实验中常用的若干种工具酶，它们在基因克隆中都有着广泛的用途。特别是限制性内切核酸酶和 DNA 连接酶的发现和应用，才真正使 DNA 分子的体外切割与连接成为可能。因此为了比较深入地理解基因操作的基本原理，有选择性地讨论基因克隆中通用的若干种核酸酶，显然是十分必要的。

表 5-1　重组 DNA 实验中常用的若干种工具酶

核酸酶名称	主要功能
II 型限制性内切核酸酶	在特异性的碱基序列部位切割 DNA 分子
DNA 连接酶	将两条 DNA 分子或片段连接成一个整体
大肠杆菌 DNA 聚合酶 I	通过向 3′端逐一增加核苷酸的方式填补双链 DNA 分子上的单链裂口

续表

核酸酶名称	主要功能
反转录酶	以 RNA 分子为模板合成互补的 cDNA 链
多核苷酸激酶	使 5′-OH 末端磷酸化，成为 5′-P 末端
末端转移酶	将同聚物尾巴加到线性双链 DNA 分子或单链 DNA 分子的 3′-OH 末端
核酸外切酶III	从一条 DNA 链的 3′端移去核苷酸残基
λ 核酸外切酶	催化自双链 DNA 分子的 5′端移走单核苷酸，从而暴露出延伸的单链 3′端
碱性磷酸酶	催化自 DNA 分子的 5′端或 3′端或者同时从 5′端和 3′端移去末端磷酸
S1 核酸酶	催化 RNA 和单链 DNA 分子降解成 5′-单核苷酸，同时也可切割双链核酸分子的单链区
Bal31 核酸酶	具有单链特异的内切核酸酶活性，也具有双链特异的外切核酸酶活性
*Taq*DNA 聚合酶	能在高温(72℃)下以单链 DNA 为模板按 5′→3′方向合成新生互补链

(一) 限制性内切核酸酶

1. 限制性内切核酸酶的发现

1952 年 Luria 和 Human 在 T 偶数噬菌体、1953 年 Weigle 和 Bertani 在λ噬菌体对大肠杆菌的感染实验中发现了细菌的限制(restriction)及修饰(modification)现象，简称 R/M 体系。从此开始了对限制和修饰现象的深入研究。1962 年，W.Arber 提出一个假设来解释限制和修饰现象。他认为细菌中有 2 种以上不同功能的酶，其中一种是内切核酸酶，能识别并切断外来 DNA 分子的某些部位，限制外来噬菌体的繁殖，把这类酶称为限制性内切核酸酶。后来研究证明：寄主控制的限制与修饰现象是由两种酶配合完成的，一种称为限制性内切核酸酶，另一种称为修饰的甲基转移酶。所谓限制性内切核酸酶(简称限制酶)是一类能够识别双链 DNA 分子中的某种特定核苷酸序列，并由此切割 DNA 双链结构的内切核酸酶。切断的双链 DNA 都产生 5'-磷酸基和 3'-羟基。不同限制性内切核酸酶识别和切割的特异性不同，它广泛存在于生物界，并因生物种属的不同其特异性有所不同。限制作用是指细菌的限制性核酸酶对 DNA 的分解作用，一般是指对外源 DNA 入侵的限制。修饰作用是指细菌的修饰酶对于 DNA 碱基结构改变的作用(如甲基化)，经修饰酶作用后的 DNA 可免遭其自身所具有的限制酶的分解。根据限制-修饰现象发现的限制性内切核酸酶，现在已成为重组 DNA 技术的重要工具酶。

2. 限制性内切核酸酶的类型

1968 年，Meselson 等从 *E*. *coli* K 株中分离出了第一个限制酶 *Eco*K，同年 Linn 和 Arber 从 *E*. *coli* B 株中分离到限制酶 *Eco*B。遗憾的是，由于 *Eco*K 和 *Eco*B 这两种酶的识别及切割位点不够专一，是 I 型的酶，在基因工程中意义不大。1970 年，Smith 和 Wilcox 从流感嗜血杆菌中分离到一种限制性酶，能够特异性地切割 DNA，这个酶后来被命名为 *Hind*Ⅱ，这是第一个分离到的Ⅱ类限制性内切核酸酶。由于这类酶的识别序列和切割位点特异性很强，对于分离特定的DNA片段就具有特别的意义。

目前已经鉴定出有三种不同类型的限制性内切核酸酶，即Ⅰ型酶、Ⅱ型酶和Ⅲ型酶。这三种不同类型的限制酶具有不同的特性。其中Ⅱ型酶，由于其内切核酸酶活性和甲基化作用活性是分开的，而且核酸内切作用又具有序列特异性，故在基因工程中有特别广泛的用途。

3. 限制性内切核酸酶的命名

限制性内切核酸酶的命名是按照H.O.Smith和D.Nathans (1973)提出的命名系统进行命名的，这种方法被广大学者所接受。命名原则包括如下几点。

(1) 用属名的头一个字母和种名的头两个字母(斜体)，组成3个字母的略语表示寄主菌的物种名称。例如，大肠杆菌(*Escherichia coli*)用*Eco*表示，流感嗜血菌(*Haemophilus influenzae*)用*Hin*表示。

(2) 用一个正体字母代表菌株或型，如*Eco*K。

(3) 如果一种特殊的寄主菌株，具有几个不同的限制与修饰体系，则以罗马数字表示，如*Hin*dⅠ、*Hin*dⅡ等。

4. Ⅱ型限制性内切核酸酶的基本特性

绝大多数的Ⅱ型限制性内切核酸酶，都能够识别由4~8个核苷酸组成的特定的核苷酸序列，我们称这样的序列为限制性内切核酸酶的识别序列。而限制酶就是从其识别序列内切割DNA分子的，因此识别序列又称为限制性内切核酸酶的切割位点或靶子序列。识别序列的共同特点是具有双重旋转对称的结构形式，换言之，这些核苷酸对的顺序呈回文结构。切割方式有交错切割和对称切割两种，交错切割的结果是形成具有3′-OH单链延伸的或5′-P单链延伸的黏性末端，对称切割会形成具有平末端的DNA片段，具平末端的DNA片段则不易重新环化。

有一些来源不同限制性内切核酸酶，但识别同样的核苷酸靶子序列，这样的酶称为同裂酶(isoschizomer)。同裂酶产生同样的切割，形成同样的末端。有一些同裂酶对于切割位点上的甲基化碱基的敏感性有所差别，可用来研究DNA的甲基化作用。还有一些限制酶虽然来源各异，识别的靶子序列也各不相同，但都产生出相同的黏性末端，这样的一组限制酶称为同尾酶(isocaudarner)。常用的限制酶*Bam*HⅠ、*Bcl*Ⅰ、*Bgl*Ⅱ、*Sau*3AⅠ和*Xho*Ⅱ就是一组同尾酶，它们切割DNA之后都形成由GATC 4个核苷酸组成的黏性末端。显而易见，由同尾酶所产生的DNA片段，是能够通过其黏性末端之间的互补作用而彼此连接起来的，因此在基因克隆实验中很有用处，但连接之后的DNA分子不再被原来任何一种同尾酶所识别。由一对同尾酶分别产生的黏性末端共价结合形成的位点，特称之为“杂种位点”(hybrid site)。

5. 影响限制性内切核酸酶活性的因素

1) DNA的纯度

污染在DNA制剂中的某些物质，如蛋白质、酚、氯仿、乙醇、乙二胺四乙酸(EDTA)、SDS(十二烷基硫酸钠)，以及高浓度的盐离子等，都有可能抑制限制性内切核酸酶的活性。可以采用适当的方法来减小由于DNA不纯对限制酶活性的影响。例如，增加限制性内切核酸酶的用量，平均每微克底物 DNA 可高达 10 单位甚至更多些；扩大酶催化反应的体积，以使潜在的抑制因素被相应地稀释；延长酶催化反应的保温时间。

2) DNA 的甲基化程度

限制性内切核酸酶不能够切割甲基化的核苷酸序列，这种特性在有些情况下是很有用的。例如，当甲基化酶的识别序列同某些限制酶的识别序列相邻时，就会抑制在这些位点发生切割作用，这样便改变了限制性内切核酸酶识别序列的特异性。另外，通过甲基化作用将限制酶识别位点保护起来，避免限制酶的切割。

3) 酶切消化反应的温度

大多数限制性内切核酸酶的标准反应温度都是 37℃，但也有许多例外的情况，如 *Sma* Ⅰ是 25℃、*Mae* Ⅰ是 45℃。消化反应的温度低于或高于最适温度，都会影响限制性内切核酸酶的活性，甚至最终导致其完全失活。

4) DNA 的分子结构

DNA 分子的不同构型对限制性内切核酸酶的活性也有很大的影响。某些限制性内切核酸酶切割超螺旋的质粒 DNA 或病毒 DNA 所需要的酶量，要比消化线性 DNA 的高出许多倍，最高的可达 20 倍。此外，还有一些限制性内切核酸酶，切割处于不同部位的限制位点，其效率亦有明显的差别。

5) 限制性内切核酸酶的缓冲液

限制性内切核酸酶标准缓冲液的组分包括氯化镁、氯化钠或氯化钾、Tris-HCl、*β*-巯基乙醇或二硫苏糖醇(DTT)及牛血清白蛋白(BSA)等。氯化镁提供的 Mg^{2+} 是限制酶的必需辅助因子。缓冲液 Tris-HCl 的作用在于使反应混合物的 pH 恒定在酶活性所要求的最佳范围内。巯基试剂用于维持某些限制性内切核酸酶的稳定性，避免失活。

(二) DNA 连接酶与 DNA 分子的连接

目前有三种方法用来 DNA 片段的体外连接：第一种方法是用 DNA 连接酶连接具有互补黏性末端的 DNA 片段；第二种方法是用 T4DNA 连接酶直接将平末端的 DNA 片段连接起来，或是用末端脱氧核苷酸转移酶给具平末端的 DNA 片段加上 poly(dA)-poly(dT)尾巴之后，再用 DNA 连接酶将它们连接起来；第三种方法是先在 DNA 片段末端加上化学合成的衔接物或接头，使之形成黏性末端之后，再用 DNA 连接酶将它们连接起来。这三种方法虽然互有差异，但共同的一点都是利用了 DNA 连接酶的连接功能。

1. DNA 连接酶

用限制性内切核酸酶切割不同来源的 DNA 分子，再重组，则需要用另一种酶来完成这些杂合分子的连接和封合，这种酶就是 DNA 连接酶。1967 年，世界上有数个实验室几乎同时发现了 DNA 连接酶(ligase)。在双链 DNA 中，连接酶能催化相邻的 3′-OH 和 5′-P 的单链形成磷酸二酯键，如果是双链 DNA 的某一条链上失去一个或数个核苷酸所形成的单链断裂，DNA 连接酶不能将其连接起来。这种酶也不能将两条单链连接起来，更不能使单链环化。因此该酶可促使具有互补黏性末端或平末端的载体和 DNA 片段连接，以形成重组 DNA 分子。

在基因工程中，用于连接 DNA 限制片段的连接酶有两种：一种是由大肠杆菌基因编码的称为大肠杆菌 DNA 连接酶，另一种是由大肠杆菌中 T4 噬菌体基因编码的称为 T4DNA 连接酶。大肠杆菌 DNA 连接酶是一条分子质量为 75kDa 的多肽链，对胰蛋白酶敏感，可被其水解，水解后形成的小片段仍具有部分活性，需要 NAD^+作能源辅助因子。噬菌体 T4DNA 连接酶也是一条多肽链，分子质量为 60kDa，其活性很容易被 0.2mol/L 的 KCl 和精胺所抑制，此酶的催化过程需要 ATP 作能源辅助因子。

2. DNA 片段的连接

DNA 分子经过限制性内切核酸酶消化后可形成黏性末端和平末端两种，DNA 连接酶可以将两种末端连接起来。应用 DNA 连接酶的这种特性，可在体外将 DNA 限制片段与适当的载体分子连接，从而可以按照人们的意愿构建出新的重组分子。具有黏性末端的 DNA 片段连接比较容易，也比较常用，上面讲的两种 DNA 连接酶都可以用。连接酶连接缺口 DNA 的最佳反应温度是 37℃，但是在这个温度下，黏性末端之间的氢键结合是不稳定的。例如，由限制酶 *Eco*RI 产生的黏性末端，连接之后所形成的结合部位，共有 4 个 A-T 碱基对，显然不足以抵御 37℃热的破坏作用，因此连接黏性末端的最佳温度，应该是介于酶作用速率和末端结合速率之间，一般认为是 4~15℃比较合适。虽然 DNA 连接酶也能将具平末端的 DNA 片段连接起来，但是比连接黏性末端的效率低，因此在连接平末端时，一般不是直接用 DNA 连接酶，而是采用下列三种方法来连接平末端 DNA 片段。

(1) 同聚物加尾法。在 1972 年，美国斯坦福大学的 P.Labaan 和 D.Kaiser 联合发现了一种可以连接任何两段 DNA 分子的普遍性方法，即同聚物加尾法。这种方法运用到一种酶，称为末端脱氧核苷酸转移酶，此酶能够将核苷酸加到 DNA 分子单链延伸末端的 3′-OH 基团上。在反应物中只存在一种脱氧核苷酸的条件下，DNA 分子的 3′-OH 末端将会出现单纯由一种脱氧核苷酸组成的 DNA 单链延伸。这样的延伸片段称之为同聚物尾巴。由外切核酸酶处理过的 DNA，以及 dATP 和末端脱氧核苷酸转移酶组成的反应混合物中，DNA 分子的 3′-OH 端将会出现单纯由腺嘌呤核苷酸组成的 DNA 单链延伸，称之为 poly(dA) 尾巴。反过来，如果在反应混合物中加入的是 dTTP，那么 DNA 分子的 3′-OH 端将会形成 poly(dT)尾巴。因此任何两条 DNA 分子，只要分别获得 poly(dA)和 poly(dT)尾巴，就会彼此连接起来。这种连接 DNA 分子的方法称为同聚物尾巴连接法 (homopolymertail-joining)，简称同聚物加尾法。

(2) 衔接物连接法。所谓衔接物(linker)，是指用化学方法合成的一段由 10~12 个核苷酸组成，具有一个或数个限制酶识别位点的平末端双链寡核苷酸短片段。连接时先将衔接物的 5′端和待克隆的 DNA 片段的 5′端，用多核苷酸激酶处理使之磷酸化，然后再通过 T4DNA 连接酶的作用将两者连接起来。接着用适当的限制酶消化具衔接物的 DNA 分子和克隆载体分子，这样的结果使二者都产生出了彼此互补的黏性末端，于是便可以按照常规黏性末端连接法，将待克隆的 DNA 片段同载体分子连接起来。

(3) DNA 接头连接法。DNA 接头是一类人工合成的一头具某种限制酶黏性末端另一头为平末端的特殊双链寡核苷酸短片段。当它的平末端与具平末端的外源 DNA 片段连接之后，便会使后者成为具黏性末端的新 DNA 分子而易于连接重组。实际使用时对 DNA 接头末端的化学结构进行必要的修饰与改造，可避免处在同一反应体系中的各个 DNA 接头分子的黏性末端之间发生彼此间的配对连接。

(三) DNA 聚合酶

1. 大肠杆菌 DNA 聚合酶 I

到目前为止，从大肠杆菌中纯化出了三种不同类型的 DNA 聚合酶，即 DNA 聚合酶 I、DNA 聚合酶 II 和 DNA 聚合酶 III，它们分别简称为 Pol I、Pol II 和 Pol III。其中只有 Pol I 同 DNA 分子克隆的关系最为密切。

Pol I 酶有三种不同的酶催活性，即 5′→3′端的聚合酶活性、5′→3′端的外切核酸酶活性和 3′→5′端的外切核酸酶活性。DNA 聚合聚 I 催化的聚合作用，是在生长链的 3′-OH 末端基团同参入进来的核苷酸分子之间发生的。因此说 DNA 聚合酶 I 催化的 DNA 链合成是按 5′→3′端方向伸长的。DNA 聚合酶 I 催化合成 DNA 的互补链需要 4 种脱氧核苷 5′-三磷酸 dNTP(dATP、dGTP、dCTP、dTTP)、带有 3′-OH 游离基团的引物链和 DNA 模板，模板的要求可以是单链，也可以是双链。另外在 DNA 分子的单链缺口上，DNA 聚合酶 I 的 5′→3′端外切核酸酶活性和聚合作用可以同时发生。当外切酶活性从缺口的 5′端一侧移去一个 5′核苷酸之后，聚合作用就会在缺口的 3′端一侧补上一个新的核苷酸。但由于 Pol I 不能在 3′-OH 和 5′-P 之间形成一个键，因此随着反应的进行，5′端一侧的核苷酸不断地被移去，3′端一侧的核苷酸又按序的增补，于是缺口便沿着 DNA 分子合成的方向移动，这种移动特称为缺口转移(nick translation)。如果增补的是 ^{32}P 标记的核苷酸，那么这条有缺口的链就被标记。因此在分子克隆中，可以利用 DNA 缺口转移法来制备供核酸分子杂交用的带放射性标记的 DNA 探针。

2. 大肠杆菌 DNA 聚合酶 I 的 Klenow 片段

大肠杆菌 DNA 聚合酶 I 的 Klenow 片段(*E.coli* DNA Pol I Klenow fragment)，又称为 Klenow 聚合酶或 Klenow 大片段酶，它是由大肠杆菌 DNA 聚合酶 I 全酶，经枯草芽孢杆菌蛋白酶处理之后，产生的分子质量为 76kDa 的大片段分子。Klenow 聚合酶仍具有 5′→3′端聚合酶活性和 3′→5′端外切核酸酶活性，但失去了全酶的 5′→3′端外切核酸酶活性。在 DNA 分子克隆中，Klenow 聚合酶的主要用途有：①修补经限制酶消化的 DNA 所形成的 3′端隐蔽末端；②标记 DNA 片段的末端，尤其对具有 3′端隐蔽末端的 DNA 片段作放射性标记最为有效；③cDNA 克隆中的第二链 cDNA 的合成；④DNA 序列测定。

3. *Taq* DNA 聚合酶

1988 年，Saiki 等从由温泉分离到的一株水生嗜热杆菌(*Thermus aquaticus*) 中提取到一种耐热 DNA 聚合酶。此酶耐高温，在 70℃下反应 2h 后其残留活性大于原来的 90%，在 93℃下反应 2h 后其残留活性是原来的 60%，在 95℃下反应 2h 后其残留活性是原来的 40%。这种耐高温的特性，不必在每次扩增反应后重加新酶。这种酶还大大提高了扩增片段的特异性和扩增效率，增加了扩增长度(2.0kb)，其灵敏性也大大提高。为区别于大肠杆菌多聚酶 I Klenow 片段，将此酶命名为 *Taq* DNA 聚合酶。此酶的发现使 PCR 技术被广泛应用。

4. T4 DNA 聚合酶

T4 DNA 聚合酶是由噬菌体基因 43 编码的，具有两种酶催活性，即 5′→ 3′端的聚合酶活性和 3′→5′端外切核酸酶活性。T4DNA 聚合酶也可以用来标记 DNA 平末端或隐蔽的 3′端，因此 T4 DNA 聚合酶可用来制备高比活性的 DNA 杂交探针。只是同 DNA 聚合酶 I 的缺口转移制备法不同，T4DNA 聚合酶用的是取代合成法，这种方法是先利用 T4DNA 聚合酶的 3′→5′端外切核酸酶活性对含有限制酶识别位点的双链 DNA 的 3′端进行有控制的降解，然后补加 ^{32}P 标记的核苷酸后，在 T4DNA 聚合酶的 5′→ 3′端聚合酶活性下进行取代合成，结果在双链 DNA 被降解的一条链上出现了取代性标记，最后再用限制酶消化可得到 DNA 探针。与缺口转移法制备的探针相比，取代合成法制备的探针具有两个明显的优点：第一，不会出现人为的发卡结构(用缺口转移法制备的 DNA 探针则会出现这种结构)；第二，应用适宜的限制性内切核酸酶切割，它们便可很容易地转变成特定序列的(链特异的)探针。

5. 反转录酶

1970 年 Temin 等在致癌 RNA 病毒中发现了一种特殊的 DNA 聚合酶，该酶以 RNA 为模板，根据碱基配对原则，按照 RNA 的核苷酸顺序(其中 U 与 A 配对)合成 DNA。这一过程与一般遗传信息流转录的方向相反，故称为反转录，催化此过程的 DNA 聚合酶称为反转录酶(reverse transcriptase)。后来发现反转录酶不仅普遍存在于 RNA 病毒中，在哺乳动物的胚胎细胞和正在分裂的淋巴细胞中也存在。反转录酶的发现对于遗传工程技术起了很大的推动作用，目前它已成为一种重要的工具酶。

大多数反转录酶具有以 RNA 为模板，催化 dNTP 聚合成 DNA 的聚合酶活性。此酶也需要引物，按 5′→3′端方向合成一条与 RNA 模板互补的 DNA 单链，这条 DNA 单链称为互补 DNA(complementary DNA，cDNA)，因此反转录酶可用来构建 cDNA 文库。反转录酶不具有 3′→5′端外切酶活性，因此没有校正功能，所以由反转录酶催化合成的 DNA 出错率比较高。

(四) 几种修饰酶

1. 末端脱氧核苷酸转移酶与同聚物加尾

末端脱氧核苷酸转移酶(terminal deoxynucleotidyl transferase)，简称末端转移酶(terminal transferase)，这种酶在二价阳离子的存在下，能够逐个地将脱氧核苷酸分子加到线性 DNA 分子的 3′-OH 端，具有 5′→3′端的聚合作用，与 DNA 聚合酶不同，末端转移酶不需要模板的存在就可以催化 DNA 分子发生聚合作用。当反应混合物中只有一种 dNTP 时，就可形成仅由一种核苷酸组成的同聚物尾巴。应用适当的 dNTP 加尾，再生出供外源 DNA 片段插入的有用的限制位点。

2. T4 多核苷酸激酶与 DNA 分子 5′端的标记

多核苷酸激酶(polynucleotide kinase)是由 T4 噬菌体的 *pseT* 基因编码的一种蛋白质，

最初也是从被 T4 噬菌体感染的大肠杆菌细胞中分离出来的，因此又称为 T4 多核苷酸激酶。T4 多核苷酸激酶催化 γ-磷酸由 ATP 分子转移给 DNA 或 RNA 分子的 5′-OH 端，当使用 γ-^{32}P 标记的 ATP 作前体物时，多核苷酸激酶便可以使底物核酸分子的 5′-OH 端标记上 γ-^{32}P。这种标记又称为正向反应(forward reaction)，是一种十分有效的过程，因此此酶常用来标记核酸分子的 5′端，或是使寡核苷酸磷酸化。

3. 碱性磷酸酶与 DNA 脱磷酸作用

碱性磷酸酶有两种不同的来源：一种是从大肠杆菌中纯化出来的，称为细菌碱性磷酸酶(bacterial alkaline phosphatase，简称 BAP)；另一种是从小牛肠中纯化出来的，称为小牛肠碱性磷酸酶(calf intestinal alkaline phosphatase，简称 CIP)。它们的共同特性是能够催化核酸分子脱掉 5′-P，从而使 DNA(或 RNA)片段的 5′-P 端转变成 5′-OH 端，这就是所谓的核酸分子的脱磷酸作用。碱性磷酸酶的这种功能，对于 DNA 分子克隆是很有用的。除了可以用来标记 DNA 片段的 5′端之外，在 DNA 体外重组中，为了防止线性化的载体分子发生自我连接作用，也需要碱性磷酸酶从这些片段上脱去 5′-P。

第二节　目的基因的分离和克隆

一、基因文库的构建与目的基因的筛选

基因工程技术的迅速发展使人们对生物体基因的结构、功能、表达及其调控的研究深入到分子水平，而分离和获得特定基因片段是上述研究的基础。完整的基因文库的构建使任何 DNA 片段的筛选和获得成为可能。基因文库(gene library)指某个生物的基因组 DNA 或 cDNA 片段与适当的载体在体外通过重组后，转入宿主细胞，并通过一定的选择机制筛选后得到大量的阳性菌落(或噬菌体)，所有菌落或噬菌体的集合就是这种生物的基因文库。按照外源 DNA 片段的来源，可将基因文库分为基因组 DNA 文库(genomic DNA library)和 cDNA 文库(complementary DNA library)；根据文库的功能分为克隆文库(cloning library)和表达文库(expression library)。

1. 基因组文库构建

某种生物基因组的全部遗传信息通过克隆载体储存在一个受体菌的群体之中，这个群体即为这种生物的基因组文库。

基因组文库的大小(即应该包含多少个独立的克隆)与基因组本身的大小和克隆 DNA 片段的平均大小有关。因为基因组 DNA 片段是随机克隆的，所以基因组大小除以克隆片段大小得到的只是克隆数的理论值，从统计学的角度分析，从这个理论克隆数中克隆到特定基因片段的概率只有 50%；当克隆数增加到这一理论值的 2 倍时，克隆到特定 DNA 片段的概率就上升到 75%。所以为了达到一种合理的概率以克隆到目的基因，一个完整的基因组文库就必须含有 3~10 倍于最低重组克隆数的克隆。例如，某种生物基因组的总长为 3×10^6kb，酶切后的 DNA 片段平均长为 15kb，则该种生物的基因组文库应含克隆子数为 $3\times10^6/15=2\times10^5$kb。但实际上该基因组文库应含克隆子数远远超过这个数。为此，1975 年，L. Clarke 和 J. Carbon 提出了一个计算完全基因组文库所需实际克隆数的公式：

$$N = \frac{\ln(1-p)}{\ln(1-f)}$$

式中，N 代表实际克隆数；p 代表在重组群体中出现特定基因的概率(一般的期望值都为99%)；f 代表限制性片段的平均大小与相应生物体基因组大小的比值。如果给定概率为0.99，插入片段为 20kb 的情况下，对人类基因组(3×10^9kp)来说，所需重组体的数目为6.9×10^5；而对于大肠杆菌而言，仅需要 1100 个重组体。

构建基因组 DNA 文库的一般操作程序如下。

(1) 分离基因组并用适当的限制性内切核酸酶消化基因组 DNA。毫无疑问，优质的基因组 DNA 对于基因组文库构建是至关重要的。不同生物其分离方法不尽一样，研究者需要查阅文献，通过经验来选择合适的基因组 DNA 分离方法，在分离过程中保证 DNA 不被过度剪切或降解，同时也要尽量保证 DNA 的纯度。

构建黏粒基因组 DNA 文库，研究者需要将基因组 DNA 用注射器抽打来随机剪切 DNA；接着用末端修复酶修复 DNA，可以提高 DNA 连接入载体的效率；然后通过凝胶电泳来找到 40kb 左右的 DNA 片段，随后使用 Epicentre GELase 胶回收试剂盒回收 DNA。

(2) 选择合适的载体。不同的载体其装载能力不同，因此必须根据研究目的和载体对基因组 DNA 长度的要求来选择合适的载体。例如，对于黏粒载体(Epicntre 的 pCC1FOSTM、pEpiFOSTM-5、pWEB-TNCTM、pWEBTM)，合适的片段长度大约为 40kb；对于 BAC 载体(如 Epicentre 的 pIndigoBAC-5、pCC1BACTM)，平均来说合适的片段长度为 120~300kb。

(3) 将目的 DNA 和载体重组。用适当的限制酶消化目的 DNA 和载体，目的是使两者产生相同的黏性末端。为了提高重组子的比例，需要用碱性磷酸酶处理载体，脱去 5′磷酸基团，然后再用 DNA 连接酶将两者连接，构建出重组子。

(4) 重组子导入受体细胞。如果选用 λ 噬菌体作为载体，在导入前需要利用体外包装系统将重组子组装成完整的颗粒，这样可以提高转导率。重组噬菌体侵染大肠杆菌，形成大量噬菌斑，每一克隆中含有外源 DNA 的一种片段，全部克隆构成一个基因文库。文库构建以后可以通过表型筛选法、杂交筛选、PCR 筛选、免疫筛选法筛选目的基因。

2. cDNA 文库构建

在一个完全的基因组文库中，生物体的基因往往分散在数万个克隆子中。而真核生物基因组 DNA 十分庞大，一般约有数万种不同的基因，并且含有大量的重复序列及大量的非编码序列。这些序列的存在严重地干扰了基因的分离。因此无论采用电泳分离技术还是通过杂交的方法等，不论是从基因组中直接分离目的基因还是从基因组文库中筛选出含有目的基因的克隆，都是非常困难的。由于基因的表达具有组织特异性，而且处在不同环境条件、不同分化时期的细胞其基因表达的种类和强度也不尽相同，通常得以表达的基因仅占总基因的 15%左右，所以从 mRNA 出发分离目的基因，可大大缩小搜寻目的基因的范围，降低分离目的基因的难度。

cDNA 文库是指将生物某一组织细胞中的总 mRNA 分离出来作为模板，在体外用反转录酶合成互补的双链 cDNA，然后接到合适载体上转入宿主细胞后形成的所有克隆就称为 cDNA 文库。其构建过程包括如下几步。

(1) 提取细胞总 RNA，并从中分离纯化出 mRNA。细胞总 RNA 是由 mRNA、tRNA、rRNA 三类分子组成的，其中 mRNA 含量最低，占细胞总 RNA 的 1%~5%，且分子种类繁多，分子质量大小不一。要想获得 mRNA，必须先获得生物的总 RNA。提取生物总 RNA 方法有异硫氰酸胍法，盐酸胍-有机溶剂法、热酚法、CTAB 法等，提取方法的选择主要根据不同的样品而定。要构建一个高质量的 cDNA 文库，获得高质量的 mRNA 是至关重要的，所以处理 mRNA 样品时必须仔细小心。由于 RNA 酶存在于所有的生物中，并且能抵抗诸如煮沸这样的物理环境，所以建立一个无 RNA 酶的环境对于制备优质 RNA 十分重要。现在许多公司都有现成的总 RNA 提取试剂盒出售，可以快速有效地提取到高质量的总 RNA。从总 RNA 中分离纯化 mRNA 的依据就是 mRNA 的独特结构，一般真核细胞的 mRNA 分子最显著的结构特征是具有 5′端帽子结构(m^7G)和 3′端的 poly(A)尾巴。这种结构为真核 mRNA 的获得提供了极为方便的选择性标志。mRNA 的分离纯化方法较多，其中以寡聚(dT)-纤维素柱层析法最为有效，已成为常规方法。此法利用 mRNA 3′端含有 poly(A)的结构，在 RNA 流经寡聚(dT)纤维素柱时，在高盐缓冲液的作用下，mRNA 被特异地结合在柱上，当逐渐降低盐的浓度时，或在低盐溶液和蒸馏水的情况下，mRNA 被洗脱，经过两次寡聚(dT)纤维柱后，即可得到较高纯度的 mRNA。

(2) cDNA 第一链的合成。在获得高质量的 mRNA 后，以 mRNA 为模板，在反转录酶的作用下，利用适当的引物引导合成 cDNA 第一链。目前常用的引物主要有两种，即 oligo (dT)和随机引物。oligo (dT)引物一般包含 10~20 个脱氧胸腺嘧啶核苷和一段带有稀有酶切位点的引物，随机引物一般是包含 6~10 个碱基的寡核苷酸短片段。

oligo (dT)引导的 cDNA 合成是在合成过程中加入高浓度的 oligo (dT)引物，oligo (dT)引物与 mRNA 3′端的 poly (A)配对，引导反转录酶以 mRNA 为模板合成第一链 cDNA。这种 cDNA 合成的方法在 cDNA 文库构建中应用极为普遍，其缺点主要是由于 cDNA 末端存在较长的 poly (A)而影响 cDNA 测序。

随机引物引导的 cDNA 合成是采用随机引物来锚定 mRNA 并将其作为反转录的起点。由于随机引物可能在一条 mRNA 链上有多个结合位点而从多个位点同时发生反转录，比较容易合成特长的 mRNA 分子 5′端序列。随机引物 cDNA 合成的方法不适合构建 cDNA 文库，一般用于克隆特定 mRNA 的 5′端，如 RT-PCR。

(3) cDNA 第二链的合成。cDNA 第二链的合成方法有以下几种：①自身引导法。首先用氢氧化钠消化杂合双链中的 mRNA 链，解离的第一链 cDNA 的 3′端就会形成一个短的发卡结构(发卡环的产生是第一链 cDNA 合成时的特性，原因至今未知，据推测可能与帽子的特殊结构相关)，这就为第二链的合成提供了现成的引物，利用大肠杆菌 DNA 聚合酶 I Klenow 片段合成 cDNA 第二链，最后用对单链特异性的 S1 核酸酶消化该环，即可进一步克隆。但自身引导合成法较难控制反应，而且用 S1 核酸酶切割发卡结构时无一例外地将导致对应于 mRNA 5′端的序列出现缺失和重排，因而该方法目前很少使用。②置换合成法。第一链在反转录酶作用下产生的 cDNA。mRNA 杂交链不用碱变性，而是在 dNTP 存在下，利用 RNA 酶 H 在杂交链的 mRNA 链上造成切口和缺口，从而产生一系列 RNA 短片段，使之成为合成第二链的引物，然后在大肠杆菌 DNA 聚合酶 I 的作用下合成第二链。该方法非常有效，可以直接利用第一链反应产物，无需进一步处理和纯化，另外也不必使用 S1 核酸酶来切割双链 cDNA 中的单链发卡环。目前合成 cDNA 常采用该方法。③引导合成法。这种方法是 Okayama 和 Berg 在 1982 年提出的。首先是制备一端带有 poly (dG)的片段Ⅱ和带有 poly (dT)的载体片段Ⅰ，并用片段Ⅰ来代替 oligo (dT)进行 cDNA 第一链的合成，在第一链 cDNA 合成后直接采用末端转移酶在第一链 cDNA 的 3'端加上一段 poly (dC)的尾巴，同时进行酶切创造出另一端的黏端，与片段Ⅱ一起形成环化体，这种环化了的杂合双链在 RNA 酶 H、大肠杆菌 DNA 聚合酶 I 和 DNA 连接酶的作用下合成与载体联系在一起的双链 cDNA。其主要特点是合成全长 cDNA 的比例较高；但操作比较复杂，形成的 cDNA 克隆中都带有一段 poly (dC)/(dA)，对重组子的复制和测序都不利。

(4) 双链 cDNA 连接到质粒或噬菌体载体并导入大肠杆菌中繁殖。双链 cDNA 在和载体连接之前，要经过一系列处理，如同聚物加尾、加接头等，具体方法同基因组文库的构建。

由于 cDNA 文库的原始材料是在特定时期从特定组织细胞中提取到的 mRNA，所以 cDNA 文库具有组织细胞特异性。对于真核生物来说，cDNA 文库显然比基因组 DNA 文库小得多，能够比较容易地从中筛选克隆得到细胞特异表达的基因。但对真核细胞来说，从基因组 DNA 文库获得的基因与从 cDNA 文库获得的不同，基因组 DNA 文库所含的是带有内含子和外显子的基因组基因，而从 cDNA 文库中获得的是已经过剪接、去除了内含子的 cDNA。

通过适当的方法构建一个完整的基因组 DNA 文库或 cDNA 文库，只是意味着包含目的基因在内的所有基因都得到克隆，但这并不等于完成了目的基因的分离。因为不论在构建的基因文库中，还是在生物体内，目的基因只是数以万计基因中的一个，究竟在哪一个克隆子中含有我们需要的目的基因不得而知。因此，下一步工作就是从基因文库中筛选分离出含有目的基因的特定克隆子，或者从生物体内直接分离目的基因。分离基因这一步可以依据待分离目的基因的有关特性，如基因的序列、功能、在染色体上的位置等，然后建立相应的方法加以完成。

二、目的基因的分离

1. 核酸杂交筛选法筛选目的基因

应用核酸探针分离目的基因的方法称为核酸杂交筛选法。此法的最大优点是应用广泛，而且相当有效，尤其适用于大量群体的筛选。目前只要有现成可用的探针，我们就有可能从任何生物体的任何组织中分离目的基因，而不以这种基因能否在生物体或菌体当中表达为前提。

用探针从基因文库中分离目的基因的具体流程是：将转化后生长的菌落复印到硝酸纤维膜上，用碱裂菌，菌落释放的 DNA 就吸附在膜上，再与标记的核酸探针温育杂交，核酸探针就结合在含有目的序列的菌落 DNA 上而不被洗脱。核酸探针如果是用放射性核素标记，结合了放射性核酸探针的菌落集团可用放射性自显影法指示出来，核酸探针如果是用非放射性物质标记的，通常是以颜色呈现指示位置，这样就可以将含有目的序列的菌落挑选出来。

2. 蛋白质序列起始克隆法分离目的基因

根据中心法则，DNA 转录成 mRNA，再转译为蛋白质。因此，如果基因有最终的表达产物，得知蛋白质的氨基酸序列，就可以反推出原来 DNA 即基因的核苷酸序列。一般来说，是从 N 端对 10 多个连续氨基酸进行序列测定，选择连续 6 个以上简并程度最低的氨基酸，按各种可能的序列结构合成寡核苷酸探针库，从 cDNA 文库中筛选全长的基因。也可以使用该蛋白质特异的抗体筛选用表达载体构建的 cDNA 文库，通过抗原抗体反应寻找特异的克隆。但是，在实验中得到纯度高、数量足够的目的基因表达产物(蛋白质)是很困难的，蛋白质测序也花费较高，难度较大。

3. 根据 DNA 的插入作用分离目的基因

当一段特定的 DNA 序列插入目的基因的内部或其邻近位点时，便会诱发该基因发生突变，并最终导致表型变化，形成突变体植株。如果此段 DNA 插入序列是已知的，那么它便可用来作为 DNA 杂交的分子探针，从突变体植株的基因组 DNA 文库中筛选到突变的基因。而后再利用此突变基因作探针，就能从野生型植株的基因组 DNA 文库中克隆出野生型的目的基因。由于插入的 DNA 序列相当于人为地给目的基因加上一段已知的序列标签，所以 DNA 插入突变分离基因的技术，又称为 DNA 标签法(DNA-tagging)，其主要包括转座子标签法(transposon tagging)和 T-DNA 标签法(T-DNA tagging)两种类型。

1) 转座子标签法

植物转座子，也称为转位子，最早是由 B.McClintock 在玉米中发现的，之后在大肠杆菌、果蝇及金鱼草等许多生物体中也相继被找到。转位子是指基因组中一段特定的 DNA 片段，能在转位酶的作用下从基因组的一个位点转移到另一个位点。转座子不仅能在本基因组中转座，也能转入其他植物的基因组中。转座子的转位插入作用，使被插入的目的基因发生突变失去活性，而转位子的删除作用又使目的基因恢复活性。由转座子引起的突变便可以以转座子 DNA 为探针，从突变株的基因组文库中钓出含该转座子的 DNA 片段，并获得含有部分突变株 DNA 序列的克隆，进而以该 DNA 为探针，筛选野生型的基因组文库，最终得到完整的基因。

转座子标签法分离基因的程序是：首先采取农杆菌介导等适当的转化方法把转座子导入目标生物体；然后是转座子在目标生物体内的初步定位；转座子插入突变的鉴定及分离；转座子在目标生物体内的活动性能检测；最后对转座子插入引起的突变体，利用转座子序列作探针，分离克隆目的基因。

转座子标签法的局限性表现在此法只适用于存在内源活性转座子的植物种类，而在自然界中这样的植物并不多。另外转座子转位插入突变的频率比较低，而且在植物基因组中还常常存在过多拷贝的转位子序列。因此，应用转座子标签法分离植物基因，不仅实验周期长、工作量大，同时还需花费大量的人力和财力。再者，如果转座子的转位插入作用引起了致死突变，或是对于由多基因控制的某种性状，转位插入造成的单基因突变就不足以使植株产生明显的表型变异，这样就难以分离到我们所期望的目的基因。

2) T-DNA 标签法

此法根据 Ti 质粒上的 T-DNA 能完全整合到植物的核基因组上，且根据目前的实验结果，一般认为 T-DNA 在植物核基因组中的插入位置是随机的。在 T-DNA 标签法中，将 T-DNA 插入任何感兴趣的基因处而产生插入性突变，以获得分析该基因功能的对照突变体。此法将 T-DNA 左右边界携带的外源报告基因片段作为一个选择性的遗传标记，因为插入的序列是已知的，所以对获得的转基因重组突变体就可以通过各种克隆和 PCR 策略加以研究。倘若将 35S 强启动子在 T-DNA 整合到宿主基因组后，整合到内源基因的上游，则可以产生异常增加或表达的时空特异性改变而破坏基因的表达效果。

4. *差异表达基因片段的克隆*

高等真核生物约含有 10 万个基因，在一定的发育阶段、在某一类型的细胞中，只有 15%的基因表达，产生大约 15 000 个基因。这种在生物个体发育的不同阶段或在不同的组织器官中发生的不同基因按一定时间和空间有序表达的方式称为基因的差别表达 (differential expressing)，这是基因表达的特点，也是分离克隆目的基因的前提。基于基因表达特点的分离方法有如下几种。

1) 消减杂交法

消减杂交法是利用 DNA 复性动力学原理来富集一个样品中有而另一个样品中没有的 DNA。消减杂交对象可以是核 DNA，用于克隆两样品中特异性存在的基因；也可以是 cDNA，用于分析两样品中差异表达的基因。此法基本步骤是：将过量的用超声波随机切割并用生物素标记的 driver DNA (缺失突变体 DNA)和经 *Sau*3A Ⅰ或 *Mbo* Ⅰ酶切的 tester DNA (测试的目的 DNA)混合，煮沸变性后在一定温度下复性，使二者的同源序列形成双链，而目的 DNA 序列呈单链状态，用抗生物素蛋白包裹的小颗粒不断除去双链 DNA 序列。经过多轮的变性和复性，特异性目的 DNA 片段得以富集，富集后的片段连上接头进行 PCR 扩增，用扩增的 DNA 标记探针筛选野生型核 DNA 或 cDNA 文库，就可分离目的基因。

2) 抑制消减杂交法

抑制消减杂交法(suppression subtractive hybridization，SSH) 是 Diatchenko 等首创的，是一种以抑制 PCR 为基础的 cDNA 削减杂交法。抑制 PCR 是利用非目标序列两端的长反向重复序列在退火时产生一种特殊的二级结构，无法与引物配对而选择性地抑制非目标序列的扩增。此法基本步骤是：提取 2 个待分析样品的 mRNA 并反转录成 cDNA，用识别四核苷酸位点的限制性内切核酸酶 *Rsa* Ⅰ或 *Hae* Ⅲ酶切，形成 driver cDNA 和 tester cDNA；将 tester cDNA 分成均等的 2 份，各自连上不同的接头(52 bp adaptor 1，54 bp adaptor 2)，将过量的 driver cDNA 分别加入 2 份 tester cDNA 中，使 tester cDNA 均等化。第 1 次杂交后，合并 2 份杂交产物，与新的变性单链 driver cDNA 退火杂交，杂交产物中除第 1 次杂交产物外，还产生一种新的具有两端接头的双链分子。用根据 2 个接头设计的内外 2 对引物进行巢式 PCR，使含 2 个接头的目的片段以指数形式扩增，其余片段没有接头序列或含相同接头的长反向重复序列因在退火时产生一种特殊的二级结构而无法与引物配对扩增，或者只含单个接头而呈线性扩增。经过 2 次杂交 2 次 PCR 后，目的片段就得以富集分离，酶切去除接头的目的片段经 Northern 验证后，就可用作探针从 cDNA 文库或基因组文库中筛选出全长的 cDNA 或基因组 DNA 片段(基因)。此技术效率高，假阳性低，敏感程度高，但 mRNA 量要求较高，mRNA 丰度表达差别无法区别。

3) 代表性差式分析法

代表性差式分析法(representational difference analysis，RDA)，是由 Lisitsyn 等在 DNA 消减杂交的基础上发展起来的。Hubank 等将其应用到克隆差异表达基因上，创建了 cDNA 差式分析法。RDA 技术充分发挥了 PCR 以指数形式扩增双链模板、以线性形式扩增单链模板的特性，通过降低 cDNA 群体复杂度和多次更换 cDNA 两端接头引物等方法，达到克隆基因的目的。将待分析的 1 对 DNA 或 cDNA 用限制性内切核酸酶切割，接上寡核苷酸接头(adaptor)，然后以 adaptor 为引物进行 PCR 扩增，获得驱动扩增子(driver amplicon) 和测试扩增子(tester amplicon)。去扩增子的接头，只在 tester amplicon 上连上新接头，然后将 tester amplicon 及大大过量的 driver amplicon 混合在一起变性和复性，以新接头为引物进行 PCR 扩增。那些自身退火的 tester DNA，即与 driver DNA 有差别的特异 tester DNA 片段的两端能和引物配对，有效地进行 PCR 指数扩增，其余的双链分子或单链分子不能以这种形式扩增，使目的片段得以富集。driver DNA 与 tester DNA 通过多次的差式杂交和差式 PCR 分离的目的基因片段，经 Northern 杂交验证后用作探针就可从 cDNA 文库或基因组文库中筛选出全长的基因。朱玉贤等(1997)首先将 RDA 技术应用于植物分子生物学研究，成功地鉴定出豌豆中受 GA 抑制的 cDNA 差异片段(基因)，初步显示出 RDA 技术在克隆植物基因上的应用前景。

4) mRNA 差别显示法

DDRT-PCR 技术即 mRNA 差别显示技术(differential display)，是 Liang 等于 1992 年建立的。所有的 mRNA 都有 3′端 poly (A)尾巴，而在 poly (A)前面的 2 个碱基除了倒数 2 位碱基为 A 外，只有 12 种组合(如 5′…CGAAA…AA3′、5′…AGAAA…AA3′等)。利用这一特征设计 3′端锚定引物，将 mRNA 分成不同的群体。锚定引物的通式是 oligo $(dT)_{12}$MN，其中 M 为 A、C、G 中的任意一种，N 为 A、C、G、T 中的任意一种，所以共有 12 种 oligo $(dT)_{12}$MN 引物。用其中的一个引物进行反转录，将获得 1/12 的亚群体，然后用 1 个 5′端的随机引物对这个 cDNA 亚群体进行 PCR 扩增。因为这个 5′端引物将随机结合在 cDNA 上，所以来自不同 mRNA 的扩增产物是有差异的，这就是差异表达的 cDNA 片段。差异 cDNA 片段经 Northern 杂交验证后用作探针就可从 cDNA 文库或基因组文库中筛选出完整基因。DDRT-PCR 技术问世后，因其操作较简便、灵敏度高而受到重视，已进行了大量研究使这项技术不断完善，同时克隆出多种植物基因或 cDNA 片段，显示出广泛的应用前景。

5) cDNA-AFLP 技术

cDNA-AFLP(cDNA-amplified fragment length polymorphism)是 Bachem 等(1996)在 AFLP 技术上发展起来的一种实用的功能基因组研究方法，可对生物体转录组进行全面、系统的分析，是研究基因组转录概况的极好工具，并且是一种有效的研究基因表达的技术，具有重复性高、假阳性低、稳定、可靠的特点，且不需要预先知道序列信息，所需仪器设备简单，能准确地反映基因间表达量的差异，得到大量差异表达的转录衍生片段(transcript-derived fragment，TDF)。此法基本原理：以纯化的 mRNA 为模板，反转录合成 cDNA。用识别序列分别为 6bp 和 4bp 的两种限制性内切核酸酶酶切双链 cDNA，酶切片段与人工接头连接后，利用与接头序列互补的引物进行预扩增和选择性扩增，扩增产物通过聚丙烯酰胺凝胶电泳显示。

以 PCR 扩增为基础的 DDRT-PCR 和 cDNA-AFLP 是目前较为常用的分析差异表达基因的方法。DDRT-PCR 使用随机引物，退火温度低，引物可在多个位点结合，扩增产物不仅依赖于 cDNA 的初始浓度，还与引物和模板的结合质量有关。因此，DDRT-PCR 假阳性高、重复性差，难以对基因表达进行全面的分析。cDNA-AFLP 则利用特异引物扩增，提高了 PCR 反应的严谨性，克服了 DDRT-PCR 的不足。

5. 基因序列同源克隆法

植物的种、属之间，基因编码序列的同源性大大高于非编码区。如果已经从植物或微生物中分离到一个基因，就可以根据该基因的序列从另一种植物中分离这个基因。分离方法主要有 2 种：一是根据基因序列设计一对寡核苷酸引物，以待分离此基因的植物核 DNA 或 cDNA 为模板，进行 PCR 扩增，对扩增产物进行测序，并与已知基因序列进行同源性比较，最后经转化鉴定确认是否为待分离的基因；二是用已知序列的基因制备探针，筛选待分离基因的植物核 DNA 或 cDNA 文库，再对阳性克隆进行测序，并与已知基因序列进行同源性比较，最后经转化鉴定是否为待分离的基因。

根据已知序列设计引物通过 PCR 分离植物基因时，引物的设计往往以该基因的两末端序列为依据。但许多基因两末端不具保守序列，或两末端虽具有保守序列却不适宜设计为 PCR 引物，在这种情况下可以从基因内部寻找保守序列并设计引物，通过 PCR 扩增出基因的部分序列，再以此序列标记探针筛选核 DNA 或 cDNA 文库获得完整基因或用 cDNA 末端快速扩增技术得到全长基因。利用这种方法已分离了大量植物基因。

cDNA 末端快速扩增 (rapid amplification of cDNA end，RACE) 技术是一种基于 PCR 从低丰度的转录本中快速扩增 cDNA 5'和 3'端的有效方法，以其简单、快速、廉价等优势而受到越来越多的重视。

经典的 RACE 技术是由 Frohman 等(1988)发明的，主要通过 RT-PCR 技术由已知部分 cDNA 序列来得到完整的 cDNA5'端和 3'端，包括单边 PCR 和锚定 PCR。

该技术提出以来经过了不断发展和完善，对传统 RACE 技术的改进主要是引物设计及 RT-PCR 技术的改进：改进之一是利用锁定引物(lock docking primer)合成第一链 cDNA，即在 oligo (dT)引物的 3'端引入两个简并的核苷酸[oligo (dT)-30MN，M=A/G/C；N=A/G/C/T]，使引物定位在 poly (A)尾的起始点，从而消除了在合成第一条 cDNA 链时 oligo (dT)与 poly (A)尾的任何部位的结合所带来的影响；改进之二是在 5'端加尾时，采用 poly (C)，而不是 poly (A)；改进之三是采用莫洛尼氏鼠白血病毒(MMLV)反转录酶，能在高温(60~70℃)下有效地反转录 mRNA，从而消除了 5'端由高 GC 含量导致的 mRNA 二级结构对反转录的影响；改进之四是采用热启动 PCR (hot start PCR)技术和降落 PCR(touch down PCR)提高 PCR 反应的特异性。

随着 RACE 技术的日益完善，目前已有商业化 RACE 技术产品推出，如 SMART^{TM} RACE 试剂盒等。

SMART^{TM} 3'-RACE 的原理是利用 mRNA 的 3'端的 poly (A)尾巴作为一个引物结合位点，以连有 SMART 寡核苷酸序列通用接头引物的 oligo (dT)30MN 作为锁定引物反转录合成标准第一链 cDNA。然后用一个基因特异引物 1(gene specific primer 1，GSP_1)作为上游引物，用一个含有部分接头序列的通用引物(universal primer，UPM)作为下游引物，以 cDNA 第一链为模板，进行 PCR 循环，把目的基因 3'端的 DNA 片段扩增出来。

SMART^{TM} 5'-RACE 的原理是先利用 mRNA 的 3'端的 poly (A)尾巴作为一个引物结合位点，以 oligo (dT)30MN 作为锁定引物，在 MMLV 反转录酶作用下，反转录合成标准第一链 cDNA。利用该反转录酶具有的末端转移酶活性，在反转录达到第一链的 5'端时自动加上 3~5 个(dC)残基，退火后(dC)残基与含有 SMART 寡核苷酸序列 oligo (dG)通用接头引物配对后，转换为以 SMART 序列为模板继续延伸而连上通用接头(figure 2)。然后用一个含有部分接头序列的 UPM 作为上游引物，用一个 GSP_2 作为下游引物，以 SMART 第一链 cDNA 为模板，进行 PCR 循环，把目的基因 5'端的 cDNA 片段扩增出来。最终从 2 个有相互重叠序列的 3'/5'-RACE 产物中获得全长 cDNA，或者通过分析 RACE 产物的 3'端和 5'端序列，合成相应引物扩增出全长 cDNA。

利用 RACE 技术克隆目的基因有许多方面的优点：①此方法是通过 PCR 技术实现的，无需建立 cDNA 文库，可以在很短的时间内获得有利用价值的信息；②节约了实验所花费的经费和时间；③只要引物设计正确，在初级产物的基础上可以获得大量感兴趣的基因的全长。

第三节　植物的遗传转化

基因工程的诞生和发展是与基因转移方法的出现及发展分不开的。为了实现不同的目标，就需要各种各样的基因转移方法。一般来说，向植物中转移基因，存在的困难要比微生物和动物多些，但由于植物基因工程对作物改良的重要性，近年来取得了迅速发展，各种基因转移方法层出不穷。建立良好的基因转化离体再生系统即基因转化的受体系统也是植物基因工程的重要前提条件。基因转化受体系统的建立，主要依赖于植物组织培养技术。

一、植物基因转化的受体系统

成功的基因转化首先依赖于良好的植物受体系统的建立。所谓的植物基因转化受体系统，是指用于转化的外植体通过组织培养途径或其他非组织培养途径，能高效稳定地再生无性系，并能接受外源 DNA 的整合，对转化选择新抗生素敏感的再生系统。

1. 植物基因转化受体系统的条件

1) 高效稳定的再生能力

用于植物基因转化的受体通常称为外植体，植物基因转化外植体必须容易再生，有很高的再生频率，并且具有良好的稳定性和重复性。从理论上讲任何植物任何部位的体细胞都具有细胞全能性，能再生成植株。但是目前有些植物还没有建立起自己的高效稳定的再生系统。由于植物基因的转化频率较低，一般只有 0.1%左右的转化率，要想获得尽量高的真正转化率，用于基因转化的受体系统应具有 80%~90%以上的稳定再生频率，并且每块外植体上必须能再生出丛生芽，其芽数量越多越好，这样才有获得高频率转化植物的可能。

2) 较高的遗传稳定性

植物基因转化是有目的的将外源基因导入植物并使之整合、表达和遗传，从而修饰原有植物遗传物质、改造不良的园艺性状。这就要求植物受体系统接受外源 DNA 后应不影响其分裂分化；并能稳定地将外源基因遗传给后代，保持遗传的稳定性，尽量减少变异。在组织培养中普遍存在变异，变异与组织培养的方法、再生途径及外植体的类型都有关系，因此在建立基因转化受体系统的再生体系时要充分考虑到这些因素，确保转基因植物的遗传稳定性。

3) 具有稳定的外植体来源

要建立一个高效稳定的再生系统用于基因转化，还需要有稳定的外植体来源，也就是说外植体比较容易大量得到。因为基因转化的频率低，需要多次反复试验，所以需要大量的外植体材料。转化的外植体一般采用无菌实生苗、胚轴和子叶等。

4) 对选择性抗生素敏感

在基因转化中用于筛选转化体的抗生素称为选择性抗生素，要求植物受体材料对选择性抗生素有一定的敏感性，即当添加在选择培养基中的选择性抗生素达到一定浓度时，能够抑制非转化植物细胞的生长、发育和分化；而转化的植物细胞由于携带该抗生素的抗性基因能正常生长、分裂和分化，最后获得完整的转化植株。

5) 对农杆菌侵染有敏感性

如果是利用农杆菌介导的植物基因转化，则还需要植物受体材料对农杆菌敏感，这样才能接受外源基因。植物对农杆菌的敏感程度不一样，不同的植物，甚至是同一植物的不同组织细胞对农杆菌侵染的敏感性也有很大的差异。因此在选择农杆菌转化系统前必须测试受体系统对农杆菌侵染的敏感性，只有对农杆菌侵染敏感的植物材料才能作为受体系统。

2. 植物基因转化受体系统的类型及其特性

1) 植物组织受体系统

受伤的细胞容易受到病毒或质粒的感染。这些病毒或质粒上的某些 DNA 片段通过各种不同的方式转移到受伤的植物细胞，并形成愈伤组织。愈伤组织可以培养成完整的转化植株。该受体系统转化率高，可获得较多的转化植株，取材广泛、适用性广。但再生植株无性系变异较大，转化的外源基因稳定性差，嵌合体多。

2) 原生质体受体系统

原生质体是植物细胞除去细胞壁后的部分，是一个质膜包围的“裸露细胞”，其在合适的条件下具有分化、繁殖并再生成完整植株的能力，具有全能性。原生质体在体外比较容易完成一系列细胞操作或遗传操作，相互之间可以发生细胞融合，而且还可以直接高效地捕获外源基因，嵌合体少。但缺点是培养周期长、难度大，再生频率低。

3) 生殖细胞受体系统

生殖细胞受体系统是以植物生殖细胞如花粉细胞、卵细胞为受体进行基因转化的系统。目前主要以两个途径利用生殖细胞进行基因转化：一是利用组织培养技术进行花粉细胞和卵细胞的单倍体培养，诱导愈伤组织细胞，进一步分化发育成单倍体植株，从而建立单倍体的基因转化系统；二是直接利用花粉和卵细胞受精过程进行基因转化，如花粉管导入法、花粉粒浸泡法、子房微针注射法等。由于该受体系统与其他受体系统相比有许多优点，如以具有全能性的生殖细胞直接作为受体细胞，具有更强的接受外源 DNA 的潜能，一旦将外源基因导入这些细胞，犹如正常的受精过程会收到“一劳永逸”的效果；利用植物自身的授粉过程，操作方法方便、简单。不足之处是利用该受体系统进行转化受到季节的限制；只能在短暂的开花期进行，且无性繁殖的植物不能采用。

二、农杆菌介导的基因转移

随着转基因技术研究得不断深入，农杆菌介导法自 1983 年第一株农杆菌介导的转基因烟草问世以来，由于其具有操作简单、成本低、重复性好、转化率高、基因沉默现象少、转育周期短、可插入大片段 DNA 等诸多优点已获得突飞猛进的发展。农杆菌介导法很快就成为其天然寄主——双子叶植物基因转移的主导方法。已获得的近 200 种转基因植物中，有约 80%来自于根癌农杆菌介导法。但由于单子叶植物不是农杆菌的天然宿主，利用农杆菌转化单子叶植物一度被认为是不可能的。随着人们对农杆菌介导法转化机理的了解及转化方法的改进，近年来，农杆菌介导法逐渐开始应用于单子叶植物的基因转化研究，重要粮食作物的基因转化研究也取得突破性进展。

用于植物遗传转化的农杆菌有根癌农杆菌和发根农杆菌两种，其中主要用的是根癌农杆菌。根癌农杆菌含有 Ti 质粒，其侵染植物细胞后，能够诱发冠瘿瘤；发根农杆菌含有 Ri 质粒，诱导被侵染后的植物产生毛发状根。农杆菌之所以能够介导基因发生转化，是因为 Ti 质粒存在着可转移至植物细胞，并能整合进植物基因组得以表达的 T-DNA 区段。T-DNA 的转移与边界序列有关，而与 T-DNA 区段的其他基因或序列无关，因此可以将 T-DNA 区段上的致瘤基因和其他无关序列去掉，插入外源目的基因，从而实现利用 Ti 质粒作为外源基因载体的目的。这使人们受到启发，利用根癌农杆菌 Ti 质粒这一天然的载体来构建植物基因工程载体，将目的基因插入经过改造的 T-DNA 区，借助农杆菌的感染实现外源基因向植物细胞的转移与整合，并利用植物细胞的全能性，经过细胞或组织培养，由一个转化细胞再生成完整的转基因植株。整合进植物基因组的 T-DNA 片段能够通过减数分裂传递给后代从而得到稳定遗传的具有某种功能的转基因株系。针对不同的转基因受体及不同转化目的，现在已建立多种转化方法。植物转基因受体可以是离体的组培材料，也可以是非组培材料。

1. 整体植株接种共感染法

所谓整体植株接种共感染法，是指人为地在整体植株上造成创伤部位，一般用无菌的种子实生苗或试管苗，然后把农杆菌接种在创伤表面，或用针头把农杆菌注射到植物体内，使农杆菌按照天然的感染过程在植物体内进行侵染，获得转化的植物愈伤组织或转基因植株。接种后 2~3 周，切下接种处部分组织培养 4 周，可产生愈伤组织，进一步通过分化培养可获得转基因植株。该方法的优点是：实验周期短，充分利用无菌实生苗的生长潜力；避免在转化过程中其他细菌的污染；菌株接种的伤口与培养基分离，以免农杆菌在培养基上过度生长；允许在无抗生素的培养基上进行培养；具有较高的转化成功率。该方法的最大问题是转化组织中常混有较多未转化的正常细胞，即形成严重的嵌合体；其次是需要大量的无菌苗，转化细胞的筛选比较困难。

2. 离体器官、组织转化法

最早采用离体器官进行基因转化的是 R.B.Horsch 等(1985)发展的叶盘转化法(leaf disc transformation)。所谓叶盘是先将叶片进行表面无菌消毒，用经过消毒的无菌不锈钢打孔器从叶片上取下的叶圆片。改良的叶盘转化法可用于其他外植体，如茎段、叶柄、上胚轴、下胚轴、子叶、愈伤组织等。不同的外植体其转化频率和再生难易程度都有差异，因此应根据不同的植物基因型选择合适的外植体。通过离体器官、组织实现基因转移的方法大概如下：将外植体放在对数生长期的农杆菌菌液中浸泡数秒后，这种经接种处理的叶盘，在饲养平皿的滤纸上培养 2~3 天，待外植体周围的菌株生长到肉眼可见菌落时，将滤纸连同叶盘转移到含有抑菌剂的培养基上除去农杆菌，同时在该培养基中加入抗生素进行转化体的筛选与再生，接着再转移到生根培养基上诱导幼芽生根，经过 3~4 周培养即可获得转化的再生植株。利用离体器官、组织转化法适用性广，对那些能被根癌农杆菌感染的，并能从外植体再生植株的各种植物都适用。这种方法操作方便简单，获得转基因植株的周期短并具有很高的重复性，便于在实验室内进行大量常规培养。

3. 原生质体共培养转化法

原生质体共培养转化法，是指将根癌农杆菌同刚刚再生出新细胞壁的原生质体作短暂的共同培养，以便促使植物细胞发生转化。因此，共同培养法也可看做是在人工条件下诱发植物肿瘤的一种体外转化法。

共培养法转化植物细胞，要求有一定的条件。原生质体出现新形成的细胞壁物质是基本条件之一。此外，二价离子的螯合物 EDTA 可以抑制根癌农杆菌对植物细胞壁的吸附及转化作用。这种方法的优点在于可以从同一转化细胞产生出一批遗传上同一的转基因植物群体；它的缺点是，只有活性非常高的健康的原生质体才能进行共培养转化，因此该方法只适用于为数不多的几种植物。

4. 农杆菌介导的 floral-dip 转化方法

农杆菌介导的 floral-dip 转化方法是近年来发展起来的一种简便、快速、高效、重复性好、稳定性高的非组织培养转基因方法，主要运用于拟南芥 T-DNA 或转座子插入突变体库的构建和功能基因组研究。此法最大的优点在于其能直接获得转化的种子，避开了组织培养和继代培养，排除了组织培养中因体细胞变异，给目的基因的正确表达及分子遗传学研究带来的极为有利的遗传背景，同时为一些不易建立遗传再生体系的作物类型提供了基因转移的新途径。floral-dip 转化方法目前主要应用于十字花科植物，现已成功应用于拟南芥、萝卜、苜蓿、油菜等植物中。与真空渗透转化法相比，农杆菌介导 floral-dip 转化方法只需将农杆菌菌液与植株的花接触而不需要进行真空处理，所不同的是在菌液中加入一种表面活性剂物质 SilwetL–77。在 floral-dip 转化过程中，当花序与农杆菌液接触时在表面活性剂作用下，农杆菌进入受体植株细胞外空间，并保持不活跃状态，直到受体植株开花授粉形成配子体后，某一天被配子体组织的某一特殊细胞类型激活而发生转化。农杆菌介导的 floral-dip 转化方法是一种新兴的转基因方法，还存在很多方面的问题。对影响它转化的相关因子，如植物不同的发育时期、表面活性剂、浸渍次数、浸渍时间等还没找到最佳配合方案，且农杆菌介导的 floral-dip 转化方法存在不同物种上适应性差、转化频率悬殊较大的问题，如拟南芥要比十字花科其他作物的转化频率高出 4~5 倍。处理不同受体需要找到不同组合的转化条件，并且其转化机理还需进一步研究。

三、目的基因的直接转化方法

农杆菌介导基因转化分子机制的阐明打开了利用自然的基因转化载体系统的大门，并已取得可喜的成果。DNA 直接导入法一度被冷落，但是由于农杆菌载体转化不是对所有的植物有效，今天人们又回过头来重新利用先进的分子生物技术研究 DNA 直接导入的转化方法，因为这一方法从根本上克服了 Ti 质粒的缺陷，使受体植物范围大大扩展。

DNA 直接导入转化就是不依赖农杆菌载体和其他生物媒体，将特殊处理的裸露 DNA 直接导入植物细胞，实现基因转化的技术。常用的 DNA 直接转化技术根据其原理可分为化学法和物理法两大类。

1. 化学法

植物原生质体在没有载体的情况下，借助一些化学试剂的诱导能吸收外源 DNA、质粒等遗传物质，并有可能整合到植物染色体上去。化学法目前主要有 2 种方法：PEG 介导法和脂质体介导法。

1) PEG 介导法

PEG(聚乙二醇)介导法主要原理是化合物聚乙二醇在磷酸钙及高 pH 条件下诱导原生质体摄取外源 DNA 分子。PEG 是一种细胞融合剂，它可以使细胞膜之间或使 DNA 与膜之间形成分子桥，促使其相互之间的接触和粘连；还可以引起膜表面电荷的紊乱，干扰细胞间的识别，从而有利于细胞膜之间的融合和外源 DNA 进入原生质体。一般 PEG 浓度较低时，不会对原生质体造成伤害，而获得的转基因植株来自同一个细胞，避免了产生嵌合转化体，转化稳定性和重复性好，容易选择转化体，受体植物不受种类的限制；但对原生质体培养和再生困难的植物难以利用，且转化率低。这种方法首先用在模式植物烟草上，转导像 Ti 质粒那样比较大的质粒。在添加 PEG 和外源 DNA 时，人们已成功地将外源基因整合到原生质体基因组，并得到表达，利用原生质体的全能性，目前此种方法已在多种禾谷类作物如水稻、大麦、玉米及一些双子叶植物中获得了转基因植株。

2) 脂质体介导法

脂质体介导法是用脂类化学物将DNA包裹成球体，通过植物原生质体的吞噬或融合作用把内含物转入受体细胞。

脂质体是由磷脂组成的膜状结构，将磷脂悬浮在水中，在适当条件下，受到高能声波处理时，磷脂分子群集在一起形成密集的小囊泡状结构，称为脂质体。用脂质体包裹一些DNA、RNA分子就成了一种人工模拟的原生质体，它的外膜相当于人造的细胞质膜。然后将脂质体与植物原生质体共保温，于是其与原生质体膜结构之间发生相互作用，而后通过细胞的内吞作用将外源DNA导入植物的原生质体。这种方法具有许多方面的优点，包括可保护DNA在导入细胞之前免受核酸酶的降解作用，降低了对细胞的毒性效应，适用的植物种类广泛，重复性高，包装在脂质体内的DNA可稳定储藏等。

单独应用化学法进行转化较难成功，若与其他方法(如电击法、基因枪法等)结合应用，转化效率可大大提高。Shillito等(1985)将PEG及电击法结合起来，使烟草原生质体转化率达2%，比单独使用PEG效率提高了1000倍。

2. 物理法

物理转化方法是基于许多物理因素对细胞膜的影响，或通过机械损伤直接将外源DNA导入细胞。它不仅能够以原生质体为受体，还可以直接以植物细胞乃至组织、器官作为靶受体，因此比化学法更具有广泛性和实用性。常用的物理方法有电击法、超声波法、显微注射法和基因枪法。

1) 电击法

这是一种正在广泛使用的新方法，最初是由弗罗姆(Fromm)报道的，并由李宝健等于1989年首先应用于植物细胞。

首先是将原生质体在溶液中与DNA混合，利用高压电脉冲作用在原生质体膜上“电击穿孔”，形成可逆的瞬间通道，从而促进外源DNA的摄取。此法在动物细胞中应用较早并取得很好的效果，现在这一方法已被广泛用于各种单、双子叶植物中，特别是在禾谷类作物中更有发展潜力。不但原生质体可利用此法，完整的单细胞也可用此法，这对于那些难以从原生质体再生植株的植物或许有更大的意义。

电击的处理方式对转化率有着决定性作用，其有两种不同的处理方式：一种是较低的电压，处理较长的时间(350V/cm，54s)；另一种是高电压，短时间处理(1~1.25kV/cm，10s)。一般用第二种处理方式。电击法除了同样具有PEG原生质体转化的优点外，且操作简便，DNA转化效率高，特别适于瞬时表达的研究；缺点是造成原生质的损伤，且仪器也较昂贵。

2) 超声波法

超声波法的基本原理是利用低声强脉冲超声波的物理作用，击穿细胞膜造成通道，使外源DNA进入细胞。

具体的操作过程：取无菌的试管苗中部展开的叶片，切成小块，并在叶片上针刺若干小孔，放入超声波小室中。同时加入5% DMSO缓冲液3ml，质粒DNA 20μg/ml及鲑鱼精DNA 40μg/ml，室温下超声波处理30min。

超声波所特有的机械作用、热化作用和空化作用，穿透力大，在液体和固体中传播衰减小，界面反射造成叶片组织受超声波作用的面积较大等特点，可能是高效短暂表达和稳定转化的重要原因，这些特点使该方法有操作简单、设备便宜、不受宿主范围限制、转化率高等优点。

3) 显微注射法

显微注射进行基因转化是一种比较经典的技术，对其理论和技术方面的研究都比较成熟。特别是在对动物细胞或卵细胞的基因转化，核移植及细胞器的移植方面应用很多，并已取得重要成果。植物细胞的显微注射在以前使用很少，但近年来发展很快，并在理论技术上有所创新。

显微注射法是将外源 DNA 直接注入植物细胞的方法，其发展在很大程度上得益于动物细胞黏附于玻片表面生长的特性，但由于植物细胞没有这一特性，于是人们试图先将植物细胞进行固定，常用的方法有：①琼脂糖包埋法；②聚赖氨酸粘连法；③吸管支持法。然后用非常精细的玻璃管(内径 0.1~0.5μm)把 DNA 直接注射到固定好的单个活细胞中。这一操作过程需要借助一个由显微镜和一个纤细的微型操作器构成的精致装置才能完成。显微注射的一个缺点是被注射的细胞数量较少，不过在每个被注射的细胞中 DNA 插入的成功率较高。据 Corssway 等对烟草原生质体进行的显微注射结果，其平均转化率高达 6%(胞质注射)和 14%(核内注射)。用此法还成功地转化了苜蓿和玉米原生质体。此外，显微注射法也可应用于花粉、子房等，克服了用原生质体作受体带来的培养上的困难。

4) 基因枪法

Klein 等 1987 年首次用基因枪轰击洋葱上表皮细胞，成功地将包裹了外源 DNA 的钨弹射入其中，并实现了外源基因在完整组织中的表达。这一方法要使用一种仿枪结构的装置——基因枪，枪管的前端是封口的，上面只有直径 1mm 左右的小孔，弹头不能通过。其具体操作是将直径 4μm 左右的钨粉或其他重金属粉在外源 DNA 中形成悬浮液，则外源 DNA 会被吸附到钨粉颗粒的表面，再把这些吸附有外源遗传物质的金属颗粒装填到圆筒状弹头的前端，起爆后，弹头加速落入枪筒，在枪筒口附近被挡住，而弹头前端所带的钨粉颗粒在惯性作用下脱离弹头，高速通过 1mm 的小孔直接射入受体，其表面吸附的外源 DNA 也随之进入细胞。此法也可以用高压放电或高压气体使金属粒子加速。

这一方法与显微注射法相比，具有一次处理可以使许多细胞转化的优点，受体可以是植物组织也可以是细胞。应用此方法已获得了玉米、小麦、水稻的转化细胞和烟草、大豆等可育的转化植株。另外，也有对未成熟胚进行轰击并实现转化的报道。但这种方法转化率低，外源 DNA 整合机理不清楚。

四、利用植物的种质系统进行外源基因的导入

利用植物的种质系统进行外源基因的导入是直接利用花粉和卵细胞受精过程进行基因转化，主要有花粉管导入法、花粉粒浸泡法、子房微针注射法等。花粉管导入法是将外源的 DNA 片段在自花授粉后的特定时期注入柱头或花柱，使外源 DNA 沿花粉管通道

进入胚囊，转化受精卵或其前后细胞，转化率高达 10%。这一方法的建立开创了整株活体转化的先例，可以应用于任何开花植物。目前，花粉管导入法已在水稻、棉花、玉米、大豆上获得转基因植物。

上面介绍的均是当前植物基因工程工作中较为成熟的和有成功报道的基因转移方法，每种方法都有自身的优点，但也有一些不足或者在应用范围上存在一些限制。今后探索基因转移的途径似乎可以从以下三个方面考虑：①挖掘已有方法的潜力，扩大其应用范围并使之更加完善；②将几种方法结合使用，以取得单一的方法难以达到的效果；③探索新的方法和寻找新的载体。

第四节　转基因植株的鉴定

植物进行基因转化后，外源基因是否进入植物细胞，进入细胞的外源基因是否整合到植物染色体中，整合的方式如何，整合到植物染色体上的外源基因是否表达，这一系列问题仍需要回答，只有获得充分的证据之后才可认定为转基因植株。

目前认为转基因植物的证据应有：①要有严格的对照(包括阳性及阴性对照)；②转化当代要提供外源基因整合和表达的分子生物学证据，物理数据(Southern 杂交、Northern 杂交、Western 杂交等)与表型数据(酶活性分析或其他)；③提供外源基因控制的表型性证据；④根据该植物的繁殖方式提供遗传证据。

外源基因进入细胞后有两种形式，即整合到植物的染色体上或游离于植物染色体外，前一种形式的基因可以稳定表达，而后一种形式的基因只能瞬时表达。而且，基因表达包括转录和翻译两个水平，前者是指以 DNA(基因)为模板合成 mRNA 的过程，后者则是指以 mRNA 为模板合成蛋白质的过程。为了确认基因的存在形式及其功能状态，必须借助各种基因识别技术，通过检测基因及其表达产物和表型等方式对基因整合与表达状况进行分析。

为获得真正的转基因植株，基因转化后的工作分四步进行：第一步是筛选转化细胞，在含有选择压力的培养基上诱导转化细胞分化，形成转化芽，再诱导芽生长、生根，形成转化植株；第二步是对转化植株进行分子生物学鉴定，通过 PCR 等方法判断基因是否存在，通过 Southern 杂交和原位杂交确定外源基因在染色体上的整合，通过 Northern 杂交证明外源基因在植物细胞内是否正常转录，通过 Western 杂交证明外源基因是否在植物细胞内翻译，产生特异蛋白；第三步则是进行性状鉴定及外源基因的表达调控研究，转基因植物应具有由外源基因编码的特异蛋白影响代谢而产生的该植物原不具备的经济性状，这样才达到基因转化的目的；最后一步是遗传学分析，获得转基因植物品种，并应用于生产。

一、报告基因的表达检测

报告基因必须具有两大特点：一是其表达产物及产物的类似功能在未转化的植物细胞内并不存在；二是便于检测。

1. Gfp (绿色荧光蛋白)基因的检测

绿色荧光蛋白(green-fluorescent protein，Gfp)是一些腔肠动物所特有的生物荧光素蛋白，它是能够接收荧光辐射能并最终发射荧光的物质。生物荧光素蛋白是指存在于生物体内，能在激发光作用下发射出荧光的蛋白质。Gfp 在异源细胞中的表达表明，Gfp 于其他原核或真核细胞中，在蓝光激发下都能发出绿光，即发射团的形成无物种特异性，也不需要特异的辅助因子。因此 *gfp* 基因作为新型标记或报告基因在各种生物中被广泛使用。

与其他报告基因相比，*gfp* 基因具有以下优点：①适用于各种生物的基因转化；②检测方法简便，无需底物、酶、辅因子等物质，只要有紫外光或蓝光照射，其表达产物就可发出绿色荧光，这对转化细胞的检测极为有利；③便于活体检测，十分有利于活体内基因表达调控研究，基因表达调控的基本方式是将相关调控区与报告基因融合，转化受体细胞后通过对报告基因表达产物的检测来分析调控区功能，而其他常用的报告基因都是酶基因，检测时需底物或辅因子，因此在活体内使用受到限制，而 *gfp* 基因编码的产物是荧光素蛋白，检测时只需光照，同时 Gfp 对细胞无毒害作用，故其为细胞中基因表达调控及蛋白质定位研究的有效标记；④检测时可获得直观信息，有利于转基因安全性问题的研究及防范。若此报告基因通过自然杂交扩散到其他栽培植物或杂草中，很容易通过光照获得直观信息。

2. *gus* (*β*-葡萄糖苷酸酶)基因的检测

gus 基因存在于某些细菌体内，编码 *β*-葡萄糖苷酶(*β*-glucuronidase，Gus)，该酶是一种水解酶，能催化许多 *β*-葡萄糖苷酯类物质的水解。因为绝大多数植物细胞内不存在内源的 Gus 活性，许多细菌和真菌也缺少内源 Gus 活性，所以 *gus* 基因广泛用作转基因植物、细菌、真菌的报告基因，尤其是在研究外源基因瞬时表达的转化实验中被广泛应用。此外，*gus* 基因 3′端与其他结构形式的融合基因也能够正常表达，所产生的融合蛋白仍具有 Gus 活性，这对研究外源基因表达的具体细胞部位提供了方便条件。Gus 在转化植物细胞内及提取液中都很稳定，在叶肉原生质体中 Gus 的半衰期为 50h。Gus 对较高温度及去污剂都有一定的耐受性。该酶表现活性时不需要辅酶，催化作用的最适 pH 为 5.2~8.0，对离子无特殊要求，能适应较宽的离子强度范围，但有些二价金属离子能抑制其活性。用于 *gus* 基因检测的常用底物有三种，它们分别用于不同的检测方法。

1) 组织化学染色定位法

该法以 5-溴-4-氯-3-吲哚-*β*-D 葡萄糖苷酸酯(X-Gluc)为底物，通过显色反应可直接观察到组织器官中 *gus* 基因的活性。该方法不用将酶从组织中提取出来，而是使底物进入被测的植物组织、细胞或原生质体之中。将被测材料浸泡在含有底物的缓冲液中保温，若组织、细胞、原生质体发生了 *gus* 基因转化，表达出 Gus，在适宜条件下该酶可将 X-Gluc 水解生成蓝色物质，初始产物并不带颜色，为无色的吲哚衍生物，后经氧化二聚作用形成 5，5′-二溴-4，4′-二氯靛蓝染料，此靛蓝染料使具有 Gus 活性的部位或位点呈现蓝色，可用肉眼或在显微镜下观察到。在测定时，有时会发生无色中间产物渗漏的现象，植物体内的过氧化物酶能促进氧化二聚作用使其颜色加深，所以染色程度不能准确地反映出

Gus 活性，以钾的高铁氰化物/亚铁氰化物混合物作氧化剂可克服这一问题。

2) 荧光法测定 Gus 活性

该法以 4-甲基伞形酮酰-*β*-D-葡萄糖醛酸苷酯(4-MUG)为底物，Gus 催化其水解为 4-甲基伞形酮(4-MU)及 *β*-D 葡萄糖醛酸。4-MU 分子中的羟基解离后被 365nm 的光激发，产生 455nm 的荧光，可用荧光分光光度计定量，由于 4-MU 羟基的 pKa 为 8~9，欲使羟基大量离子化，溶液的 pH 应大于其 pKa，一般使用碳酸钠终止反应并创造碱性的测定条件。具体测定时有两种做法：①仅在一个时间上测定溶液的总荧光量，测定时要设对照，以消除内源荧光强度；②测定酶反应不同时间溶液荧光量(荧光法十分灵敏，微小的增加量也可以测定出来)，在酶反应初始阶段，酶作用生成的荧光物质在反应体系中处于积累阶段，荧光产物与时间有线性关系，而内源性荧光物质的荧光量与时间无此种关系，因而可通过测定酶反应初始阶段几个时间的荧光量，得到二者的线性关系，即可作为酶活力的依据。

3) 分光光度法测定 Gus 活性

对硝基苯 *β*-D-葡萄糖醛酸苷(PNPG)是分光光度法最好的底物，Gus 将其水解，生成对硝基苯酚，在 pH 7.15 时离子化的发色团吸收 400~420nm 的光，溶液呈黄色。酶反应在 pH 7.0 条件下进行，随反应进行，产物生成，逐渐碱化，显色增强。以对硝基苯酚为标准样品，分别在反应开始后不同时间取样，终止反应后于 415nm 测吸收值。这种方法简单，无需复杂仪器；但其灵敏度不高，可通过延长反应时间来增强显色。

3. *cat* (氯霉素乙酰转移酶)基因的检测

氯霉素能选择性地与原核细胞 50S 亚基或真核细胞线粒体核糖体大亚基结合，抑制蛋白质生物合成。真核细胞不含有氯霉素乙酰转移酶基因，无该酶的内源性活性，因而 *cat* 基因可作为真核细胞转化的标记和报告基因，*cat* 基因转化的植物细胞能够产生对氯霉素的抗性，并可通过对转化细胞中氯霉素乙酰转移酶活性的检测来了解外源基因表达。Cat 活性可通过反应底物乙酰 CoA 的减少或反应产物乙酰化氯霉素及还原型 CoASH 的生成来测定。目前常用的方法有硅胶 G 薄层层析法及 DTNB 分光光度计法。

4. 冠瘿碱合成酶基因的检测

冠瘿碱合成酶基因存在于农杆菌 Ti 质粒或 Ri 质粒上，该基因与 Ti 质粒的致瘤作用无关，故构建载体时，有时将该基因保留作为报告基因使用。该基因的启动子是真核性的，在农杆菌中并不表达，整合到植物染色体上后即可表达，编码与冠瘿碱合成有关的酶，催化冠瘿碱合成。目前发现的催化冠瘿碱合成的酶主要有两种：一种是胭脂碱合成酶(也称为胭脂碱脱氢酶，NPDH)，它催化冠瘿碱的前体物质精氨酸与 α -酮戊二酸进行缩合反应，生成胭脂碱；另一种是章鱼碱合成酶(也称为 Lysopion 脱氢酶，LpDH)，它催化精氨酸与丙酮酸缩合，生成章鱼碱。除胭脂碱及章鱼碱外，冠瘿碱还有其他几种形式，如农杆碱、农瘿碱、琥珀碱和甘露碱等。由于绝大多数正常的植物细胞内无冠瘿碱存在，被测样品中冠瘿碱的检出表示细胞内冠瘿碱合成酶生成，即 T-DNA 转化成功。

5. 萤光素酶基因的检测

萤火虫萤光素酶催化的底物是 6-羟基喹啉类，在镁离子、三磷酸腺苷及氧的作用下，酶使底物氧化脱羧，生成激活态的氧化荧光素，其发射光子后转变成常态的氧化荧光素，反应中化学能转变成光能。检测的方法有两种：①活体内萤光素酶活性测出，②体外萤光素酶活性的检测。

二、外源基因整合的分子杂交检测

分子杂交是不同来源的核酸单链之间或蛋白质亚基之间由于结构互补而发生的非共价键的结合。根据这一原理发展起来的各种技术统称为分子杂交技术，核酸分子杂交技术是分子遗传学中的重要研究方法。若其中的一条链被人为标记，该标记可以通过某种特定方法检出，即成为所谓的探针，探针与其互补的核苷酸序列杂交后，就可以在诸多核苷酸序列中，通过杂交检测出与其互补的序列，因而分子杂交是进行核酸序列分析、重组子鉴定及检测外源基因整合与表达的强有力手段。它是证明外源基因在植物染色体上整合的最可靠方法，只有经分子杂交鉴定过的植物才可以称为转基因植物。转基因植物分子杂交包括两部分：一是核酸分子杂交，其中又包括 Southern 杂交及 Northern 杂交；二是属于蛋白质分子“杂交”的 Western 杂交。

分子杂交可以在液相及固相中进行。目前实验室中广泛采用的是在固相膜上进行的固-液杂交。根据杂交时所用的具体方法，核酸分子杂交又分为印迹杂交、斑点或狭缝杂交和细胞原位杂交等。分子杂交的实验涉及三大内容：①制备杂交探针，②制备被检测的核酸或蛋白质样品，③印迹及杂交。

1. *核酸探针标记的方法*

核酸探针根据核酸的性质，可分为 DNA 探针和 RNA 探针；根据是否使用放射性标记物，可分为放射性标记探针和非放射性标记探针；根据是否存在互补链，可分为单链探针和双链探针；根据放射性标记物掺入情况，可分为均匀标记探针和末端标记探针。

1) 双链 DNA 探针及其标记方法

分子生物学研究中，最常用的探针是双链 DNA 探针，它广泛应用于基因的鉴定、临床诊断等方面。双链 DNA 探针的合成方法主要有以下两种。

(1) 切口平移法(nick translation)：当双链 DNA 分子的一条链上产生切口时，DNA 聚合酶 I 就可将核苷酸连接到切口的 3′羟基末端。同时该酶具有从 5′→3′端的外切核酸酶活性，能从切口的 5′端除去核苷酸。由于在切去核苷酸的同时又在切口的 3′端补上核苷酸，从而使切口沿着 DNA 链移动，用放射性核苷酸代替原先无放射性的核苷酸，将放射性同位素掺入到合成的新链中。最合适的切口平移片段一般为 50~500 个核苷酸。切口平移反应受几种因素的影响：①产物的比活性取决于[α-32 P]dNTP 的比活性和模板中核苷酸被置换的程度；②DNA 聚合酶 I 的用量和质量会影响产物片段的大小；③DNA 模板中的抑制物如琼脂糖会抑制酶的活性，故应使用仔细纯化后的 DNA。

(2) 随机引物合成法：随机引物合成双链探针是使寡核苷酸引物与 DNA 模板结合，在 Klenow 酶的作用下，合成 DNA 探针。合成产物的大小、产量、比活性依赖于反应中模板、引物、dNTP 和酶的量。通常产物平均长度为 400~600 个核苷酸。利用随机引物进行反应的优点是：①Klenow 片段没有 5'→3'端外切酶活性，反应稳定，可以获得大量的有效探针；②反应时对模板的要求不严格，用微量制备的质粒 DNA 模板也可进行反应；③反应产物的比活性较高，可达 4×10^9 cpm/μg 探针；④随机引物反应还可以在低熔点琼脂糖中直接进行。

2) 单链 DNA 探针

用双链探针杂交检测另一个远缘 DNA 时，探针序列与被检测序列间有很多错配。而两条探针互补链之间的配对却十分稳定，即形成自身的无效杂交，结果使检测效率下降。采用单链探针则可解决这一问题。单链 DNA 探针的合成方法主要有以下两种。

(1) 从 M13 载体衍生序列合成单链 DNA 探针：合成单链 DNA 探针可将模板序列克隆到质粒或 M13 噬菌体载体中，以此为模板，以特定的通用引物或以人工合成的寡核苷酸为引物，在[α-^{32}P]-dNTP 的存在下，由 Klenow 片段作用合成放射标记探针，反应完毕后得到部分双链分子。在克隆序列内或下游用限制性内切核酸酶切割这些长短不一的产物，然后通过变性凝胶电泳(如变性聚丙烯酰胺凝胶电泳)将探针与模板分离开。

(2) 从 RNA 合成单链 cDNA 探针：cDNA 单链探针主要用来分离 cDNA 文库中相应的基因。用 RNA 为模板合成 cDNA 探针所用的引物有两种：一种是用寡聚 dT 为引物合成 cDNA 探针。本方法只能用于带 poly (A)的 mRNA，并且产生的探针大多数偏向于 mRNA 3′端序列。另一种可用随机引物合成 cDNA 探针。该法可避免上述缺点，产生比活性较高的探针。但由于模板 RNA 中通常含有多种不同的 RNA 分子，所得探针的序列往往比以克隆 DNA 为模板所得的探针复杂得多，应预先尽量富集 mRNA 中的目的序列。反转录得到的产物 RNA-DNA 杂交双链经碱基变性后，RNA 单链可被迅速地降解成小片段，经 Sephadex G-50 柱层析可得到单链探针。

3) 末端标记 DNA 探针

该法标记的是线性 DNA 或 RNA 的 5′端和 3′端，属非均一标记。5′端标记常用 T4 多聚核苷酸激酶，标记物常用[γ-^{32}P]-dATP，该酶能特异性地将 ^{32}P 由 ATP 转移到 DNA 或 RNA 的 5′端。3′端标记使用末端转移酶，该酶催化同种或不同种的[α-^{32}P]-dNTP 加到寡核苷酸的 3′端，可加上单个或多个标记物，多个标记物的加入可提高探针比活性。

4) 寡核苷酸探针

利用寡核苷酸探针可检测到靶基因上单个核苷酸的点突变。常用的寡核苷酸探针主要有两种：单一已知序列的寡核苷酸探针和许多简并性寡核苷酸探针，二者组成寡核苷酸探针库。单一已知序列寡核苷酸探针可与它们的目的序列准确配对，可以准确地设计杂交条件，以保证探针只与目的序列杂交而不与序列相近的非完全配对序列杂交，对于一些未知序列的目的片段则无效。此方法是在每个探针的 5′端多加了一个磷酸，理论上，这会影响其与 DNA 的杂交。因此，建议使用 Klenow DNA 聚合酶的链延伸法获得高放射性的寡核苷酸探针。

5) RNA 探针

许多载体如 pBluescript、pGEM 等均带有来自噬菌体 SP6 或 *E.coli* 噬菌体 T_7 或 T_3 的启动子，它们能特异性地被各自噬菌体编码的依赖于 DNA 的 RNA 聚合酶所识别，合成特异性的 RNA。在反应体系中若加入经标记的 NTP，则可合成 RNA 探针。RNA 探针一般都是单链，它除具有单链DNA探针的优点外，还具有许多DNA单链探针所没有的优点：①RNA-DNA杂交体比DNA-DNA杂交体有更高的稳定性，所以在杂交反应中RNA探针比相同比活性的DNA探针所产生信号要强；②用RNA酶A酶切RNA-RNA杂交体比用S1酶切DNA-RNA杂交体容易控制，所以用RNA探针进行RNA结构分析比用DNA探针效果好；③噬菌体依赖DNA的RNA聚合酶所需的rNTP浓度比Klenow片段所需的dNTP浓度低，因而能在较低浓度放射性底物存在的情况下，合成高比活性的全长探针；④用来合成RNA的模板能转录许多次，所以RNA的产量比单链DNA高；⑤反应完毕后，用无RNA酶的DNA酶Ⅰ处理杂交体，即可除去模板DNA，而单链DNA探针需通过凝胶电泳纯化才能与模板DNA分离。

另外噬菌体依赖于DNA的RNA聚合酶不识别克隆DNA序列中的细菌、质粒或真核生物的启动子，对模板的要求也不高，故在异常位点起始RNA合成的比率很低。因此，当将线性质粒和相应的依赖DNA的RNA聚合酶及4种rNTP一起保温时，所有RNA的合成都由这些噬菌体启动子起始。而在单链DNA探针合成中，若模板中混杂其他DNA片段，则会产生干扰。但RNA探针标记法也存在着不可避免的缺点，因为合成的探针是RNA，它对RNase特别敏感，因此所用的器皿试剂等均应彻底去除RNase；此外，如果载体酶切不彻底，则等量的超螺旋DNA会合成极长的RNA，它有可能带上质粒的序列而降低特异性。

2. 几种常见的杂交

1) Southern杂交

Southern杂交可用来检测经限制性内切核酸酶切割后的DNA片段中是否存在与探针同源的序列，它的主要步骤包括：① 酶切DNA，凝胶电泳分离各种酶切片段，然后使DNA原位变性；②将DNA片段转移到固体支持物(硝酸纤维素滤膜或尼龙膜)上；③预杂交滤膜，掩盖滤膜上非特异性位点；④让探针与同源DNA片段杂交，然后漂洗除去非特异性结合的探针；⑤通过放射自显影检查目的DNA所在的位置。

Southern杂交能否检出杂交信号取决于很多因素，包括目的DNA在总DNA中所占的比例、探针的大小和比活性、转移到滤膜上的DNA量及探针与目的DNA间的配对情况等。在最佳条件下，放射自显影曝光数天后，Southern杂交能很灵敏地检测出低于0.1pg的与^{32}P标记的高比活性探针 (>10^9 cpm/μg)互补的DNA。

将DNA从凝胶中转移到固体支持物上的方法主要有3种：①毛细管转移。本方法由Southern发明，故又称为Southern转移(或印迹)。毛细管转移方法的优点是操作简单，不需要用其他仪器；缺点是转移时间较长，转移后杂交信号较弱。②电泳转移。将DNA变性后，可电泳转移至带电荷的尼龙膜上。该法的优点是不需要脱嘌呤/水解作用，可直接转移较大的DNA片段；缺点是转移中电流较大，温度难以控制。通常只有当毛细管转移和真空转移无效时，才采用电泳转移。③真空转移。有多种真空转移的商品化仪器，它们一般是将硝酸纤维素膜或尼龙膜放在真空室上面的多孔屏上，再将凝胶置于滤膜上，缓冲液从上面的一个储液槽中流下，洗脱出凝胶中的DNA，使其沉积在滤膜上。该法的优点是转移速度快，在30min内就能从正常厚度(4~5mm)和正常琼脂糖浓度(<1%)的凝胶

中定量地转移出来，转移后得到的杂交信号比 Southern 转移强 2~3 倍；缺点是凝胶易碎裂，并且在洗膜不严格时，其背景比毛细管转移要高。

2) Northern 杂交

Northern 杂交与 Southern 杂交很相似，主要区别是被检测对象为 RNA，分为 Northern 斑点杂交和 Northern 印迹杂交。斑点杂交是检测植物基因转录稳定表达量的有效方法，可用于外源基因表达及调控研究。由于斑点杂交不能检测出转录 mRNA 的分子质量，所以只在外源基因与植物本身基因无同源性时才可明确地检测出外源基因是否表达。当外源基因与植物本身基因有一定的同源性时，使用探针能够分出内源基因及外源基因的区别，或通过控制杂交条件可以使内、外源基因与探针杂交情况有所差异，采用斑点杂交进行检测还是可行的。

Northern 印迹杂交是在变性条件下进行电泳，以去除 RNA 中的二级结构，保证 RNA 完全按分子大小分离的方法。变性电泳主要有 3 种：乙二醛变性电泳、甲醛变性电泳和羟甲基汞变性电泳。电泳后的琼脂糖凝胶采用与 Southern 转移相同的方法将 RNA 转移到硝酸纤维素滤膜上，然后与探针杂交。

3) 原位杂交

所谓原位杂交是指通过杂交确定被检物在样本中原本位置的方法。目前原位杂交有两种：同位素原位杂交和荧光原位杂交。二者基本原理都是两条核苷酸单链片段，在适宜的条件下能够与氢键结合，形成 DNA-DNA、DNA-RNA 或 RNA-RNA 双键分子的特点，用带有标记的 DNA 或 RNA 片段作为核酸探针，与组织切片或细胞内待测核酸(RNA 或 DNA)片段进行杂交，然后可用放射自显影等方法予以显示，在光镜或电镜下观察目的 mRNA 或 DNA 的存在与定位。用原位杂交技术，可在原位研究细胞合成某种多肽或蛋白质的基因表达。此方法有很高的敏感性和特异性，可进一步从分子水平来探讨细胞的功能表达及其调节机制。已成为当今细胞生物学、分子生物学研究的重要手段。其基本步骤为：①杂交前准备，包括固定、取材、玻片和组织的处理等；②杂交；③杂交后处理；④显示，包括放射性自显影和非放射性标记的显色。

4) 蛋白质的 Western 杂交

Western 杂交是将蛋白质电泳、印迹、免疫测定融为一体的蛋白质检测方法，它具有很高的灵敏性，可以从植物细胞总蛋白中检出 50ng 的特异蛋白；若是提纯的蛋白质，可检测 1~5ng。此法原理是：转化的外源基因正常表达，转基因植株细胞中含有一定量的目的蛋白。从植物细胞中提取总蛋白或目的蛋白，将蛋白质样品溶解于含去污剂和还原剂的溶液中，经 SDS 聚丙烯酰胺凝胶电泳使蛋白质按分子大小分离，将分离的各蛋白质条带原位印迹到固相膜上，膜在高浓度的蛋白质溶液中温育，以封闭非特异性位点。然后加入特异抗体(一抗)，印迹上的目的蛋白(抗原)与一抗结合后，再加入能与一抗专一结合的标记，称为二抗，最后根据二抗上的标记化合物的性质进行检出。Western 杂交的灵敏度是由其所用的免疫血清抗体滴度决定的。根据检出结果，可得知被检植物细胞内目的蛋白表达与否、浓度大小及大致分子质量。

三、转基因植物的 PCR 检测

PCR 是一项 DNA 体外合成放大技术，能快速特异地在体外扩增任何目的 DNA。利用 PCR 法能在几小时内使皮克(pg)水平的起始物达到纳克(ng)乃至微克(μg)水平，扩增产物经琼脂糖凝胶电泳、溴化乙锭染色后很容易观察，不通过杂交分析就可以鉴定出基因组中的特定序列。这项技术对转化后外源基因的鉴定和分析尤其快速方便。可根据转基因植物中外源基因的特点，设计相应的引物，以转基因植物的 DNA 为模板进行 PCR 扩增，能扩增出与外源基因相同的片段，说明该植物含有外源基因，为转基因植物。但应用 PCR 法检测易出现假阳性，可用改进的 PCR 方法增加检测的可靠性。

1. 复合 PCR 检测

近年来，复合 PCR(multiplex PCR，MPCR) 技术得到了较广泛的应用。复合 PCR 即在同一反应管中含有一对以上的引物，可以同时针对几个靶序列进行检测，模板可以为单一的也可以是几种不同的 DNA。在优化 PCR 反应条件时，如果要优化的因素较多，可考虑采用正交设计法筛选出最佳组合。复合 PCR 方法针对多个靶位点进行同时检测，其检测结果较之普通 PCR 更为可信，同时简化了手续，节约了昂贵的试剂。复合 PCR 在转基因产品检测已经得到了应用。

2. 滚环扩增检测

滚环扩增 (rolling cycle amplification，RCA) 技术在近几年逐渐引起人们的注意，并越来越多地用于基础研究和转基因实际检测中。RCA 反应可以简单地分为锁式探针 (padlock probe) 的连接和连接后的扩增两部分。锁式探针由 5′端和 3′端特异性序列及它们之间的连接序列组成。5′端和 3′端特异性序列部分同靶 DNA 上的互补区域结合，结合后锁式探针的 5′端和 3′端是紧密相邻的，可以在连接酶的作用下形成环型 DNA 分子。成环后的锁式探针在一个引物和合适的 DNA 聚合酶作用下可以进行滚环复制，对环型探针进行扩增。滚环复制是自然界中许多质粒和病毒的复制方式，目前在实验室的人工体系中可以模拟这种 DNA 复制方式对环形 DNA 进行复制。超分支滚环扩增是在滚环复制的基础上增加一个序列同锁式探针中部分序列相同的引物，即在两个引物存在下产物以超分支形式扩增。与复合 PCR 相比，超分支滚环扩增具有以下优点：①锁式探针只同相应的靶位点进行互补结合，即便有多个锁式探针同时存在于一个检测体系中也不会相互干扰。②其探针中的连接段部分在不同的锁式探针中可以完全相同，并不影响其对靶位点的检测。可以针对这段共同序列设计一对通用引物，用于所有锁式探针的扩增，因此无需考虑多对引物复性动力学一致性问题。研究表明，超分支滚环扩增方法完全可以用于转基因植物的检测，而且其使用比复合 PCR 技术更方便，效率更高。

3. 外源基因整合的 PCR-Southern 杂交检测

PCR-Southern 杂交检测方法先对被检材料进行外源基因的 PCR 扩增，然后再用目的基因的同源探针与扩增的特异条带进行杂交。该方法可弥补 Southern 杂交对样品需求量较大和要求纯度较高的不足，但 PCR 扩增后容易导致假阳性结果，因此实验中要注意防止 DNA 的污染。并且 PCR 灵敏度极高，同时植物基因组又大又复杂，对扩增出的条带要进行认真的分析，以区分出特异性扩增及非特异性扩增。

为确保检测的真实性，除被检样品外，PCR 反应实验中还应设置 3 个对照：①反应体系中其他试剂相同，但不加入任何模板 DNA 的空白对照。其主要是检测反应体系中有无 DNA 污染，电泳后应无任何扩增条带出现，若出现扩增的条带，则表明试剂中有 DNA 污染。②以外源基因的重组质粒 DNA 为模板的阳性对照。应在电泳时出现一条清晰的特异性扩增条带，且其分子质量应与外源基因的分子质量相同。③以非转化植株基因组 DNA 为模板的阴性对照。电泳时应不产生与外源基因有关的特异性扩增条带，但由于植物基因组较大，有时也会出现一些非特异性扩增条带。

PCR 扩增产物电泳后，按照 Southern 杂交的方法，将凝胶经碱变性处理后转移到固相膜上，以目的基因为探针进行杂交。特异性扩增条带应能发生杂交，非特异性扩增条带不发生杂交；这样阳性对照应产生杂交条带，阴性对照应无条带。被检植株样品出现杂交条带的可初步确定为转基因植株。

4. 外源基因拷贝数的 IPCR 检测

IPCR(inverse PCR)称为反向 PCR。反向 PCR 与普通 PCR 相同之处是都有一个已知序列的 DNA 片段，引物都分别与已知片段的两末端互补。不同的是对该已知片段来说，普通 PCR 两引物的 3′端是相对的，而 IPCR 两引物 3′端是相互反向的。由于 DNA 聚合酶是以引物的 3′-OH 为起点催化聚合反应，所以普通 PCR 扩增的是已知片段序列，而 IPCR 扩增的是已知片段旁侧的序列，此旁侧序列可以是未知的。对于线性 DNA 或长度超过普通 PCR 扩增范围的环状 DNA 要实现 IPCR，需选择一种在已知片段两侧分别具有酶切位点的 DNA 片段，而已知片段内部没有这个位点的限制酶进行酶切；然后用 T4DNA 连接酶对其进行连接，形成一个大小适宜的环状 DNA，通过与普通 PCR 相同的程序可使已知 DNA 旁侧的序列得到扩增。由于反向 PCR 可以扩增已知 DNA 旁侧的未知序列，所以可以用于外源基因在植物基因组中整合拷贝数的分析，不同整合位点的外源基因旁侧的植物基因组序列不同，所以在相同的 IPCR 扩增条件下，植物基因组扩增产物的电泳图谱不同，多拷贝多位点整合时，扩增产物在凝胶电泳上呈现出多条带。单拷贝时只得到一条带。

反向 PCR 主要有模板制备、引物设计和 PCR 条件优化三个重要环节。模板制备是先将提取的被检测材料的 DNA 用旁侧序列位点限制性内切核酸酶酶切，然后用 T4DNA 连接酶连接环化，再用外源基因内部位点限制性内切核酸酶酶切，用乙醇沉淀纯化后做 IPCR 模板。引物设计和 PCR 条件的优化与普通 PCR 相同。

5. 外源基因表达的 RT-PCR 检测

目前 PCR 技术只能扩增 DNA 模板，对 RNA 模板不能直接扩增。mRNA 反转录生成的 cDNA 可以作为 PCR 的模板进行扩增，这种在 mRNA 反转录后进行的 PCR 扩增被称为 RT-PCR。实际上它扩增的是特定的 RNA 序列，所以用它可检测特定的 RNA 分子，可解决 Northern 杂交检测不到的细胞中低丰度 mRNA 的问题。在转基因植物检测中，RT-PCR 用于检测外源基因是否表达，分析外源基因在不同组织或同一组织不同发育阶段的表达情况，进而研究外源基因的功能。

扩增的外源 cDNA 有两种合成方法：一种是非特异性反转录，以 oligo (dT)为引物，由总 RNA 或 mRNA 合成各种 cDNA 第一链，然后以外源基因的 mRNA 5′端特异序列为引物，从各种 cDNA 中扩增出外源基因的特异 DNA；另一种是以外源基因的 mRNA 3′端特异序列为反转录引物，合成特异的 cDNA 第一链，然后以外源基因 mRNA 5′端及 3′端特异序列为引物进行特异 DNA 扩增。

6. PCR-ELISA 检测法

PCR-ELISA 检测法将 PCR 和 ELISA 两种技术结合在一起。首先，将寡核苷酸作为固相引物共价交联在 PCR 管壁上，并在 *Taq* 酶作用下，以目标核酸为模板进行扩增，扩增产物经洗涤后大部分交联在管壁上为固相产物，洗涤液中也游离有一小部分扩增产物为液相产物。然后，将固相产物用于 ELISA 检测：以适当比例和用生物素或地高辛标记的探针进行杂交，再加入用碱性磷酸酯酶标记的抗生物素或抗地高辛抗体，最后加入底物溶液显色，通过酶标仪读数测定。液相产物可通过凝胶电泳进行检测，也可进行杂交检测。常规的 PCR-ELISA 检测法只是定性实验。若以不同浓度标准的阳性样品作参照，则可做出吸光值与转基因含量的标准曲线图，以此便可以确定检测样品的转基因含量，实现半定量检测的目的。也有在 PCR 扩增过程中加入地高辛，使扩增的目的 DNA 产物被地高辛标记，然后，产物以适当比例和特异杂交探针(此探针用生物素标记)混合，加入预包被链霉亲和素的酶联板，温育后再加入酶标记的抗地高辛抗体，最后加入底物溶液显色。

PCR-ELISA 检测方法具有许多优点：①快速，灵敏度高。PCR-ELISA 检测法的灵敏度高于常规的 PCR 和 ELISA 检测法，可达 0.1%。②特异性强，检测结果可靠，可用于半定量检测。PCR-ELISA 将特异探针与固相产物杂交，提高了检测的特异性；用紫外分光光度计或酶标仪判定结果，以数字的形式输出，无人为误差；在对扩增的固相产物进行 ELISA 检测的同时，可通过凝胶电泳对液相产物进行检测，这两次检测有效地避免了假阳性的出现，提高了检测结果的可靠性。③所需仪器简单，操作简便，包被管能长时间保存，杂交可以自动化进行，可实现大批量检测。

四、基因芯片检测

基因芯片(又称为 DNA 芯片、生物芯片)技术是指将大量(通常每平方厘米点阵密度高于 400)探针分子固定于支持物上后与标记的样品分子进行杂交，通过检测每个探针分子的杂交信号强度进而获取样品分子的数量和序列信息的方法。通俗地说，就是通过微加工技术，将数以万计，乃至百万计的特定序列的 DNA 片段(基因探针)，有规律地排列固定于 $2cm^2$ 的硅片、玻片等支持物上，构成的一个二维 DNA 探针阵列，其与计算机的电子芯片十分相似，所以被称为基因芯片。

基因芯片可分为三种主要类型：①固定在聚合物基片(尼龙膜，硝酸纤维膜等)表面上的核酸探针或 cDNA 片段，通常用以同位素标记的靶基因与其杂交，通过放射自显影技术进行检测。这种方法的优点是所需检测设备与目前分子生物学所用的放射自显影技术相一致，相对比较成熟；但芯片上探针密度不高，样品和试剂的需求量大，定量检测存在较多问题。②用点样法固定在玻璃板上的DNA探针阵列，通过与荧光标记的靶基因杂交进行检测。这种方法点阵密度可有较大的提高，各个探针在表面上的结合量也比较一致，但在标准化和批量化生产方面仍有不易克服的困难。③在玻璃等硬质表面上直接合成的寡核苷酸探针阵列，通过与荧光标记的靶基因杂交进行检测。该方法把微电子光刻技术与DNA化学合成技术相结合，可以使基因芯片的探针密度大大提高，减少试剂的用量，实现标准化和批量化大规模生产，有着十分重要的发展潜力。

普通的PCR检测及其他检测方法都可对一个或几个基因进行检测，但随着转基因技术的发展应用，转基因元件数量和种类的不断增多，PCR方法在检测容量上已逐渐难以满足检测需要。而基因芯片技术的飞速发展和应用为转基因农产品的高通量检测提供了有效的技术平台。一般将转基因技术中通用的报告基因、抗性基因、启动子和终止子等特异性片段点制成基因芯片与待测产品DNA进行杂交，就可很方便地判断待测样品是否为转基因产品。

第五节　基因工程在植物遗传育种上的应用

利用转基因技术进行作物品种改良已经成为一种全新的育种途径，通过将优良的外源基因导入育种材料，可以取得常规育种难以获得的突破性进展。自20世纪70年代重组DNA技术创建到1983年第一株转基因烟草获得以来，至今已有35个科120种植物转基因获得成功。目前种植的转基因作物主要为大豆、玉米、棉花、油菜等，其中转基因大豆的种植面积最大。转基因作物的主要目标集中在培育具有抗除草剂特性的农作物优良品种，其次为培育抗虫和抗病毒新品种。

一、培育抗虫转基因植物

1981年，Schnepf等首次成功克隆了第一个编码Bt杀虫δ-内毒素的基因(简称*Bt*基因)，揭开了利用转基因工程培育抗虫植物的序幕。Bt杀虫δ-内毒素是由苏云金芽孢杆菌产生的一类蛋白酶抑制剂，能抑制昆虫多种酶的活性。迄今已先后分离到4万多个Bt菌株，对45个*Bt*基因序列进行了分离和测定，经过密码子优化后已被成功地导入棉花、玉米、烟草、辣椒等多种植物，获得了一批具有良好抗虫性的转基因作物品种及种质资源，是目前生产上应用广泛的一类转基因植物，可使田间杀虫剂用量减少80%。目前还发现了一些新的具杀虫活性的基因，包括多种植物中的蛋白酶抑制剂基因、链霉菌中发现的胆甾烷醇氧化酶基因及从多种杆菌中发现的杀虫蛋白基因。开发新的杀虫基因以防止害虫因突变而产生的抗性是必要的。

二、培育抗病转基因植物

早期的抗病转基因植物主要集中在病毒来源的抗病毒基因，如病毒的外壳蛋白基因、复制酶基因、运动蛋白基因及缺陷性干扰因子RNA或DNA，所获得转基因植物的抗病机理还不十分明了，对病毒的抗性往往具有株系专化性，因而限制了其应用价值。新近开发的抗病毒基因可针对多种病毒，如核糖体失活蛋白(ribosome inaction protein，RIP)基因及双链 RNA 特异性核酸酶基因。RIP 催化真核或原核核糖体上的 rRNA 从特异位点上脱嘌呤，使核糖体失活，进而抑制蛋白质合成。不同来源的 RIP 具有强烈的底物特异性。病原物的无毒基因也被用作转基因植物的抗病基因，其与植物的抗病基因互作发生抗病表型，往往表现为过敏性反应(侵染点附近细胞迅速死亡，从而限制病原物的进一步扩展)；如果通过转基因使植物表达抗病基因-无毒基因的互作反应，则该植物可能具有基因广谱的抗病性。此外从多种昆虫中分离的抗菌肽基因，也被用于抗真菌和细菌的转基因植物中。

三、培育抗除草剂转基因植物

杂草不仅与农作物争夺阳光、养料和水分，还传播病虫害，是制约农作物产量提高的重要因素之一。化学除草虽然速效、省时、省力，但易污染环境，伤害农作物，影响了化学除草剂的应用效果。为了寻求解决有效防除杂草的新途径，世界各国都着眼于通过基因工程培育抗除草剂农作物品种。据报道，美国加利福尼亚州戴维斯的 Calgene 公司将耐草甘膦和溴苯腈两种除草剂的基因导入到所有斯字棉和珂字棉品种中，育成的棉花新品种能抗高于田间用药量 10 倍的除草剂剂量，已在生产上大面积推广种植。该公司还培育出抗 2,4-D 除草剂基因工程棉株，现已用于生产。

抗除草剂转基因作物的种植，不但可以使农民用光谱性的除草剂来对付多种杂草，而且可以在较晚的时候应用较大剂量的除草剂，从而减少用药次数。

四、培育抗逆境转基因植物

渗透胁迫可泛指环境与植物之间由渗透势的不平衡而造成的对生物的一种胁迫，尤其是环境渗透势低于植物细胞渗透势而导致的细胞失水，严重的可造成细胞膨压的完全丧失，直至死亡。干旱胁迫和盐碱胁迫合称为渗透胁迫，二者不仅在发生上有密切联系，而且都可导致土壤溶液的水势下降而使细胞失水，甚至死亡，因而是世界范围内影响植物分布和生长的最重要的环境胁迫因子。

随着人们对渗透胁迫信号转导途径的认识和相关基因的克隆，国内外的抗渗透胁迫基因工程研究取得了较大进展。目前，植物抗渗透胁迫基因工程的研究包括基于细胞信号转导和基因调控的基因工程及基于渗透保护物质积累的基因工程。

酵母中 *HAL1* 基因的过表达对维持干旱胁迫下细胞内部高浓度的 K^+，降低 Na^+浓度起重要作用。2000 年，Gisbert 等将酵母 *HAL1* 基因导入番茄中并对转化株后代进行耐盐性测定，结果表明，在盐胁迫条件下，与非转基因番茄相比，转基因番茄的细胞内能够维持更高的 K^+浓度。2001 年，张荃等将该基因转入番茄，使转基因番茄的耐盐性得到提高。

2002 年，Jia 等将从山菠菜中克隆的山菠菜甜菜碱醛脱氢酶(betaine-aldehyde dehydrogenase，BADH)基因转入一个盐敏感型番茄品种中，转基因番茄植株的 mRNA 含量和 BADH 酶活性明显高于野生番茄；对其根部发育情况和相对电导率的测定结果表明转基因植株表现出耐盐力，在盐浓度达到 120 mmol/L 时仍能正常生长。2000 年，李银心等将山菠菜甜菜碱醛脱氢酶基因 *BADH* 转入豆瓣菜，得到 46 株阳性再生植株，对 6 株再生植株的 BADH 活性检测发现，有 5 个植株的 BADH 酶活性明显高于对照；膜的相对电导率测定结果说明，在盐胁迫下转基因豆瓣菜的膜结构所受损伤小于对照，生长状况也优于对照。

2005 年，Park 等初次报道了用油菜胚胎晚期发育丰富蛋白基因(*LEA*)转化大白菜，转基因植株的分析显示，在盐和干旱胁迫下，转化植株表现出较强的生长能力；胁迫造成的损伤症状明显延迟；胁迫条件去除后，植株恢复较快。2005 年，Park 等将来自甘蓝型油菜的 *LEA* 基因导入莴苣中，得到 6 个转基因株系，在盐胁迫和缺水胁迫下，其生长能力高于非转基因莴苣，在 100mmol/L NaCl 中水培 10 天后，转基因株系的高度和鲜重明显高于对照。

抗盐基因工程已取得了一些进展，先后克隆了脯氨酸合成酶(proA)、山菠菜甜菜碱脱氢酶(BADH)、磷酸甘露醇脱氢酶(mtl)及磷酸山梨醇脱氢酶(gutD)等与耐盐相关的基因，通过遗传转化获得了耐 1% NaCl 的苜蓿、耐 0.8% NaCl 的草莓及耐 2% NaCl 的烟草，这些转基因植物已进入田间试验阶段。

五、耐储藏基因的转化

由于对番茄果实成熟过程的分子机制研究得最多，所以利用基因工程方法控制果实成熟过程也主要是以番茄为材料进行的。番茄果实成熟时，能合成多聚半乳糖醛酸 (PG) 酶。PG 酶分解细胞壁的有效成分，从而使番茄果实变软，这对运输和储藏都很不利。美国科学家将 PG 酶的反义基因导入番茄，PG 酶基因编码的 mRNA 与反义 RNA 结合，使之不能编码出正常的 PG 酶，其 PG 酶的活性仅为正常果实的 5%~55%，果实减缓了变软的速度，从而延长了果实的货架期。该番茄品种被命名为“FlaverSaver”，并于 1994 年获准上市。另一条提高果实耐储性的途径是抑制乙烯的生物合成。ACC 氧化酶催化 ACC 形成乙烯，Hunkib 等将氨基环丙烷羧酸(ACC)氧化酶的反义基因导入番茄，抑制了该酶的活性，并延长了果实的储藏寿命。我国也获得了反义 ACC 转基因番茄植株，其果实中乙烯的形成被抑制了 50%~70%。抑制果实乙烯积累的另一种方法是将假单胞菌的 ACC 脱氨酶基因转化到番茄中，该基因在番茄果实中的表达可抑制 90%~97%的乙烯生成量，从而延长果实的储藏寿命。

六、品质改良基因的转化

植物基因工程技术的研究成功，为改变植物蛋白质、脂肪、淀粉与糖类的含量和品质及提高植物的营养价值，以及为改变蔬菜、果品的风味提供了可能的技术途径。世界各国应用基因工程在农作物品质改良与优质、高产品种选育方面已取得了很大的进展。基因工程改造过的马铃薯比一般马铃薯含有较高的固形物含量；大豆、芥花菜经基因工程改造后其植物油组成中含有较高比例的不饱和脂肪酸，可提高食用油的品质。朱登云等将马铃薯花粉上的一个基因转入玉米，选育成功转基因玉米品种，赖氨酸和蛋白质的含量比常规玉米品种分别高出30%及90%，他利用选育出的转基因玉米自交系与常规自交系配制大量杂交组合，从中选育出综合农艺性状优良的YC、Y624、Y419等18个杂交组合，所育成的10个转基因玉米品种YC组合，产量达508.6kg/667m^2，比对照丹玉13号增产27.1%。课题组还利用分离出的高赖氨酸蛋白的基因，建立了高蛋白质、高赖氨酸优质玉米的转基因技术体系。美国科学家将大豆储藏蛋白的基因分别转移到向日葵和马铃薯中，获得蛋白质含量高的“向日豆”和“肉土豆”品种。日本科学家将大豆蛋白转入水稻，成功培育出“大豆米”，这对改善稻米品质，提高其营养价值起到了重要作用。

七、转基因植物作为生物反应器

生长因子是一类刺激细胞增殖的多肽类物质，它通过与特异的、高亲和性的细胞膜上的受体结合而起作用。生长因子受体普遍存在，许多细胞表面同时存在一种以上的生长因子受体。生长因子受体具有蛋白激酶活性，当生长因子作用于细胞时，通过一系列的信号传导，最终引起细胞内有关增殖基因的表达，从而发挥其刺激作用。Gans等在转基因烟草种子中表达了鼠粒细胞巨噬细胞集落刺激因子(GM-CSF)，基因表达和蛋白质分析表明GM-CSF具有种子特异性，植物源GM-CSF可引起免疫反应，它的生物活性与人的一致。人白细胞介素-2(IL-2)、IL-4和人表皮生长因子(HEGF)、促红细胞生成素(EPO)等已在植物表达系统中得到了表达。

目前，转基因植物或重组病毒在植物中表达可以生产的药用蛋白有人胰岛素、免疫球蛋白、红细胞生长素、干扰素、尿激酶、人生长激素、脑啡肽、人表皮生长因子、人血红蛋白等。抗生物素蛋白(avidin)是一种应用广泛的诊断试剂，Hood等在玉米中成功表达了重组抗生物素蛋白，其表达量占总可溶性蛋白的2%，与从鸡蛋清中提取的生物素蛋白有相同的功效，而生产成本降低了10倍，现已成为Sigma-Aldrich的商品。

第六章 微生物发酵工程

在生物科学技术的发展历程中，微生物始终扮演着举足轻重的角色，特别是现代生物技术的每一项重大突破，都留下了微生物的足迹。同时，现代生物技术的进步，受益最大的也是与微生物相关的应用领域。在现代生物技术从实验室走向实践应用的历史进程中，很多重大成果的首要应用对象就是发酵工程。

那么什么是发酵工程呢？发酵工程是一门将微生物学、生物化学和化学工程学的基本原理有机地结合起来，利用微生物的生长和代谢活动来生产各种有用物质的工程技术。它是生物技术的重要组成部分，生物技术产业化的重要环节。

随着科学技术的发展，微生物的秘密被逐渐揭开，微生物资源的利用逐渐扩大，目前利用微生物生产的各种生物产品已达数千种，而其中绝大多数是利用其有氧过程。基于历史原因，人们把利用微生物在有氧或无氧条件下的生命活动来制备微生物菌体或其代谢产物的过程统称为发酵。

第一节 菌种的培养技术

一、培养基

(一) 培养基的种类

培养基是人们为满足微生物生长繁殖和生物合成各种代谢产物的需要，按一定比例配制而成的多种营养物质的混合物。培养基的组成对菌体生长繁殖、产物的生物合成、产品的分离精制，乃至产品的质量和产量都有重要影响。依据其在生产中的用途(或作用)，可将生产上应用的培养基分成孢子培养基、种子培养基和发酵培养基等。

1. 孢子培养基

孢子培养基是供制备孢子用的。要求此种培养基能使孢子迅速发芽和生长，能形成大量的优质孢子，又不易引起菌体变异。一般来讲，孢子培养基中的基质浓度(特别是有机氮源)要低些，否则将影响孢子的形成。无机盐的浓度要适量，否则影响孢子的数量和质量。孢子培养基的组成因菌种不同而有差异。生产中常用的孢子培养基有麸皮培养基、大(小)米培养基、玉米碎屑培养基和用葡萄糖(或淀粉)、无机盐、蛋白胨等配制的琼脂斜面培养基等，所选用的各种原材料质量要稳定。

2. 种子培养基

一般指摇瓶培养基和一、二级种子罐的培养基。种子培养基用来供孢子发芽、生长和大量繁殖菌丝体，并使菌体生长得粗壮，成为活力强“种子”。营养成分需易被菌体吸收利用，同时要比较丰富与完整，其中氮源和维生素的含量应略高些，但总浓度以略稀为宜，以便菌体的生长繁殖。常用的原料有葡萄糖、糊精、蛋白胨、玉米浆、酵母粉、硫酸铵、尿素、硫酸镁、磷酸盐等。培养基的组成随菌种而改变，在发酵过程中，种子质量对发酵水平的影响很大，为使培养的种子能较快适应发酵罐内的环境，在设计种子培养基时要考虑其与发酵培养基组成的内在联系。

3. 发酵培养基

发酵培养基是供菌体生长繁殖和合成大量代谢产物之用的。要求此种培养基的组成丰富完整，既要有菌体生长所必需的元素和化合物，还要有合成产物所必需的特定元素、前体物和促进剂等。采用的原材料质量要相对稳定，同时应不影响产品的分离精制和产品的质量。

(二) 培养基的主要成分

发酵培养基的组成和配比由于菌种、设备和工艺不同，以及原料来源和质量不同而有所差别。因此，需要根据不同要求考虑所用培养基的成分和配比。但是综合所用培养基的营养成分，主要是碳源、氮源、无机盐类(包括微量元素)、生长因子等几类。

1. 碳源

凡是用于构成菌体和代谢产物中碳素的营养物质均称为碳源。

常用的碳源按其化学结构可分为各种能迅速利用的单糖(如葡萄糖、果糖)、双糖(如蔗糖、麦芽糖)和缓慢利用的淀粉及其水解液、纤维素等多糖。多糖要经菌体分泌的水解酶分解成单糖后才能参与微生物的代谢。玉米淀粉及其水解液是抗生素、氨基酸、核苷酸、酶制剂等发酵中常用的碳源。马铃薯、小麦、燕麦淀粉等用于有机酸、醇等的发酵生产中。

霉菌和放线菌还可以利用油脂作碳源，所以在霉菌和放线菌发酵过程中加入的油脂既能消泡又有补充碳源的作用。

某些有机酸、醇在单细胞蛋白、氨基酸、维生素、麦角碱和某些抗生素的发酵生产中也可作为碳源 (有的是作补充碳源) 使用。

此外，许多石油产品(碳氢化合物)作为微生物发酵的主要原材料正在深入研究和推广之中，如用正十六烷作碳源发酵生产谷氨酸。

另外，秸秆、玉米芯、稻草、木材及麦草等所含的纤维素和半纤维素，经酶水解后转为单糖，亦是微生物发酵的良好碳源，且纤维素及半纤维素属于再生性廉价生物量，消耗多少，同时产生多少，取之不尽，用之不竭，往复循环。因此，纤维素及半纤维素是值得开发的重要资源。

2. 氮源

凡是构成微生物细胞本身的物质或代谢产物中氮素来源的营养物质均称为氮源。它是微生物发酵中使用的主要原料之一，其主要功能是构成微生物细胞和含氮的代谢产物。常用的氮源包括有机氮源和无机氮源两大类。黄豆饼粉、花生饼粉、棉籽饼粉、玉米浆、蛋白胨、酵母粉、鱼粉、菌丝体和酒糟等都是有机氮源，无机氮源有硫酸铵、氯化铵、硝酸盐、氨水等。

3. 无机盐和微量元素

微生物的生长、繁殖和产物形成需要各种无机盐类如磷酸盐、硫酸盐、氯化钠、氯化钾，以及微量元素如镁、铁、锌、钴、锰等。其生理功能包括：构成菌体原生质的成分(磷、硫等)；作为酶的组成成分或维持酶的活性(镁、钴、铁、锌、锰等)；调节细胞的渗透压和影响细胞膜的通透性(氯化钾、氯化钠等)；参与产物的生物合成等。

4. 生长因子

生长因子是一类微生物维持正常生活不可缺少的，但细胞自身不能合成的微量有机化合物，包括维生素、氨基酸、脂肪酸、甾啉及其衍生物、嘌呤和嘧啶的衍生物等。酵母膏、牛肉膏、蛋白胨和一些新鲜动植物组织的浸液，如心脏、肝、番茄和蔬菜的浸液，都是生长因子的丰富来源。

5. 发酵促进剂与抑制剂

发酵培养基中某些成分的加入有利于调节产物的形成，而并不促进微生物的生长，这些物质包括前体、促进剂和抑制剂。

在产物的生物合成过程中，被菌体直接用于产物合成而自身结构无显著改变的物质称为前体。前体能明显提高产品的产量，在一定条件下还能控制菌体合成代谢产物的流向。

促进剂是指那些既不是营养物又不是前体，但却能提高产量的添加剂。在有些发酵过程中，添加某些促进剂能刺激菌株的生长，提高发酵产量，缩短发酵周期。

在发酵过程中加入抑制剂会抑制某些代谢过程的进行，同时会使另外一些代谢过程活跃，从而获得人们所需的某种产物或使正常的某一代谢中间产物积累起来。

6. 水

水是培养基的主要组成成分，它既是构成菌体细胞的主要成分，又是一切营养物质传递的介质，而且它还直接参与许多代谢反应。所以说水的质量对微生物的生长繁殖和产物合成具有重要作用。发酵中常用的水有深井水、自来水和地表水。

二、菌种的制备与扩大培养

菌种的扩大培养是发酵生产的第一道工序，该工序又称为种子制备或种子的扩大培养。种子的扩大培养是要使数量增加，更重要的是经过扩大培养后的种子能供发酵生产使用。因此，提供发酵产量高、生产性能稳定、数量足，而且不被其他杂菌污染的生产菌种是种子制备的关键。

(一) 种子制备的过程

种子扩大培养一般包括孢子制备和种子制备两个过程。

1. 孢子制备

孢子制备是种子制备的开始，是发酵生产的一个重要环节。孢子的质量、数量对以后菌丝的生长、繁殖和发酵产量都有明显的影响。不同菌种的孢子制备工艺有其不同的特点。

1) 放线菌孢子的制备

放线菌的孢子培养一般采用琼脂斜面培养基，培养基中含有一些适合产生孢子的营养成分，如麸皮、豌豆浸汁、蛋白胨和一些无机盐等，碳源和氮源不太丰富(碳源约为 1%，氮源不超过 5%)，碳源丰富容易造成生理酸性的营养环境，不利于放线菌孢子的形成，氮源丰富则有利于菌丝繁殖而不利于孢子的形成。一般情况下，干燥和限制营养可直接或间接诱导孢子的形成。放线菌斜面培养温度大多 28℃，培养时间为 5~14 天。

采用哪一代的斜面接入液体培养基培养，视菌种而定。采用母斜面孢子接入液体培养基有利于防止菌种变异，采用子斜面孢子接入液体培养基可节约菌种用量。菌种进入种子罐有两种方法：一种是孢子进罐法，即将斜面孢子制成孢子悬浮液直接接入种子罐，此法可减少批与批之间的差异，具有操作方便、工艺过程简单、便于控制孢子质量等优点，孢子进罐法已成为发酵生产的一个方向；另一种是摇瓶菌丝进罐法，适用于某些生长发育慢的放线菌，此法的优点是可以缩短种子在种子罐内的培养时间。

2) 霉菌孢子的制备

霉菌孢子培养，一般用大(小)米、玉米、麸皮、麦粒等天然农产品为培养基。这是由于这些农产品的营养成分较适合霉菌的孢子繁殖，而且这类培养基的表面积较大，可获得大量的孢子。培养温度一般为 25~28℃，培养时间为 4~14 天。

3) 细菌孢子的制备

细菌的斜面培养基多采用碳源限量而氮源丰富的配方，牛肉膏、蛋白胨常用作有机氮源。细菌培养温度大多数为 37℃，少数为 28℃，细菌菌体培养时间一般为 1~2 天，产芽孢的细菌则需培养 5~10 天。

2. 种子的制备

种子制备是将固体培养基上培养出的孢子或菌体转入液体培养基中培养，使其繁殖成大量菌丝或菌体的过程。种子制备所使用的培养基和其他工艺条件，都应有利于孢子的发芽和菌丝繁殖。

1) 摇瓶种子制备

某些孢子发芽和菌丝繁殖速度慢的菌种，需将孢子经过摇瓶培养成菌丝后再进入种子罐，这就是摇瓶种子。摇瓶相当于缩小了的种子罐，其培养基配方和培养条件与种子罐相似。

摇瓶进罐一般采用母瓶、子瓶两级培养，有时母瓶也可以直接进罐。种子培养基要求比较丰富和完全，并易于被菌体分解利用，氮源丰富，有利于菌丝生长。各种营养成分不宜过浓，子瓶培养基浓度比母瓶略高，更接近于种子罐的培养基配方。

2) 种子罐种子制备

种子罐种子制备的工艺过程因菌种不同而异，一般可分为一级种子、二级种子和三级种子的制备。孢子(或摇瓶菌丝)被接入体积较小的种子罐中，经培养后形成大量的菌丝，这样的种子称为一级种子；把一级种子转入发酵罐里发酵，称为二级发酵。如果将一级种子接入体积较大的种子罐内，经过培养形成更多的菌丝，这样制备的种子称为二级种子；将二级种子转入发酵罐内发酵，称为三级发酵。同样道理，使用三级种子进行的发酵，称为四级发酵。

(二) 影响种子质量的主要因素

菌种扩大培养的关键就是搞好种子罐的扩大培养，影响种子罐培养的主要因素包括营养条件、培养条件、染菌控制、种子罐的级数和接种量的控制等。种子罐培养除了根据菌种特性或生产条件选择恰当的培养基以外，还应当为菌种的生长创造一个最合理的培养条件。影响种子质量的主要因素如下。

1. 培养基

培养基是微生物获得生存的营养来源，对微生物的生长、繁殖、酶的活性与产量都有直接的影响。原材料主要影响种子培养基的组成，不同产地的原料，其基本营养成分、组成有所差别，从而导致营养成分发生改变；而对于发霉等质量较差的原料，将直接影响培养基的组成，对种子的影响就更不言而喻了。

2. 培养条件

培养条件包括温度、pH、通气和搅拌。一般来说，在适温范围内，温度越高菌体生长速度越快，同时也应注意各种酶在不同温度下的表达；pH 主要影响菌体的生长和代谢；通气和搅拌主要影响培养基中的溶氧，同时通气过大或搅拌速度过快，容易导致某些酶失活和菌体细胞破裂。

3. 接种量和菌龄

一般来说，在生产过程比较合适的接种量为 5%~20%。菌龄选择对数生长期，这样可以在短时间内生产大量菌丝，缩短发酵周期。

4. 泡沫

泡沫主要影响种子的产量。泡沫过多，会降低种子罐容积，减少装料量，从而降低种子产量；泡沫过多还容易造成跑料，这样既降低了种子产量，又容易导致染菌。

5. 染菌控制

这是在种子扩大培养中最忌讳的事情，一旦染菌，整个一批生产就要被废掉，直接影响发酵生产。

6. 种子罐级数

一般来说，种子罐级数越多，所制备的产量就越高，但由于微生物是裸露在环境中生长的，种子罐级数越多，变异的概率就越大，所以种子罐级数并不是越多级越好。一般选择 1~2 级比较合适，当然这还要依据生产规模和菌种的遗传稳定性来决定。

第二节　液 体 发 酵

一、发酵设备

进行微生物液体培养的设备统称为发酵罐。一个优良的发酵装置应具有严密的结构，良好的液体混合性能，较高的传质、传热速率，同时还应具有配套而又可靠的检测及控制仪表。由于微生物有好氧与厌氧之分，所以，发酵也相应地分为好氧发酵与厌氧发酵。

对于好氧微生物，发酵罐通常采用通气和搅拌来增加溶解氧的浓度，以满足其代谢需要。根据搅拌方式的不同，好氧发酵罐可分为机械搅拌式发酵罐和通风搅拌式发酵罐。

1. 机械搅拌式发酵罐

机械搅拌式发酵罐是发酵工厂常用的类型之一。它是利用机械搅拌器的作用，使空气和发酵液充分混合，促进氧的溶解，以保证供给微生物生长繁殖和代谢所需的溶解氧。比较典型的是通用式发酵罐和自吸式发酵罐。

通用式发酵罐是指不仅具有机械搅拌装置又有压缩空气分布装置的发酵罐。

自吸式发酵罐是一种不需要空气压缩机提供加压空气，而依靠特设的机械搅拌吸气装置或液体喷射吸气装置，在搅拌过程中自吸入无菌空气并同时实现混合搅拌与溶氧传递的发酵罐。

2. 通风搅拌式发酵罐

在通风搅拌式发酵罐内，没有机械搅拌装置，它是利用通入发酵罐内的空气上升时的动力来带动发酵液运动，从而达到混合的目的。因此，这种发酵罐通风的目的不仅是供给微生物所需要的氧，同时还利用通入发酵罐的空气，代替搅拌器使发酵液均匀混合。常用的有循环式通风发酵罐和高位塔式发酵罐。

循环式通风发酵罐是利用空气的动力使液体在循环管内上升，并沿着一定路线进行循环，所以这种发酵罐也称为空气带升式发酵罐。空气带升式发酵罐有内循环和外循环两种，循环管有单根的也有多根的。

高位塔式发酵罐用途较多，适用于多级连续发酵，已获得推广使用。这种发酵罐的特点是：罐身高，其高径比约为 7，罐内装有导流筒罐和若干块筛板。压缩空气由罐底导入，经过筛板逐渐上升，气泡在上升过程中带动发酵液同时上升，上升后的发酵液又通过筛板上带有液封作用的降液管下降而形成循环。

3. 厌氧发酵设备

厌氧发酵也称为静止培养，因其不需供氧，所以设备和工艺都较好氧发酵简单。严格的厌氧液体深层发酵的主要特色是排出发酵罐中的氧。罐内的发酵液应尽量装满，以便减少上层气相的影响，有时还需充入无氧空气。乙醇、丙酮、丁醇、乳酸和啤酒等都是采用液体厌氧发酵工艺生产的。

二、发酵方式

根据发酵过程的操作方式不同，可以将发酵分为三种模式，即间歇发酵、连续发酵和流加发酵。

1. 间歇发酵

最常见的发酵操作方式是间歇发酵，也称为分批发酵或批式发酵。这是一种最简单的操作方式。将发酵罐和培养基灭菌后，向发酵罐中接入种子，开始发酵过程。

这种操作方式的优点是操作简单、不容易染菌、投资少；主要缺点是生产能力低、劳动强度大，而且每批发酵结果都不完全一样，对后续的产物分离将造成一定的困难。

分批培养系统属于封闭系统，只能在一段有限的时间内维持微生物的增殖。生物处在限制性的条件下生长，表现出典型的生长周期。一般情况下，当微生物从种子罐接种到发酵罐后，为了适应新的环境需要一段缓冲期，称为迟滞期，为接下来的快速生长做好必要的准备工作。在适应新环境后，微生物数量开始成倍增长。如果以微生物浓度的自然对数对时间作图，可以发现这段时期两者呈线性关系，所以这个时期称为指数生长期或对数生长期。微生物对数生长期维持一段时间后，由于某些养料消耗殆尽，微生物生长代谢过程中产生了抑制微生物生长的代谢产物，以及因微生物密度已经很高造成氧供应不足等，使生长速度开始减慢，而同时有一部分微生物逐渐死亡，这就是降速生长期。因营养物质耗尽或有害物质的大量积累，使细胞浓度不再增长，这一阶段为静止期或稳定期。在静止期，细胞的浓度达到最大值。最后由于环境恶化，细胞开始死亡，活细胞浓度不断下降，这一阶段为衰亡期。大多数分批发酵到达衰亡期前就结束了。迄今为止，分批发酵仍是常用的方法，广泛应用于多种发酵过程。

2. *连续发酵*

所谓连续发酵是指以一定的速度向发酵罐内添加新鲜培养基，同时以相同的速度流出培养液，从而使发酵罐内的液量维持恒定，微生物在稳定状态下生长。

连续发酵的优点是可以长期连续进行，生产能力可以达到间歇发酵的数倍。但连续发酵对操作控制的要求比较高，投资一般要高于间歇发酵。连续发酵中两个比较难以解决的问题是长期连续操作时杂菌污染的控制和微生物菌种的变异。

因此，连续发酵主要用于实验室进行发酵动力学研究，在工业发酵中的应用并不多见，只适用于菌种遗传性质比较稳定的发酵，如乙醇发酵等。

3. *流加发酵*

流加发酵又称为补料分批发酵，是介于间歇发酵与连续发酵之间的一种操作方式。它同时具备两者的部分优点，是一种在工业上比较常用的操作方式。流加发酵的特点是在流加阶段按一定的规律向发酵罐中连续地补加营养物或(和)前体，由于发酵罐不向外排放产物，罐中的发酵体积将不断增加，直到规定体积后放罐。

补料分批发酵可以分为两种类型：单一补料分批发酵和反复补料分批发酵。在开始时投入一定量的基础培养基，到发酵过程的适当时期，开始连续补加碳源或(和)氮源或(和)其他必需基质，直到发酵液体积达到发酵罐最大操作容积后，停止补料，最后将发酵液一次全部放出，这种操作方式称为单一补料分批发酵。反复补料分批发酵是在单一补料分批发酵的基础上，每隔一定时间按一定比例放出一部分发酵液，使发酵液体积始终不超过发酵罐的最大操作容积，从而在理论上可以延长发酵周期，直至发酵产率明显下降，才最终将发酵液全部放出。这种操作类型既保留了单一补料分批发酵的优点，又避免了它的缺点。

补料分批发酵作为分批发酵向连续发酵的过渡，兼有两者的优点，而且克服了两者的缺点。首先，它可以解除营养物基质的抑制、产物反馈抑制和葡萄糖分解阻遏效应(葡萄糖效应是葡萄糖被快速分解代谢所积累的产物在抑制所需产物合成的同时，也抑制其他一些碳源、氮源的分解利用)；其次，对于好氧发酵，它可以避免在分批发酵中因一次性投入糖过多造成细胞大量生长，耗氧过多，以至通风搅拌设备不能与其匹配的状况；

最后，它还可以在某些情况下减少菌体生成量，提高有用产物的转化率。

目前，补料分批发酵技术在生产和科研上已被广泛运用，其中包括单细胞蛋白、氨基酸、生长激素、抗生素、维生素、酶制剂、核苷酸、有机酸等，几乎遍及整个发酵工业。随着研究工作的不断深入和计算机在发酵过程自动控制中的应用，补料分批发酵技术将日益发挥出其巨大的优势。

三、发酵工艺

(一) 温度对发酵的影响及其控制

1. 温度对发酵的影响

温度对发酵的影响是多方面的，主要表现在对细胞生长、产物形成、发酵液的物理性质和生物合成等方面。

1) 温度对微生物细胞生长的影响

随着温度的上升，细胞的生长繁殖加快，这是由于生长代谢及繁殖都是酶促反应。根据酶促反应动力学，在达到最适温度之前，温度升高，反应速率加快，呼吸强度加强，必然导致细胞生长繁殖加快。但随着温度的上升酶失活的速度也加快，菌体衰老提前，发酵周期缩短，这对发酵生产是极为不利的。

2) 温度影响发酵液的物理性质

温度对发酵液的物理性质产生影响，如发酵液的黏度、基质及氧在发酵液中的溶解度和传递速率，以及某些基质的分解和吸收速率等，都受温度变化的影响，进而影响发酵动力学特征和产物的生物合成。

3) 温度影响生物合成的方向

温度影响生物合成的方向。例如，在四环类抗生素发酵中，金色链丝菌能同时产生四环素和金霉素，在低于30℃时，它合成金霉素的能力较强。随着温度的提高，合成四环素的比例提高。当温度越过35℃时，金霉素的合成几乎停止，只产生四环素。

温度还能影响微生物的代谢调控机制。例如，氨基酸生物合成途径中的终产物对第一个合成的酶的反馈抑制作用，在20℃低温时就比在正常生长温度37℃时控制得更严格。

当然，除了温度对产物形成有影响外，其他因素如生长速度、溶解氧浓度等都与产量有直接的关系，但温度的影响仍是不可忽视的重要因素。

2. 最适温度的选择与发酵温度的控制

1) 最适温度的选择

选择最适发酵温度应该考虑两个方面，即微生物生长的最适温度和产物合成的最适温度。不同的菌种、菌种不同的生长阶段及不同的培养条件，最适温度都会不同。

在谷氨酸发酵中，产生菌的最适生长温度为 30~34℃，产生谷氨酸的最适温度为36~37℃，在谷氨酸发酵的前期长菌阶段和种子培养阶段应满足菌体生长的最适温度。若温度过高，菌体容易衰老。在发酵的中后期菌体生长已经停止，为了大量积累谷氨酸，需要适当提高温度。

温度的选择还要参考其他发酵条件灵活掌握。例如，通气条件较差的情况下，最适温度也可能比正常良好通气条件下低一些。这是由于在较低的温度下，氧溶解度相应大些，菌的生长速率相应小些，从而弥补了由通气不足而造成代谢异常。培养基成分和浓度的不同也应予以考虑，在使用浓度较稀或较易利用的培养基时，过高的培养温度会使营养物质过早耗竭，而导致菌体过早自溶，使产物合成提前终止，产量下降。

因此，在各种微生物的培养过程中，各个发酵阶段的最适温度的选择是对各方面综合进行考虑的结果，还需通过生产实践才能确实掌握其规律。

2) 温度的控制

使用大体积发酵罐的发酵过程，一般不需要加热，因释放了大量的发酵热，所以需要冷却的情况较多。利用自动化控制或手动调整的阀门，将冷却水通入发酵罐的夹层或蛇形管中，通过热交换来降温，以保持恒温发酵。如果气温较高(特别是我国南方的夏季气温)，冷却水温度又高，致使冷却效果很差，就可采用冷冻盐水进行循环式降温，以迅速降到最适温度。在小型种子罐或发酵前期，散热量常常会大于产生的发酵热，特别是在气候寒冷的地区或冬季，则需通热水保温。

(二) pH 对发酵的影响及其控制

发酵液 pH 变化与发酵的关系极为密切，对菌体的生长繁殖和产物积累的影响极大，因此是一项重点检测的发酵参数。任何微生物在进入生产之前，都必须进行菌体生长和产物形成最适 pH 的研究及试验，以便掌握发酵过程中 pH 的变化规律，及时对其进行监测，并加以合理的控制。

1. pH 对发酵的影响

pH 对微生物的生长繁殖和产物合成的影响有以下几个方面：①影响酶的活性，当 pH 抑制菌体中某些酶的活性时，会阻碍菌体的新陈代谢；②影响微生物细胞膜所带电荷的状态，改变细胞膜的通透性，影响微生物对营养物质的吸收及代谢产物的排泄；③影响培养基中某些组分中间代谢产物的解离，从而影响微生物对这些物质的利用；④ pH 不同，往往引起菌体代谢过程的不同，使代谢产物的质量和比例发生改变。另外，pH 还影响某些霉菌的形态。

不同种类的微生物对 pH 的要求不同，甚至就同种微生物，由于 pH 的不同，也可能会形成不同的发酵产物。

由于 pH 的高低对菌体生长和产物的合成产生明显的影响，所以在工业发酵中，维持最适 pH 已成为生产成败的关键因素之一。

2. 发酵 pH 的确定

微生物发酵的最适 pH 范围一般是 5~8，随菌体和产品不同而异，且对同一菌种，有时生长最适 pH 可能与产物合成的最适 pH 也是不一样的。最适 pH 是根据实验结果来确定的。以分别调节起始 pH，或者利用缓冲液来配制培养基以维持一定 pH，到时观察菌体的生长情况，以菌体生长达到最大量的 pH 为菌体生长的最适 pH。以同样的方法可测得产物合成的最适 pH。但同一产品的最适 pH，还与所用的菌种、培养基组成和培养条件有关。

3. pH 的控制

控制和调节发酵 pH 的方法有以下几种。

(1) 首先要考虑和实验发酵培养基的基础配方，配方成分的配比要适当，有些成分可在中间补料时补充调控，使发酵过程中的 pH 变化在合适的范围内。

(2) 加入适量的缓冲剂，以控制培养基 pH 的变化。常用的缓冲剂有碳酸钙、磷酸钙等。其中碳酸钙的使用最普遍，其主要作用是中和各种酸类产物，防止 pH 急剧下降。

(3) 在发酵过程出现pH过高或过低的情况时，可以直接加入酸或碱类物质加以调节，使之迅速恢复正常；也可用多加糖、油等来降低 pH，或加入氨水、尿素等提高 pH。例如，氨基酸发酵采用流加尿素的方法，特别是次级代谢产物抗生素发酵，更常用此法。这种方法，既可以达到稳定 pH 的目的，又可以不断补充营养物质，特别是那些对产物合成有阻遏作用的营养物质，通过少量多次的补加可以避免它们对产物合成的阻遏作用，提高产物的产量。最成功的例子是青霉素的补料工艺，利用控制葡萄糖的补加速率控制 pH 的变化范围，其青霉素产量比用恒定的加糖速率和加酸或加碱来控制 pH 的产量高。

(三) 溶氧对发酵的影响及其控制

1. 溶氧对发酵的影响

发酵所用的微生物多数为需氧菌，少数为厌氧菌。对于需氧菌的发酵过程，发酵液中溶氧浓度是重要的控制参数之一。在 25℃，1.01MPa 下，水中氧溶解度为 0.25mmol/L，而在发酵液中的氧溶解度为 0.22mmol/L。好氧发酵中，满足微生物呼吸的最低氧浓度称为临界溶氧浓度，为 0.003~0.05mmol/L，而需氧量为 25~100mmol/(L · h)。因此，需要不断通风和搅拌，才能满足不同发酵过程对氧的需求。

需氧发酵并不是溶氧浓度越大越好，适当高的溶氧水平有利于菌体生成和产物合成，但溶氧太大有时反而抑制产物的形成。因此，为了正确控制溶氧浓度，需要考查每一种发酵产物的临界溶氧浓度和最适溶氧浓度，并使发酵过程保持在最适浓度。最适溶氧浓度的高低与菌种特异性和产物合成的途径有关。

2. 溶氧浓度的控制

发酵液中的溶氧浓度是由供氧和需氧两方面决定的，因此要考虑这两个方面来控制好发酵液中的溶氧浓度。供氧的大小必须与需氧量相协调，也就是说要有适当的工艺条件来控制需氧量，使生产菌对氧的需要量不超过设备的供氧能力，从而使生产菌发挥出最大的生产能力。发酵液的摄氧率是随菌体浓度增加而按比例增加的，但氧的传递速率是随菌体浓度的对数关系减少的。因此，可通过控制菌体的比生长速率比临界值略高一点的水平，以达到最适浓度。最适菌体浓度既可保证产物的比生长速率维持在最大值，又不会使需氧大于供氧。而要控制最适的菌体浓度可以通过控制基质的浓度来实现。

(四) 泡沫对发酵的影响及其控制

1. 泡沫的形成及其对发酵的影响

发酵中通气搅拌和代谢产生的气体是泡沫产生的原因。泡沫是气体被分散在少量液体中的胶体体系，泡沫间被一层液膜隔开而彼此不相连通。按发酵液的性质不同，存在两种类型的泡沫：一类存在于发酵液的液面上，气相所占比例特别大，并且泡沫与它下面的液体之间有明显的界线；另一种是出现在黏稠的发酵液中，这种泡沫均匀而细，比较稳定，其气相所占比例由下而上逐渐增加，气泡与液面没有明显的界线，此类泡沫又称为流态型泡沫。

通气发酵过程中，产生一定数量的泡沫是必然的，属正常现象，但是过多的持久性泡沫会给发酵带来很多不利因素。例如，发酵罐的装料系数减少，若不加以控制，还会造成排气管大量逃液的损失，泡沫升到罐顶有可能从轴封渗出，增加污染杂菌的概率，并使部分菌丝黏附在罐盖或罐壁上而失去作用；泡沫严重时还会影响通气搅拌的正常进行，从而妨碍菌的呼吸，造成代谢异常或菌体自溶。因此，控制泡沫即是保证正常发酵的基本条件。

2. 泡沫的控制

好气性发酵过程中，泡沫的消长是有一定规律的，首先与通气、搅拌的剧烈程度有关；另外，与培养基所用原料性质有关。蛋白质原料，如蛋白胨、玉米浆、花生饼粉、黄豆饼粉、酵母粉、糖蜜等是重要的发泡因素，其起泡能力随着品种、产地、储藏加工条件和配比而不同。但培养基的性质随细胞的代谢活动在不断变化，从而影响泡沫的消长。了解发酵过程中泡沫的消长规律，就可有效地控制泡沫。泡沫的控制方法主要包括机械消沫和消沫剂消沫两大类。同时还可以考虑通过减少起泡物质和产泡外力，如少加或缓加易起泡的培养基成分，改变某些培养条件(如 pH、温度、通气、搅拌)等来控制。此外，还可以从菌种的选育方面考虑。例如，单细胞蛋白的产生中，选育在生长期不产生泡沫的突变株。

(五) 补料的控制

补料分批发酵也称为补料分批培养，是指在分批培养过程中，间歇或连续地补加一种或多种成分的新鲜培养基的培养方法，或称为半连续培养或半连续发酵。这种补料控制的明显效果是生产菌的自溶期被推迟，生物合成期得到延长，可维持较高的产物增长幅度和增加发酵的总体积，从而使产量大幅度上升。目前大部分发酵品种如谷氨酸、赖氨酸、酶制剂、有机酸、抗生素等均采用补料措施。另外，补料也作为纠正异常发酵的手段而被广泛采用。

(六) 发酵终点的判断

确定合适的微生物发酵终点，对提高产物的生产能力和经济效益是很重要的。生产中既要有高产量又要有低成本。

发酵过程中产物的生物合成是特定发酵阶段的微生物代谢活动，有的是随菌体的生长而产生的，如初级代谢产物氨基酸等；有的代谢产物的产生与菌体生长无明显关系，如抗生素的合成是在生长的末期完成的，因此要提高发酵单位和增加产量，通常采取延长周期的办法。但菌体细胞总不免要趋向衰老自溶，到后期产物的生产能力相应地减慢或停止，有的发酵单位甚至下跌。因此合理地确定发酵周期，准确判断放罐时间，需考虑以下几个因素。

1. 经济因素

发酵时间要以通过最低成本获得最大生产能力的时间为最适发酵时间。发酵后期，生产率大幅度下降，此时延长周期会增加动力消耗，提高管理费用支出等，提高成本。因此，要从经济学观点确定一个合理的放罐时间。

2. 产品质量因素

放罐时间对后续工序有很大影响。若放罐时间过早，发酵液内残留糖、氮、消沫油等含量过多，则将增加过滤困难，增加乳化作用或干扰树脂吸附；若放罐时间太晚，菌体会自溶，释放出菌体蛋白或体内的酶，发酵液变黏，pH上升，不但造成过滤困难，延长过滤时间，有时还会使发酵单位大量下跌。因此，要考虑发酵周期长短对产物提取工序的影响。

3. 特殊因素

在发酵异常的情况下，如染菌、菌体提早自溶或发生事故时，则需要根据当时的具体情况做紧急处理。为了能够得到尽可能多的产物，应该及时采取措施(如改变温度或补充营养等)，并适当提前或拖后放罐时间。合理的放罐时间是由试验来确定的，就是根据不同的发酵时间所得的产物产量计算出发酵罐的生产力和产品成本，采用生产力高而成本又低的发酵时间作为放罐时间。

四、发酵下游处理

微生物经过适当条件培养后，菌体大量繁殖，合成并积累了相当浓度的代谢产物，这时便可以进入下游加工过程。发酵液的下游加工是指从发酵产物中分离、纯化产品的过程。它是利用产物和杂质的物理化学性质的不同，提取产物或者从系统中去除杂质的操作。

1. 发酵液的一般特性

微生物发酵生产各种发酵产品时，由于所用原料、菌种、工艺过程等的不同，所以预处理、提取、精制方法也有差异。发酵产物大多存在于发酵液中，少数存在于菌体内。要分离提纯发酵产物，首先要针对发酵液的特性进行预处理。发酵液一般具有以下特性：①发酵液中发酵产物浓度较低，属于稀水溶液系统；②发酵液中成分复杂，除发酵产物外，还含有微生物细胞碎片、代谢产物、残留的培养基、无机盐等，特别是少量的代谢副产物，结构特性与发酵产物相近，给分离提纯带来困难；③发酵液中还含有色素、热源物质、毒性物质等有机杂质，影响发酵产品的质量；④发酵产物稳定性低，对热、酸、碱、有机溶剂、酶、机械力等敏感，在不适宜的条件下容易失活或分解。

2. 提取和精制过程

提取和精制是为了从发酵液中获得高纯度的、符合质量标准要求的发酵成品。由于发酵产物存在形式不同，用途各异，而且对产品的质量有不同要求，所以分离纯化步骤可以有不同的组合，但大多数产品的下游加工过程，常常按照生产过程的顺序分为4个步骤，即发酵液的预处理和菌体分离、提取、精制、成品加工。

发酵液的预处理和菌体分离采用凝聚及絮凝等技术，加速固-液两相分离，提高过滤速度。发酵产品如果是胞内产物，首先要进行细胞破碎，再分离细胞碎片。

初步纯化即提取，主要是除去与目标产物性质有很大差异的物质，使产物浓缩及产品质量提高。常用方法有沉淀、吸附、萃取等。

高度纯化即精制，采用对产品有高度选择性的分离技术，除去与产物理化性质相近的杂质。典型的方法有层析、离子交换等。

成品加工是为了获得质量合格的产品，常用浓缩、结晶、干燥等技术方法。

第三节　固 态 发 酵

固态发酵，从广义上讲，可以指一切使用不溶性固体基质来培养微生物的工艺过程，既包括将固体悬浮在液体中的深层发酵，也包括在没有(或几乎没有)自由水的湿固体材料上培养微生物的工艺过程。多数情况下是指在没有水或几乎没有自由水存在下，在有一定湿度的水不溶性固态基质中，用一种或多种微生物发酵的一个生物反应过程。

几千年前，中国就利用这项技术酿酒和制造各种调味品，现代的固态发酵不仅用于改善食品风味，更主要是用于酶制剂、单细胞蛋白、有机酸、乙醇、生物农药、生物饲料、生物燃料、生物转化、生物解毒、生物修复等方面的生产与应用。

第二次世界大战以后，随着微生物纯种培养技术和通气培养技术的发展，尤其是青霉素的工业化生产，液态发酵技术在长时间的使用和研究中，日渐成熟。然而，由于消耗大量的工业用粮，以及环境污染等问题的存在，需要寻求新的发酵方法来解决。固态发酵有着液态发酵无法比拟的优势，因而引起了人们极大的关注，它是解决当前发酵工业所遇到的能耗大、与人类竞争粮食及环境污染严重等问题的一种有效途径。

一、固态发酵的设备

固态发酵一般都是开放式的，因而不是纯培养，无菌要求不高。部分厂家研制的固态发酵反应器性能虽有所提高，易实现机械化操作和部分参数自动控制，但反应器体积小，不适于现代酿造技术向规模化、高效及实现产品高质量的方向发展，而且设备投资大，生产成本相对较高，因此，需对工艺参数进行最优化设计。近几年来，固态发酵过程数学模型化的不断建立和完善为固态发酵反应器的设计放大提供了理论基础。常用的固态发酵设备主要有以下几种类型。

1. 浅盘发酵器

浅盘发酵器对传统的浅盘发酵进行了简单的改进，通常可由木质的、塑料的或金属的浅盘构成，是常规的固态发酵反应器中结构简单而广泛应用的一类。培养过程在静止的浅盘上进行，不具有机械搅拌装置，但需要大量的劳动力来装卸浅盘。由于基质和空气之间热交换的效率不高，固态基质不能大量堆积。虽然浅盘反应器操作简便、产率较高、产品均匀，但因体积过大、耗费劳动力大、无法进行机械化操作，从而不适宜在大规模生产中应用。

2. 转鼓式发酵器

转鼓式发酵器通常为卧式，或略微倾斜，转鼓的转速通常很低，否则，剪切力会使菌体受损。转鼓式发酵器与固定床相比，优点在于其可以使菌丝体与反应器粘连，转鼓旋转使筒体内的基质达到一定程度的混合，菌体所处环境比较均一，符合固态发酵的特点，可满足充足的通风和温度控制，因而对它的研究也较多。

3. 旋转圆盘式发酵机

旋转圆盘式发酵机是目前国内较为先进的新型固态发酵设备。它密封效果好，不仅杜绝了杂菌污染，更能有效地保持温度、湿度，并能方便地进行自动化测温、控温、控湿，为微生物生长繁殖提供了有利条件。料床为圆盘动力旋转式，既可以消除发酵"死角"，又得以与入料、翻料、摊平、出料等设备有机的配合，实现出入料、摊平、翻料机械化，大大地方便了生产，从而可与前后工序的设备配套，形成自动化程度较高的生产线，该机适用于发酵周期短的产品生产。

4. 搅拌式发酵反应器

搅拌式发酵反应器有立式和卧式之分，卧式反应器根据搅拌方式的不同又可分为转轴式和转筒式。但由于固态基质的搅拌特性，对搅拌桨的设计有特殊要求。此类搅拌器在食品工业早已应用，日本生产的小型带柴油发动机的专门用于纤维素物质固态发酵的搅拌式小型反应器，可供乡村家庭使用，其发酵产物可直接用作饲料。

5. 压力脉动固态发酵反应器

压力脉动固态发酵反应器设计原理是对密闭反应器内的气相压力施以周期脉动，并以快速泄压方式使潮湿颗粒因颗粒间气体快速膨胀而发生松动，从而达到强化气相与固态料层间均匀传质、传热过程的目的。生物反应器是一个非线性活细胞代谢，与周围环境进行质量、热量、能量、信息交换的生态系统，是由生命系统和环境系统组成的特定空间，而不是单一的装置。另外，气相压力的周期脉动会引发多种外界环境参数对细胞膜的周期刺激作用，一般可使发酵时间缩短三分之一，产率提高2~5倍。

二、青贮饲料的固态发酵生产

青贮是一种厌氧固态发酵过程，即将干物质为25%~40%的农副产品堆积起来，排除空气，在适当的温度(25~30℃)下发酵1~2个星期。发酵过程中，乳酸菌繁殖，形成约1%的乳酸，抑制了其他菌的生长，特别是引起腐败的产气肠道细菌的生长。而厌氧条件防止了霉菌的繁殖。

青贮的最适含水量为50%~65%。在此条件下，只有耐高渗的酸菌能活跃生长，碳水化合物向乳酸的转化也最有效。最适pH为4.2~4.8，这种pH能帮助青贮饲料的保存。

(一) 一般青贮的发酵过程及其基本规律

青贮是借助于新鲜饲草一旦被切碎后，植株本身的细胞尚在进行呼吸作用，通过封埋措施，造成缺氧条件，在此同时利用乳酸菌对原料的厌氧发酵产生乳酸使 pH 降到 4.0 左右，此时大部分微生物停止繁殖而乳酸菌本身亦由于乳酸的不断积累其酸度不断增加，最后被自身所产乳酸控制而停止活动，从而达到青贮的目的。青贮原料从收割、切碎到埋藏、启窖，大体经过以下几个阶段。

1. 植物呼吸期

刚收割下来的青绿植株中的细胞，并不会立即死亡，大约在三天以内仍然进行着呼吸作用(呼出二氧化碳消耗氧气)，一直到窖内氧气被耗尽，开始形成厌氧状态，此时植物细胞窒息，好氧性细菌活动渐弱，而厌氧性细菌(主要是乳酸菌)迅速增殖。

植物细胞的呼吸作用，需消耗植物体内(青贮原料中)的大量糖类而产热。适量的热可以给乳酸发酵以有利条件，但如窖内残氧量过多，也会由于植物细胞呼吸作用的加剧，不仅引起大量糖分分解，同时也会使窖内达到 60℃左右的高温，进而妨碍乳酸菌对其他微生物的竞争能力，破坏各种营养成分，降低其消化率及利用率。为此，排除青贮料隙间的空气，对减少氧化损失有着十分重要的意义。

这一阶段的后期便转化为氧化酶作用下的分子内呼吸，继续分解一部分碳水化合物，与此同时一部分蛋白质由于细菌与真菌的作用被分解为氨基酸，并进一步脱羧基产生氨化物与二氧化碳结合或经过脱氨基产生挥发性脂肪酸。另外，酵母的活动也会将碳水化合物转化为醇及芳香物质，降低其营养价值。

2. 微生物竞争期

被割下来的青饲料中，带有各种细菌、酵母菌及霉菌。乳酸菌为数颇少，占统治地位的是枯草芽孢杆菌、变形菌、荧光菌等好氧性腐生菌。在青贮发酵过程中，由于氧气逐渐减少，好氧性微生物失去适宜的生存条件、逐渐停止活动，而厌氧性细菌由于得到适宜的无氧条件，便开始迅速增长。乳酸菌是一种厌氧细菌，并能在酸度较高、pH 较低的情况下发育繁殖，因此后来居上。乳酸菌的代谢产物乳酸具有防腐的作用。但是乳酸菌并不会无限制的发展下去，随着青贮料中乳酸菌所产生的乳酸不断的积累，pH 也不断下降，最后乳酸菌本身也被迫停止活动。

(二) 青贮饲料的一般调制技术

1. 青贮原料的选择

凡是能充作家畜饲草、饲料的青绿植物的茎叶或块根、块茎等多汁饲料，都可以作为青贮原料调制成青贮饲料。但必须正确掌握原料的收割时期、水分含量及制作青贮饲料的技术要求，才能获得品质优良的青贮饲料。

(1) 收割时期：只有选用营养价值高的青贮原料，才能做成营养价值高的青贮饲料。青贮饲料的营养价值除了与原料的品种有关外，收割时期也直接影响其质量，适时收割能获得较高的收获量和最好的营养价值。过去认为禾本科牧草的收割适期以抽穗期为宜，而豆科牧草要求在开花初期收割较为适宜。但随着半干青贮技术的普及和饲养技术的改变，总的趋向是禾本科饲料推后，豆科饲料提前。原因是要求青贮饲料的水分少，要躲开雨季。关于收割适期问题是比较复杂的，应根据实际需要，因地制宜地通过试验掌握适时收割，决定最佳方案。利用收获后的农作物茎叶调制青贮饲料时，则应尽量争取提前收割。

(2) 保持原料的青绿和新鲜：青贮的目的是保存青绿和多汁饲料的优良品质。所以青贮的原料应尽量保持新鲜和青绿，保证原料新鲜和青绿的条件，除选择适当时期进行收割外，还必须做到尽量减少暴晒，避免堆积发热，应以当天运到窖边的原料当天储完为原则。

(3) 掌握原料的含水量：青贮原料的含水量多少，直接影响制成青贮饲料的品质；青贮原料的适宜含水量，又以青贮原料的粗细、软硬、切碎程度而有所区别，一般认为水分含量在 70%左右为宜。水分含量过高或过嫩的青贮原料，应在制作前进行短时间的晾晒，除去过多的水分，或者与水分含量少的原料进行混储。

2. 青贮原料的切碎

原料在装窖以前，一般均需经过切碎，切碎的程度随原料性质的不同而不同，但一般以细碎者为佳，因为切得细碎的原料易于压实和提高青贮窖的利用率，切碎后汁液渗出可以把原料表面全部溅湿，有利于乳酸菌的迅速发酵，提高青贮饲料的品质。但在青贮过程中，也必须根据原料的粗细、软硬程度、含水量、饲喂家畜的种类和铡碎工具等，来决定切碎的长度，以免在人力、物力上造成浪费。一般水分含量多的，质地细软的可以切得长些，反之则应细切。

3. 青贮原料的装填

切碎机具最好置放在青贮窖的旁边，便于切碎的原料及时送入窖内，尽量避免切碎的原料在外暴晒，青贮窖内应经常有人将装入的原料耙平混匀。为了避免切碎的原料在空气中暴晒过久，造成窖内高温，每日装填原料的厚度不应少于 1m。特别是对切得较长、质地较粗、水分不足的原料，应尽量缩短装填时间。在临时停止装填原料时，要进行表面压实，最好用塑料膜盖上。

4. 青贮原料的压实

在原料装入窖内以后，必须进行原料的压实工作，以便迅速排出原料空隙间存留的空气，造成有利于乳酸菌繁殖的厌氧条件。在压实原料的时候，越紧密越好，特别要注意靠近窖壁、窖角处的压实，以免青贮料与窖壁之间留出空隙，造成青贮料的霉烂。原料的压实工作一般均用人力踩踏，小型的圆形窖由 1 或 2 人在窖内随耙平随踩踏压实，大型窖则应根据原料的切碎速度增加人数。

5. 青贮窖的封埋

封埋的目的是隔绝空气继续与原料接触，尽快使窖内呈厌氧状态，抑制好气性发酵。因此，当窖内青贮原料装满，并已进行充分的压实工作后，即可封埋窖口。封窖时最好先盖一层细软的青草，草上再盖一层塑料薄膜，并用泥土堆压靠窖壁处。然后用适当的盖子将窖口盖严，也可以在塑料膜上盖一层苇席、草箔等物，然后盖土。如果不用塑料膜，需在原料上面加盖半尺左右的细软青草，再在上面覆盖泥土，盖土必须用湿土。盖好的土也要踩踏结实，盖土的厚度一般应在 1m 左右，以利封闭窖口压实原料。在青贮窖无盖棚的情况下，窖顶的泥土必须高出青贮窖的边沿，并呈圆坡形，以免雨水流入窖内。在封窖后的一个星期中，还需随时注意由青贮料下沉而造成盖土裂缝或下降的现象，上述情况一经发现，应立即填平并重行压实，以后也应经常注意检查，以防青贮窖透气或漏入雨水。正确掌握和执行这些工作步骤，也是获得良好青贮饲料的必要条件。

(三) 青贮饲料的利用

1. 开窖

青贮料一般经过 40~50 天便能完成发酵过程，如果需要即可开窖使用；如暂时还不需要，可不必急于开窖。一般青贮饲料可保存数年，质量不变。

开启青贮窖的方法，应根据青贮窖的形状来决定，圆形的青贮窖首先应将上面的盖土去掉，然后将覆盖薄膜及腐烂的草层部分掀去，直到露出好的青贮料为止。在开窖过程中应注意勿使泥土混入青贮料中。

2. 青贮料的取用和保管

开窖以后，对青贮料的妥善取用和保管必须十分注意。应该对青贮料的性质有这样明确的概念：它是在厌氧状态下利用发酵作用保存起来的多汁饲料，只有在缺乏氧气的条件下才能继续保持不变质，若与空气接触，很快就会感染霉菌和杂菌，这些细菌混入后能引起青贮料的迅速变质。尤其在夏天，正是各种细菌活动最旺盛的时候，青贮料也最易霉坏。因此，开窖后的取用和保管是关系到青贮料饲用效果的十分重要的问题。

开窖后为了防止窖内青贮料受到外界条件的影响，如风吹、日晒、雨淋、冰冻等，应将青贮窖盖起来。一般较简单的方法是先在窖口架起木料或竹竿等，然后在上面盖上草席。更方便的方法是利用一座活动的小顶棚。小顶棚只需钉成一个简单的木架，上面钉上油毡或苇席即可。把这种顶棚放在青贮窖口上，取用时稍加移动，取完时再行盖上，非常便利。

三、“5406”生物菌肥的固态发酵

有些微生物对作物生长发育有害，有些则对作物生长发育有益。人们用科学的方法从土壤中分离、选育有益微生物，经过培养、繁殖，制成菌剂，将这些菌剂应用于农业，使作物增产，这些菌剂被称为菌肥，又称为微生物肥料。作为生物肥料，菌肥与有机肥料、化学肥料一样，是农业生产中的重要肥源。化学肥料在近年来被毫无节制地使用，结果造成了土壤结构的严重破坏，并对环境造成了极大的污染。因此，选择对环境无污染无公害的菌肥，必将在今后大力倡导的生态农业和绿色农业生产中发挥举足轻重的作用。菌肥的种类多种多样，分类主要依据其制品中所包含的特定微生物种类，一般可分为细菌类肥料、真菌类肥料、放线菌肥料和固氮蓝藻肥料等。下面以“5406”抗生菌为例说明生物菌肥的固态发酵生产过程。

(一) “5406”抗生菌的特征

1. “5406”抗生菌的形态特点

“5406”抗生菌是放线菌的一种，属于粉红孢类群链霉菌的一个新种。“5406”抗生

菌的放射状菌丝体是由菌丝和孢子两部分组成的。菌丝又分为营养菌丝和气生菌丝。营养菌丝很细，伸入到培养基内呈分枝状，有吸收营养的作用，营养菌丝的集合体相当于植物的根。气生菌丝生长在培养基表面，气生菌丝的集合体相当于植物的茎和叶。生长良好的菌丝呈螺旋状，成熟后产生孢子，相连成串称为孢子丝。孢子丝断裂成单个孢子；孢子呈长椭圆形到柱形，孢子表面光滑，但可见到表面有棱线，形状似稻种。孢子萌发可产生新菌丝，在孢子层表面产生浅茶色小露珠，并放出清凉的冰片香味。

2. “5406”抗生菌对环境条件的要求

“5406”抗生菌是一种好气性的微生物。因此，在它生长发育的过程中，需要一定的温度、湿度、空气、营养和酸碱度等环境条件。

1) 温度

在28~32℃时“5406”生长最好，培养母剂时，开始的温度宜高些(32℃)，以后逐渐下降到28℃。在超过32℃和低于28℃时，生长逐渐减弱；52℃以上，12℃以下，几乎停止生长。因此在培养“5406”时，最好将温度控制在28~32℃，不要超过36℃，也不要低于26℃，否则“5406”的生长发育就受到影响。

2) 湿度

在固体培养条件下，对饼土中绝对含水量的要求以25%左右最为合适，当含水量在30%以上、15%以下时，“5406”的生长即明显减弱，在生产实践中对饼土的水分调节只要做到“手轻捏成团、触之能散”即为适宜。

3) 通气

“5406”抗生菌要求有良好的通气条件，母剂、再生母剂的生产过程中，不能压实、盖严，选择容器时粗糙的比上釉的好，泥瓦罐比玻璃瓶好，保温培养过程中，要注意通风换气。

4) 营养

“5406”抗生菌的生长发育需要一定的养料，但它的要求不太严格，用较肥沃的土壤加入适当的饼肥，就可以满足“5406”生长的需要。

从土壤来讲，壤土、黏壤土、潮黑土、淋黑土、鸡粪土等均适合“5406”抗生菌的繁殖，而其于白浆土、砂田土、风砂土等的繁殖情况就比较差。

从饼肥来讲，棉仁饼、棉籽饼、豆饼、花生饼、菜籽饼、芝麻饼、油茶饼等均可，以棉仁饼、黄豆饼为最好。除饼肥外，玉米粉、大麦粉、麦麸、米糠等也可以。

单用饼肥，不掺土壤，“5406”抗生菌完全不能生长。这主要是因为碳、氮比失调，pH改变。此外，土壤中的酸殖质对“5406”抗生菌的生长也有好处。为了制好抗生菌肥料，选择含有较丰富腐殖质的土壤是必要的。

5) 酸碱度

“5406”抗生菌对酸碱度的要求，以中性偏碱为好，微酸性也可以，pH为6.5~8.5时适合于该菌的繁殖。酸度过大，可用石灰来调整；过碱时，在饼土中掺入少许过磷酸钙，以调节酸碱度满足“5406”生长发育的要求。

(二) “5406”菌肥的生产过程

根据实践经验，以三级生产法比较容易保证菌肥质量，而且其用量少、用法多样、增产效果亦较显著。“5406”抗生菌肥料的三级生产法为

一级斜面菌种生产→二级母剂(原母剂)生产→三级再生母剂生产→肥料成品

1. 一级斜面菌种的生产

一级斜面菌种的生产，可分为以下 6 个环节，每个环节都必须充分注意，才能保证菌种质量。

1) 斜面培养基的配制

“5406”抗生菌的斜面培养基，一般用马铃薯 20%、葡萄糖(或白糖)2%、琼脂 2%。先将洗净的马铃薯去皮，切成小块，称取 200g，加水 1000ml，煮沸 20min，用两层纱布过滤，补足失去的水分后，称取琼脂 20g，加入后一并用小火充分溶化。再加葡萄糖 20g，搅匀即成培养基，趁热装入试管。装入的量约为试管总容积的 1/4~2/5。装入的方法：用较大的漏斗或医用的点滴瓶，下连橡皮管、小玻璃管，中间加个弹簧夹，以控制流量并防止凝固，装入试管时应防止培养基沾在试管口上。如沾上，可用干布擦净，以免沾在棉塞上引起污染。试管口塞入的棉花塞，大小要合适，松紧要适当，太紧不利通气，太松容易掉落下来，塞入试管内的长度要求占棉塞总长度的 3/5。

除了马铃薯培养基外，常用的还有淀粉-硝酸盐培养基：可溶性淀粉 20g、硝酸钾 1g、磷酸氢二钾 0.5g、硫酸镁 0.5g、氯化钠 0.5g、硫酸亚铁 0.01g、琼脂 20g、水 1000ml。先将称好的无机盐，加水溶解，加琼脂煮沸溶化，另用少量冷水将淀粉调成糊状，边搅拌边加入溶化好的培养基中，补足水分，分装试管待灭菌。

“5406”菌种在营养条件较适合的培养基上，产生孢子多而快，且容易刮下。例如，普通马铃薯培养基中，增加 0.1%磷酸氢二钾和硫酸镁，产生的孢子量就能增多，也易刮取。在配料过程中，马铃薯煮的时间越长，泥糊混入越多，孢子、菌丝层也越厚，但是生长较慢，刮取也较难。

2) 灭菌

灭菌就是把试管内部培养基、棉塞、管壁及管内空气中的杂菌完全消灭，利于“5406”接种后生长发育。灭菌的方法可分为物理灭菌、化学灭菌、热力灭菌和过滤灭菌等 4 类。在“5406”的整个生产过程中，这些方法都可以采用，但就斜面菌种的灭菌来说，以采取热力灭菌法为宜。

热力灭菌又可分为干热灭菌和湿热灭菌两种。湿热灭菌的效果比干热灭菌好。例如，培养皿用干热灭菌要加热到 160℃，经过 1h；而湿热灭菌加热到 121℃，经 20~30min 就够了。

3) 接种

接种就是把“5406”的纯菌种移接到灭过菌的培养基上，使它生长繁殖。接种时要遵守无菌操作规程，防止杂菌污染。一般采用接种箱或超净工作台，使用前必须将其擦洗干净。

接种时，左手并排拿起菌种和斜面试管，试管口靠近火焰。用手轻轻放松棉塞。右手拿起接种针，先在乙醇瓶内蘸一下，再放到火焰上去消毒。接种针的柄上需烧烫，接种钩则要烧红。然后用右手的小指和无名指、中指分别夹出两个棉花塞(不能让棉塞脱手落在台上)。将试管口在火焰上烤一下，将灭过菌的接种针插入菌种管底部，冷却后刮取孢子层，接种到无菌斜面上，轻轻地涂满斜面。抽出接种针，浸入乙醇瓶。再把试管口放在火焰上烤一下，然后塞上棉塞。这就完成了一级斜面扩大的接种手续。

4) 保温培养

斜面菌种接种完毕以后，标明菌号及接种日期，用皮筋或线绳捆好，放28℃左右的温箱或温室中培养，斜面上长满粉色孢子层时即可取用。

斜面试管不宜倒放，以免水流出，浸湿棉塞，引起杂菌污染。

“5406”菌种在 28~32℃生长最好，有些地方因无自动控制装置，使温箱、温室的温度变化较大，需要经常值班检查。同时也要注意通气，温箱上应留有气孔，温室中不能直接装煤炉保温，容易消耗氧气，影响“5406”的生长繁殖。

5) 质量检查

培养好的菌种管，要求斜面上满布粉色无光泽的菌苔，有浅茶色的露珠，并放出冰片香味。其中绝不能带有绿色、灰色、黄色等杂菌，也不能掺杂有粗长的菌丝和光滑的细菌体(在“5406”生长初期，气生菌丝未长成前，表面常较光滑，带黄绿色，很像细菌污染，几天以后，又在光滑的表面上长出粉色菌苔，这是同细菌区别之处，多半是因营养过分丰富，只长营养菌丝，延长孢子成熟的缘故)。检查菌种时，不仅要注意斜面上的菌苔，同时应观察棉塞底部有无霉菌生长，如有则不能传代。

6) 储藏

菌种管做好后，如不立即使用，或暂时还用不完的，最好是储藏在冰箱或冰库内，既可免除污染，也可延长培养基湿润的时间，勿致快速干裂。

2. 二级原母剂的生产

二级原母剂生产，一般是由菌种管接入“5406”菌种经培养制成的。也有些地方直接用原母剂接种生产母剂，因为这一级的生产是菌肥生产中关键的一环，所以它的质量好坏直接影响以后各级及使用效果。原母剂的培养基要经过高压灭菌，制作过程要严格按照无菌手续操作进行，采取封闭式培养。

1) 原母剂的培养基

以前一般采用饼肥和土壤加水混合制成，近年来，为了提高母剂质量，各地在饼土培养基的基础上，又增加一定比例的其他原料，如玉米粉、麦麸、糠壳等，收到较好效果。

饼粉中以去壳的棉仁饼为最好，其他如豆饼、油菜籽饼、花生饼及各种麻饼、油茶饼等都可应用。但是各种饼质一定要求新鲜，发过霉或变了味的都不适用。用前必须磨碎、过筛，饼粉越细越好，在土粒中分布越均匀，利用率就越高。饼粉准备好以后应单独保存在干燥的地方，到消毒前才与土壤拌匀。如在消毒前半天就拌土，而且放在20℃以上的场合下等待灭菌，也易为杂菌抢先利用，影响“5406”的生长。

土壤要注意选择。风砂土、深层的心土、白浆土及胶泥等缺乏腐殖质的土壤，都不利于抗生菌的生长繁殖。用含腐殖质丰富的黑色河泥、塘泥、沟泥，抗生菌生长最好。一般菜园土、大田土、森林土、果园土，抗生菌都可生长。最好选取偏碱而又带有自然颗粒的表土。土壤要过筛，筛后土粒以半米粒大小为宜，不要超过高粱粒大，否则抗生菌不能很好地生长。

土壤的处理要讲究技巧，如取土适时，加入饼粉后，湿度恰在“手轻捏成团，触之能散”的程度，就不用另喷清水。如取回的是干土，不必当时打碎过筛，加水调制；而应堆置一处，上端挖坑，加入足量的水，让其自吸。2~3 天后再翻开过筛，除去较大的土块、草棍，留取半米粒大小的颗粒，就可以进行泥饼的制作。

饼土比例一般是 1∶10 左右，饼土中要含适量的水分。水分过多影响通气；水分过少，接种孢子后不能萌发，二者均影响菌剂质量。合适的含水量为饼土干重的 25%左右。为了提高母剂质量，在饼、土加水拌匀后，再一次过筛去掉大颗粒，准备装瓶消毒。饼粉与土拌匀后再喷水而不能饼粉先加水再与土拌和，否则出现饼粉结块夹在土中，容易滋长霉菌而使培养基配制失败。

培养基分装一般采用废旧的罐头瓶、白色广口瓶、奶粉瓶、盐水瓶等作为容器。这类容器收集容易、价格便宜、经济适用。

培养基配好后装入容器，装量占容器的 1/2~3/4 为宜。并用三层报纸和一层牛皮纸封口，用线绳捆扎好即待灭菌。

2) 原母剂培养基的消毒

一般均采用高压灭菌达到彻底消灭杂菌的目的。因为饼土容积较大，压力应升到 0.105MPa，时间维持 1~1.2h。

3) 原母剂的接种

原母剂的接种一般是由斜面菌种接入培养基而成的。接种时，先将线绳取下，用手轻轻掀起纸盖的一角，让刮有孢子层的接种针上下穿插，移动位置，连续穿插 3~4 次后，立即封闭纸盖，去掉牛皮纸(以便通气)，并捆好线绳或皮圈。每支菌管可接原母剂 1~2 瓶。

当接种针烧红消毒后伸入试管刮取孢子时，容易把孢子烫死。为此必须先将烧热的针头插入待接种的母剂瓶中或插入斜面培养基底层，待针冷后再刮孢子。

接种完毕后，一手按住封纸，一手紧握瓶底，不断摇动，并转换方向，充分摇匀，摇匀后趁热放入保温箱(室)进行培养。

4) 原母剂的保温培养

培养“5406”抗生菌的温度，一般在 26~32℃，以 28℃左右最为适宜。保温的第一天，温度可稍高(32℃)，促进孢子萌发，第二天调至 28~30℃，一般保温 4~6 天。在保温期间，不要摇动瓶内饼土，同时注意温室内通气。原母剂培养完毕后，应移至 45℃左右的条件下，在 1~2 天内将其烘干。

5) 原母剂的保存

原母剂培养好以后，应在 1~2 天内烘干，以减少有效物质的损失。烘干的产品，如不及时使用，或等待出售，可装入(或加工成粉剂)灭过菌的纸袋及塑料袋内，置于干燥冷凉处保存。如有条件，把母剂压缩烘干，也是一种保存方法。将培养好的产品，倒入坯模子里，用打砖坯的方法打实，压缩成菌砖，再迅速烘干放在干燥冷凉处保存。

3. 三级再生母剂的生产

三级再生母剂的生产方法很多，在此主要介绍曲箱生产法。

1) 曲箱的结构

“5406”曲箱是3.2m (长)×1m (宽)×2.8m (高)的培养箱，内分8层，层间隔25cm，每层并排放60cm×80cm的木框铅丝培养床4只，每只间隔10cm，顶开60cm×60cm的活动气窗，窗上装有排风扇，正面全部用35cm×70cm的窗门，门面用薄膜或玻璃，箱底层4个通气门，底层内装3只电炉，供烘干用。其余全部用玻璃或塑料薄膜密封。

2) 配料

将碎米粉(7%)、麦麸(10%)、棉饼粉(10%)、米糠(5%)、泥土(53%)、煤灰渣(10%)拌匀，用水把钙镁磷肥(5%)溶解，再混合拌匀后装入布袋，每袋2.5~3.5kg料，1.1MPa压力灭菌1h，待料温冷却到不烫手时在接种室接种，每0.5kg二级母剂按10~15kg比例进行接种，接种后放在垫有灭菌纸的铅丝培养床上，厚度2~3cm，上盖一张无菌纸即可放进曲箱培养。

3) 培养

在曲箱发酵过程中，要掌握好温度、湿度和通气三者的综合调节。培养36h以前，重点抓好保温工作，室温控制在30~32℃，气窗一般不打开；36h以后，重点抓好控温通气工作，这期间温度上升，需开窗通气，室温控制在28℃，如温度继续上升，可打开排风扇，降低室温加大通气量，使温度不得超过36℃。

4) 烘干、粉碎、包装

培养4~5天结束，打开底层电炉，其温度控制在40~45℃将箱烘干，经粉碎后包装，放阴凉干燥处保存。

4. 菌肥的堆制繁殖

1) 原料配比

选择新鲜、具有香味的各种饼肥，磨成细粉；准备好菜园土、河滩淤泥土、河泥、坑泥等有机质含量丰富的肥土。饼土的比例一般为1∶10~20。土壤中有机质多的可减少饼粉用量，缺乏饼肥的地方，可用畜禽粪、稻壳、谷糠、玉米秸、豆秸、绿肥、酒糟废渣等料代替。例如，用1%~2%饼肥再加适量代料则效果较好。

2) 堆制方法及方式

菌肥堆制要因时因地制宜。一般采用地面堆制、室内堆制、浅坑堆制、地头堆制等方式进行。

(1) 地面堆制：一般平正的地面就可以，如在三合土或水泥地面上堆制，由于地面干燥，不易被污染，可能效果更好。堆制高度夏季2~3寸(1寸=3.33cm)，春秋3~4寸，冬季5~6寸，并用草垫等覆盖保温。

(2) 室内堆制：在多雨季节或冬季室外太冷时，可在室内进行堆制，除利用地面外，还可架木板利用空间。

(3) 浅坑堆制：此法适宜于冬季而又不是太冷的时候，选向阳避风处，挖成阳畦或浅坑，宽度 30 寸，深度 8~10 寸，长度不限，坑底坑边要砸实打平，将配好的料放入坑内，厚度 5~6 寸，上面覆盖草垫或其他覆盖物，以作保温之用。

上面三种方式，可以根据情况加以选择。将料拌好后，做到“手捏成团，触之能散”的程度。将母剂或再生母剂按 1%~2%或 2%~3%的接种量磨细后由少到多与饼粉匀拌，然后再拌入已准备好的土中进行堆制。

3) 提高堆制菌肥质量的措施

(1) 加大接种量：堆制品长势的好坏，一个重要的因素是接种量。因为堆制生产是利用自然土和不灭菌的饼粉，这就使饼土中含有大量的各类微生物，在一定温度、湿度条件下，杂菌就开始滋生，如果“5406”接种量小，不能占据优势，杂菌大量繁殖，消耗了营养，限制了“5406”的生长，有些分泌毒素对“5406”还有抑制作用。因此，适当加大接种量使“5406”菌占绝对优势是十分重要的。一般好的母剂用 1%~2%的接种量，半灭菌再生母剂用 2%~3%的接种量，是有利于保证“5406”的生长优势的。

(2) 控制好湿度：堆制品的最适宜湿度是绝对含水量 25%左右，但在堆制时要看具体情况，如果天气晴朗干燥，蒸发较快，可以把绝对含水量提高到 27%~28%，堆好后上面撒一层草木灰保湿防杂，也可撒半指厚的细沙，或用草垫、干草等覆盖

(3) 灵活掌握厚度：以品温不超过 36℃为宜。根据以往的经验，在夏季，长江黄河流域之间以 2.5 寸左右为宜，黄河北以 3 寸左右较为合适；在春秋二季以 3~4 寸为宜；冬季则以 5~7 寸较好。掌握好各个环节，一般不会出现高温，一旦出现高温，就扎洞或冲沟散热，将温度控制在 36℃以下。

四、食用菌的生产

食用菌是可食用的大型真菌的总称。

食用菌的生活史，即生活周期：是由两个不同性别的担孢子分别萌发形成两条不同性别的单核菌丝，单核菌丝之间发生质配与核配形成双核菌丝，双核菌丝进一步生长，成熟扭结，形成子实体原基，子实体原基进一步生长分化形成子实体，在子实体内部产生担子，在担子上形成担孢子，担孢子成熟后从担子上脱落并弹射到空气中，遇到适宜条件又将萌发成单核菌丝。

菌丝体是食用菌的营养体，由丝状菌体细胞组成，是形成子实体(出菇)的基础，菌丝体质量的好坏，对是否出菇、产量高低、品质好坏起决定性作用。

子实体(蘑菇)是由菌丝体所产生的果实，是其行有性繁殖的必然结果。子实体一般包括以下几部分。

(1) 菌盖：是成熟子实体的主体部分，其主要作用是对菌褶的保护。

(2) 菌褶：大多数种类位于菌盖的下部，书页状排列或呈多孔状密布，是着生担子的场所，担子才是真正的繁殖器官，其顶部产生 2~4 个担孢子，担孢子成熟后从担子上脱落并弹射到空气中。

(3) 菌柄：起营养运输及对整个子实体的支撑作用。

(4) 菌托：菌柄与菌丝体及生长基质连接的地方，有时附带着子实体外保护层的残留物，有的品种无此结构，或不明显。

(5) 菌环：有的种类在子实体幼小时，菌盖的下部被一层薄膜(内菌幕)所覆盖，保护年幼的菌褶不暴露，有内菌幕的种类称为被果型子实体，反之则称为裸果型子实体；被果型子实体在生长过程中，内菌幕逐渐破裂，脱落，在菌柄上残留下一个环状结构称为菌环。当然，菌环也不是所有种类都有的。

(一) 食用菌的营养需求

大多数食用菌为腐生型真菌，它们不能像绿色植物那样直接利用无机物同时利用阳光的能量生长，而只能靠分解及氧化有机物吸取自身生长所需的营养及能量。

食用菌的生长大体上可分为营养生长阶段(发菌)和生殖生长阶段(出菇)。将菌丝体接种在适宜的培养基上，在适宜的温度下，开始分泌一系列酶，将一些大分子有机物分解成简单的可溶于水的小分子物质，吸收到细胞内供其生长发育。不同的生长阶段，对营养条件的要求有所不同，一般来说，菌丝体生长阶段培养基中氮素含量相对高些，子实体发育阶段培养基中氮素含量相对低些。因此从科研和生产上讲，对于不同阶段的培养基中添加的营养成分应有所不同。例如，菌种保藏和菌种生产中培养基的氮源要多加一些，这样一方面有利于菌丝体的生长发育，另一方面可有效地防止在菌种上过早出菇的现象发生；而在出菇生产栽培料的配方中氮源成分应相对减少，这样有利于出菇。

1. 碳源

与绿色植物不同，真菌不能直接以 CO_2 作为碳源来合成有机物，它只能以有机物作为碳源，如葡萄糖、蔗糖、麦芽糖等单糖和双糖，淀粉、纤维素、半纤维素、木质素等多糖物质。除葡萄糖能直接被菌丝细胞吸收利用外，其他糖类必须通过菌丝分泌的胞外酶水解成单糖后才能被吸收利用。

2. 氮源

可供食用菌利用的氮源以有机氮为最佳，如蛋白胨、酵母浸出汁，以及麸皮、米糠等。在天然栽培基质如棉子壳、锯末、植物秸秆中也含有一些可供食用菌吸收利用的氮源，但是含量不够，需要添加麸皮、米糠等含氮量较高的材料，一些特殊品种还需要额外添加蛋白胨、酵母浸出汁等工业制剂。无机氮及小分子有机氮如各种含氮化肥，在微生物的作用下容易产生氨气抑制菌丝生长，因此除非特殊需求不要往栽培基质中添加，但必要时可作为喷施追肥。

碳氮比是指培养基及栽培基质中碳源和氮源的比例，以平菇为例菌丝体生长阶段的碳氮比以 20∶1 为最好，子实体发育阶段的碳氮比以 40∶1 为最佳。

3. 其他营养

食用菌生长发育除需要碳源和氮源外还需要一些其他营养物质，如钙、磷、镁、锌、铁、铜、硫、钾、锰等矿物元素，以及各种维生素及生长因子。

(二) 食用菌对环境条件的要求

1. 水分

水分既是菌丝生长所必需的环境条件，同时又是生物细胞的主要组成成分。基质中恰当的含水量对菌丝体生长及子实体发育是十分重要的，基质中含水量过低，导致菌丝体对基质的分解及营养的吸收不利，使菌丝衰弱，会严重影响出菇产量；基质中含水量过高，会使下面菌丝体缺氧而停止吃料，造成原料的浪费，同时表面菌丝徒长，料面积减小而使菌丝自溶导致杂菌污染。大多数种类要求基质含水量在65%左右，而香菇要求为51%~55%，侧耳类品种有时可掌握为65~70%。

2. 酸碱度(pH)

酸碱度是指水(以及含水物质)的酸碱度，不同的品种适应不同的pH范围，这是由品种自身在生理代谢过程中的产酸能力和它的生物酶活性范围决定的。

3. 通气

食用菌属好氧型微生物，它要靠对基质内有机物的氧化来提供其生长发育所需的能量，基质内缺氧会使菌丝体的呼吸作用受到抑制，造成菌丝体生长缓慢、衰弱，甚至停止生长，严重的会因窒息而死亡；子实体阶段缺氧，会造成子实体畸形，影响商品价值。无论是菌丝体生长还是子实体发育，都需要充足的氧气。和人类的呼吸一样，食用菌的呼吸作用也是消耗空气中的氧气，放出CO_2。适量的CO_2浓度对某些种类的菌丝体生长有刺激促进作用，但是过多CO_2的积累会抑制菌丝体生长，甚至使其完全停止生长，高浓度CO_2长时间作用还会导致菌丝体窒息死亡。子实体阶段对CO_2更为敏感，主要表现在抑制菌盖分化、菌柄过长、降低成品等级。因此，需要经常对菇房空间进行通风换气，排除CO_2，保持空气新鲜。

4. 温度

每个品种都有其一定的温度适应范围，即使同一个品种其菌丝体阶段与子实体阶段也是不同的。一般来说，子实体阶段的最适温度要低于菌丝体阶段。根据子实体分化形成的适宜温度范围的不同，可将食用菌分为低温型、中温型和高温型：①低温型。在较低的温度下菌丝才能分化形成子实体，最适温度在20℃以下，最高不超过24℃，如香菇、金针菇、双孢菇、紫孢平菇、羊肚菌、猴头菌等。②中温型。子实体分化的适宜温度为20~24℃，最高不超过28℃，如白木耳、黑木耳、榆黄蘑、大肥菇等。③高温型。子实体分化要在较高的温度下进行，最适温度在24~28℃以上，最高可达40℃左右。如草菇、凤尾菇、鲍鱼菇等。

此外，不同品种在子实体形成期间对温度变化的反应也各不相同，根据这一点又可以把食用菌分成以下两大类型：①恒温结实型。保持一定的恒温可以形成子实体，如金针菇、双孢菇、黑木耳、草菇、猴头菌等。②变温结实型。保持恒温不形成子实体，变温时才形成子实体(需要温差刺激)。如香菇、平菇、紫孢平菇、阿魏侧耳(白灵菇)等。

5. 空气湿度

前面讲过基质的含水量对菌丝的生长至关重要，但到了子实体生长发育阶段完全或部分暴露在外部环境中，因此空气的含水量，即空气湿度就成了主要的影响因素之一。空气湿度过低会加速子实体表面的水分蒸发，而子实体所蒸发的水分主要来源于基质内的菌丝体，结果会导致基质内水分的大量流失而影响产量，甚至使子实体原基干枯而死。然而水分蒸发是由菌丝体向子实体运输营养的原动力，如果空气湿度过高，就会使子实体表面水分停止蒸发，使营养运输受阻，同时呼吸作用受到抑制，造成子实体停止生长；长时期空气湿度过高，还会造成子实体从空气中倒吸水分，这将是十分危险的，特别是衰老的子实体，会形成水浸样腐烂，招致线虫及细菌的滋生和大范围传染。所以说，保持适当的空气湿度是十分重要的。

大多数品种在出菇阶段要求空气相对湿度为80%~95%，有经验的菇房管理人员可以凭感觉判断空气湿度是否合适，但是对于新手来说往往是十分困难的，这里就需要用湿度计来准确测量。

6. 光照

食用菌的菌丝体阶段不需要光线，而大部分品种的出菇阶段需要散射光刺激。少部分品种需要有较强的散射光，才能使子实体原基分化，如白灵菇、灵芝等；极少部分品种在完全黑暗的环境中也能形成子实体。子实体的颜色也与光线强度有密切关系，一般来说，光线强，子实体颜色较深；光线弱，子实体颜色浅。

(三) 食用菌母种的制作

菌种是生产的根本，制种是食用菌生产中的基本环节。食用菌栽培，其成败与否及产量高低、质量好坏，都与菌种质量优劣有关。优质高产的菌种，不但生长迅速，而且抗杂菌性强、生产周期短、产量高。生产上用的母种，不管是从外地引进的，还是自己分离的菌种，对母种的转接一般应控制在三代以内，且菌龄要适宜。优质母种的特征：菌丝洁白、浓密、粗壮、生长整齐，不产生色素，气生菌丝少，有菇香味。

1. 母种培养基配方

所用琼脂培养基又称为PDA培养基，常用配方为：马铃薯200g、葡萄糖20g、琼脂20g、磷酸二氢钾1g、硫酸镁0.5g、水1000ml、pH 5.5~6.5。

2. 培养基的制备

选择未发芽、无病害、不发青的新鲜马铃薯洗净去皮，称取200g，切成小块，装入烧杯(量杯)中，加入清水1000ml，加热煮沸维持20~30min，至马铃薯酥而不烂为度。加热过程中稍加搅拌，然后用3层纱布过滤，取其滤液，补水至1000ml。在马铃薯汁液中加入琼脂，继续加热搅拌至琼脂完全溶化，最后加入葡萄糖、磷酸二氢钾、硫酸镁，加水补至1000ml，用pH试纸测定并调节pH。在正常操作的情况下，pH常在要求范围内，常可忽略测定。分装在试管中，高度为试管高度的1/8~1/5，加棉塞，包扎，放在高压锅内灭菌，指针指到0.04 MPa时排放冷空气，再升压到0.105MPa维持30min，自然降温到60℃左右出锅，摆成斜面。

3. 母种的分离选育

母种主要采用人工选择、诱变育种、杂交育种和原生质融合等手段获得。作为一般制种专业户，可以采用人工选择方式分离培育母种，具体步骤与操作方法如下。

1) 采集种源

从野生或人工栽培群体中，选择有代表性的优良菇体作为种源。种菇的标准是：八成熟，朵形圆正、肉质肥厚，无病虫害。采集 1 或 2 朵符合上述标准的种菇编上号码，作为分离母种的材料。从栽培室采集的应标有原菌株代号。

2) 母种分离方法

母种分离有孢子弹射、组织分离和基内分离 3 种方法：①孢子弹射法。将种菇表面消毒，吸干水分后，将菇体悬挂于装有琼脂培养基的三角瓶内，让菇体内的孢子自然散落在培养基上萌发菌丝。也可以剪取一小块菇体，贴附在试管斜面培养基表面，让孢子散落在培养基上萌发菌丝，即能获得母种。②组织分离法。将消毒过的种菇，在接种箱内用手从菇柄处对半解开，或用刀片切开，使菇体形成对开。在菌盖和菌柄交界处或菌褶处，用接种刀切取一小块菇体，然后纵切成 5mm×10mm 的小薄片，用接种针挑取一块薄片，接入斜面培养基的中央，每支试管接种一小块薄片，待其萌发菌丝，即可得到母种。③基内分离法。选择已长菇的木段，削去树皮及表层木质部，用 70%的乙醇消毒后，锯成 1cm 厚的薄片，放入 0.1%的升汞水中消毒 1~2min，再用灭菌水洗去残液。然后再将小薄片劈成 0.5~1cm 宽的小条，接入斜面培养基中央，待长出菌丝后即得母种。也可以在已长菇的菌袋中，经消毒处理后，用接种针钩取袋内色泽纯、长势旺的菌丝体，接种在试管斜面培养基中央，待萌发菌丝后，同样可获得菌种。

3) 适温培养

通过上述不同方式将菌种分离接种于试管后，要及时将试管移入已消毒的培养箱或培养室内培养，温度控制在 25℃左右，空气相对湿度 65%左右，使分离获得的孢子或菌丝在适温下发育。一般孢子弹射 3~4 天后孢子萌发成菌落，10 天后菌丝长满管；组织分离接种后 2~3 天，菌丝即萌发，并在培养基上蔓延生长；菇木分离接种后 7 天，菌丝即恢复生长。

4) 选育提纯

通过上述方法得到的菌丝，不一定都是优质的，还需要选育提纯。因此，在菌丝萌发后，要认真观察，挑选色泽纯、健壮、长势正常、无间断的菌丝，在接种箱内连同培养基勾取菌丝，接入另备的试管培养基上。在 23~25℃的恒温条件下，培养 7~10 天，待菌丝长满管后，再进行观察，从中择优取用，即为“母代”母种。

5) 转管扩接

母代母种可以转管扩接成“子代”母种。采用同样的斜面培养基，每支可扩接 30~50 支子代母种。生产上供应的多为子代母种。它可以再次转管扩接。一般每支可扩接成 20~25 支子代母种，但转管次数不得超过 5 次。母种应放入冰箱保存。

(四) 食用菌原种的制作

1. 原种培养基配方

原种培养基有多种，先介绍两种：①小麦(玉米) 95%、石膏粉 2%、过磷酸钙 2%、尿素 0.5%、白糖 0.5%；②棉籽壳 87%、麸皮 10%、石膏粉 1%、过磷酸钙 1%、尿素 0.5%、白糖 0.5%。培养基的 pH 5.5~6.5，加水 120%~130%。

2. 原种培养基的制备

(1) 将小麦(玉米)筛检干净，称量，置清水中浸泡 2h，再放入开水中边煮边搅动，随时检查煮的程度，特别是煮到 15min 后更要勤检查，待小麦(玉米)无白心，熟而不烂(不能开花)时立即捞出，放在尼龙布或干净的水泥地上晾晒。见小麦(玉米)表面没有多余的水分时，加入石膏粉、过磷酸钙等，搅拌均匀，装瓶(用 500g 的罐头瓶)，瓶口盖两层报纸，上覆 1 张耐高温的塑料，用橡皮圈扎紧，灭菌时要求压力在 0.105MPa，维持 2~3h，灭菌时应注意排冷空气的时间，注意不要超压。

(2) 先称取原料，将白糖、石膏粉、尿素、过磷酸钙等先溶化，制成母液，按大约所需水稀释，然后将棉籽壳拌湿，堆放 2~3h，搅拌加麸皮，拌匀，用手紧捏培养料，以指缝中有水外渗而不往下滴为适宜。装瓶时稍压实，加塞及高压灭菌的方法同上。

3. 接种培养

原种的培养基出锅冷却至室温时进行接种，每只母种试管可接 5~6 瓶原种。培养条件同母种，一般经 20~25 天即可长满瓶子。优质原种的特征是菌丝洁白、整齐，瓶壁及表面布满菌丝，有菇香味。

(五) 栽培种的制作

1. 培养基制备及配方

同制原种。

2. 接种培养

先用 75%乙醇或 3%来苏儿擦手及原种瓶外消毒，然后用消毒的接种铲翻松原种，在接种箱内(超净工作台上)的酒精灯火焰上方倒少许原种于灭菌的瓶料中，每瓶原种接 20~25 瓶，培养条件同原种。一般 20~25 天即可长满，长满后应立即播种。若暂时不用，可在 10~14℃下干燥保存，时间不超过 10 天；2~4℃时保存不超过 20 天。经低温保存的栽培种，在使用前将菌种放在常温下恢复 1~2 天。

(六) 栽培工艺

不同品种可采用不同的栽培方式，即使同一品种也可采取不同的栽培方式，如①生料袋栽方式；②生料床栽方式；③常规熟料袋栽方式；④发酵熟料栽培方式；⑤一次发酵栽培模式(袋栽/床栽)；⑥二次发酵栽培模式(袋栽/床栽)等。

1. 生产用培养料的准备和处理

棉籽壳应新鲜、干燥、松散，无霉变、结块泛黄等现象，如有结块，必须挑除。锯末应用阔叶树锯末，无霉变，不含防腐剂，自然堆放半年以上。需过筛，去除粗、硬、尖锐杂物。玉米芯要干燥，未经雨淋受潮，无霉变，用筛孔 10~15mm 的粉碎机加工后使用，使用时提前 8~24h 用水浸透(具体时间视不同季节而定，高温季节浸泡时间短些)。玉米粉应新鲜、粉状，最大颗粒不超过 0.5mm，无霉变、结块、虫蛀现象，如有超过 0.5mm 的渣子，应提前 1h 用水浸透。麸皮以片状麸皮为最好，新鲜、干燥、松散，无霉变、结块、虫蛀现象。作物秸秆应成熟、干透，未经雨淋受潮，无霉变，可根据不同的品种和栽培方式进行铡段或粉碎加工。过磷酸钙应呈粉状，无结块，有结块时，需经碾压粉碎，过筛后方可使用。石膏粉应干燥、洁白，无结块，需提前 1 天加水发散，使用前稍加碾压过筛。

塑料袋的选择：①熟料栽培应采用聚丙烯(高压灭菌)或聚乙烯(常压消毒)袋子，厚度应保证在单面 4 丝(0.04mm)以上，厚薄均匀，宽度一致；可购买成品折角袋，或购买筒料自己裁切成需要的尺寸。在冬季则应选用低压聚乙烯袋子。②生料袋栽则应采用双面 3 丝(0.03mm)以上，5 丝以下的低压聚乙烯筒袋。

2. 拌料及装袋

1) 配料

按照生产配方，严格计量，准确配比，预搅拌时加水适量或偏低，给后期调节水分留有余；充分搅拌，石灰粉按计量添加。特别强调：加水前，确保干料预搅拌 2min 以上，防止有些原料组分遇水结块；加水时，要尽量均匀加入。具体的配料及是否需要发酵，各种辅料的添加在不同品种和不同栽培方式上有不同的规定。拌好的料需要堆放 8~16h 之后进行后期搅拌，调整水分，再进行装袋。

2) 后期搅拌、调整

装袋前的含水量和 pH 掌握在适合的范围内，pH 过低可加少许石灰调整，含水量应掌握在 60%~65%(具体品种有具体要求)。

3) 装袋(熟料栽培)

装袋的工作场地应光滑、清洁，或有软物铺垫，确保无尖锐杂物；禁止平地推移料袋，避免底部出现微孔。

3. 灭菌

1) 常压蒸汽灭菌(消毒)

一般用常压灭菌灶灭菌，在用砖垒砌的锅台上面建造一个密闭的空间，作为灭菌室，为了不使被灭菌的袋子太拥挤，灭菌室内可以搭建若干层架子，灭菌室的上盖要留有可以开关的排气管，锅门必须能够密封，在门或壁上要有可以安插温度计的小孔。在下面的大锅内加满水，用来产生蒸汽，为了利用余热，在后面的烟道上再安一个小锅，用小锅里面的热水给大锅做补充，补水管置于小锅跟前，里面的一端要伸入大锅的水中，其开口离大锅的锅底 10~15min。这样，随着大锅里面水的蒸发减少，会逐渐漏出管口，就会有蒸汽从管中冒出，提醒此时必须加水，加水时不要一下加得太多，以水不落开为度。原则要求：从装袋开始到灭菌温度达到 100℃不得超过 8h；从点火开始就要猛火烧，尽量在最短的时间内达到 100℃，此时要保证上排气口完全开放，以随时排除冷气；在达到 100℃之后，关小上排气口，减小火力维持温度在 100℃，继续烧 10h；在临近灭菌结束的 1~2h 内，还必须用猛火，同时加足大锅内的水，直到灭菌结束。整个灭菌过程要遵循“攻头、促尾、保中间”的原则。停火的同时，关闭上排气口，让锅内的温度自然下降，到 60℃以下时打开锅门出锅。

2) 高压蒸汽灭菌

高压蒸汽灭菌锅属于专门的压力容器，一定要从国家定点的生产厂商购买或定做，除非特殊需要，最好购买定型产品，性能稳定，也容易得到配件。市场上有手提式高压锅、立式高压锅和卧式灭菌锅(柜)等产品。

要注意查看产品铭牌上的生产许可标志，仔细阅读产品说明书，以及其中规定的安全操作规程，操作工必须经过严格培训，考核上岗。安全操作规程必须张贴上墙，以利于劳动安全部门检查。

不同厂家的产品可能在具体细节上有所差异，不同的使用目的也有不同的操作要求，下面就食用菌菌袋的灭菌操作，规定以下工艺规程。

(1) 装锅时要码放整齐，稳妥，不可拥挤，严禁有菌袋落地。

(2) 必须认真遵守安全操作规程，事先检查设备：门封严密，管道通畅，阀门灵活无堵塞，关得严，打得开；压力表、温度表初始状态正确，反应正常。

(3) 开始小流量供汽，使料袋缓慢均匀受热，缓慢排出料袋内的冷空气，同时开足全部排气阀门，使锅内的冷气顺利排出。逐渐适量加大蒸汽流量，使灭菌室内及菌袋温度进一步升高，待排气口温度达到 100℃时，再继续排气一段时间(视灭菌锅体积大小和内容物多少而定)。

(4) 调小排气阀门流量，使灭菌室缓慢升压，在升压初期检查安全阀，确保不被堵塞、卡死；当压力和温度上升至规定值时，调整阀门，保持稳定压力到规定时间(整个升压过程不得少于 45min)。

(5) 关闭进汽、排汽阀门，闷锅 1h。闷锅过程中要每隔 15min 打开排气阀门放冷凝水。

(6) 缓慢排气，至压力表回零，方可打开锅盖。

3) 栽培与管理

近年来，利用塑料大棚栽培食用菌越来越多，它有以下 4 个优点：①加温、保温。冬、春季在大棚上加盖农膜，可加温、保温，在低温冷冻期间，其棚内温度不会降至 5℃以下，不会对一般食用菌引起冻害，造成死亡。②保水、保肥。棚内土壤水分蒸发速度慢一些，土壤内水分保持时间长，还不受外界雨水影响，保肥能力强。③遮阳、蔽阳。夏、秋季在大棚上加盖 2 层遮阳网，可降温、遮阳，最热时棚内温度也不会高于 36℃，对食用菌不致因气温高而死亡。④防雨、防风。大棚盖农膜并扎紧压膜带，可防止雨水冲洗，亦可防止一般季节风害。

下面以典型的低温品种香菇为代表，采用塑料菌袋栽培的方法，简介其大棚综合丰产栽培技术。

A. 栽培准备工作

从接种到出菇需 90~120 天，整个生长期 300~330 天，一般于夏、秋高温季节在室内降温条件下制备栽培袋(规格为 17cm×34cm，圆形)菌块，秋末冬初出菇。香菇的菌丝生长温度为 3~32℃，最适温度为 10~28℃；子实体的生育温度为 5~25℃，最适温度为 12~17℃。栽培方式为床架式，一个棚内安排宽 65cm 的栽培床 6 行，主走道宽 50cm，其他走道宽 35cm，中间床架分上、中 2 层，包括地面为 3 层立体式。两边床架设一层床面，包括地面为 2 层。紧靠大棚两边的两行床不设床架，只在地面上栽培一层。每 2 层床面间隔距离为 50~60cm，床沿高 20cm，地床床沿可用红砖拱立排成。整个大棚地面用红砖面平或将面整平再种香菇。其栽培方式可分固体原种栽培和液体菌种制作后栽培 2 种。排放菌种前先在床面上垫上地膜，先垫一边，再将菌种脱袋，成排均匀摆放在床面上。排完一个床面，将另一边地膜覆盖于菌块之上，不必盖紧盖严，便于通气。以后精心培管，待转色、出菇，直到采收后床膜才予以撤换。

B. 转色、出菇管理

出菇前，菌丝有一段转色的生理变化，这一期间，棚温要保持在 20~23℃，还要掀盖地膜以通风、保温。要防止高温、高湿所带来的菌丝陡长，形成厚菌皮，影响产量、质量。如果条件适宜，自脱袋至转色约需 10 天。转色后菌块从营养生长转入生殖生长，这段时期称为出菇期。季节不同应该采取不同的管理措施：①秋冬菇(10~12 月)。由于棚温过高，需经常揭膜降温，长期保持棚温在 10~15℃。每收获一次，需短时间揭开床膜换气，以促发育。②冬菇(1~2 月)。这时气温低，菌丝生长缓慢，宜于晴天对地面喷水保湿，通常以保温为主。③春季菇(3~6 月)。首先是将菌块浸水，含水量为 60%即可。其次是控制棚温，保持昼夜温差在 20~25℃到 10~15℃，也即 10℃的温差。以后气温升高，可适当揭膜降温。

主要参考文献

曹效东，曹孜义. 1996. 植物试管繁殖的成本与效益浅析. 植物生理学通讯, 32(4): 284–291

巩振辉. 2008. 植物育种学. 北京: 中国农业出版社

黄方一，叶斌. 2008. 发酵工程. 武汉: 华中师范大学出版社

李宝健，石和平，柯遐义. 1989. 电激法将外源基因导入三种植物的组织细胞. 中山大学学报(自然科学)论丛, 8(4): 73–78

李浚明. 2005. 植物组织培养. 北京: 中国农业大学出版社

李韬，戴朝曦. 2000. 提高马铃薯原生质体细胞分裂频率的研究. 作物学报, 26(6): 953–958

李银心，常凤启，杜立群，等. 2000. 转甜菜碱醛脱氢酶基因豆瓣菜的耐盐性. 植物学报, 42 (5) : 480–484

李云. 2001. 林果花菜组织培养快速育苗技术. 北京: 中国林业出版社

刘公社，李岩，刘凡，等. 1995. 高温对大白菜小孢子培养的影响. 植物学报, 37(2) : 140–146

刘建强，孙仲序，赵春芝. 2002. 转基因植物鉴定方法的研究概况. 山东林业科技, 142(5): 39–43

刘思言，江源，王丕武. 2006. 转基因植物疫苗的研究进展. 生物技术通报, 5: 19–21

柳李旺，龚义勤，黄浩，等. 2004. 新型分子标记 SRAP 与 TRAP 及其应用. 遗传, 26(5): 777–781

欧阳俊闻，胡含，庄家骏，等. 1973. 小麦花粉植株的诱导及其后代的观察.中国科学, (1): 72–82

孙敬三，路铁刚，吴逸，等. 1991. 大麦花药培养技术的改进. 植物学通报, (8): 27–29

孙敬三，朱至清. 2006. 植物细胞工程实验技术. 北京: 化学工业出版社

王蒂. 2004. 植物组织培养. 北京: 中国农业出版社

王关林，方宏筠. 2009. 植物基因工程. 北京: 科学出版社

夏海武. 2010. 园艺植物基因工程. 北京: 科学出版社

夏海武，陈庆榆. 2008. 植物生物技术. 合肥: 合肥工业大学出版社

夏海武. 2009. 生物工程・生物技术综合实验. 北京: 化学工业出版社

闫新甫. 2003. 转基因植物. 北京: 科学出版社

叶勤. 2003. 现代生物技术原理. 北京: 中国轻工业出版社

余丽琴，钟梓璘，王记林，等. 2009. 生物技术的发展及其在农作物育种中的应用. 江西农业学报, 21 (9) : 8–12

张荃，陈淑芳，赵彦修，等. 2001. *HAL1* 基因转化番茄及其耐盐转基因番茄的鉴定. 生物工程学报, 17(6): 658–662

张天真. 2003. 作物育种学总论. 北京: 中国农业出版社

张献龙，唐克轩. 2004. 植物生物技术. 北京: 科学出版社

周国辉，李华平. 2000. 转基因植物及其应用. 热带作物学报, 21(9): 70–76

周维燕. 2001. 植物细胞工程原理与技术. 北京: 中国农业大学出版社

周延青,杨清香，张改娜. 2008. 生物遗传标记与应用. 北京: 化学工业出版社

朱玉贤，张翼凤，李慧英. 1997. 用 cDNA 差式分析法克隆受 GA 抑制的豌豆基因. 中国科学(C 辑), 27(3): 253–257

朱至清，王敬驹，孙敬三，等. 1975. 通过氮源比较试验建立一种较好的水稻花药培养基. 中国科学, (5): 484–490

朱至清. 1991. 一种高效的小麦花药培养新方法. 植物学通报, (8): 24–26

Bertani G, Weigle J J. 1953. Host controlled variation in bacterial viruses. Bacteriol, 65:113–121

Botstein D, White R, Skolnik M, et al. 1980. Construction of genetic linkage map in man using restriction fragment length polymorphism. Human. Genet, 32: 314–331

Bourgin J P, Nitsch J P. 1967. Obtention de *Nicotiana* haploides a partir detamines cultivees in vitro. Physiol. Veg, 9: 377–382

Boxus P, Quorin M, Laine J M. 1977. Large scale propagation of strawberry plants from tissue culture. *In*: Reinert J, Bajaj Y P S. Applied and Fundamental Aspects of Plant Cell, Tissue and Organ Culture, Berlin: Springer-Verlag: 130–143

Carlson P S, Smith H H, Dearing R D. 1972. Parasexual interspecific plant hybridization. Proc Ncad Sci, USA, 69: 2292–2294

Cocking E C. 1960. A method for the isolation of plant protoplasts and vacuoles. Nature, 187: 962–963

Cohen S N, Chang A C Y, Boyer H W. 1973. Construction of biologically functional bacterial plasmids in vitro. Proc Natl Acad Sci, 70: 3240–3244

Cowen N M, Johnson C D, Armstrong K, et al. 1992. Mapping gene conditioning in vitro androgenesis in maize using RFLP analysis. Theor, Appl. Genet, 84: 720–724

Diatchenko L, Lau Y F C, Campbell A P, et al. 1996. Suppression subtractive hybridization: a method for generating differentially regulated or tissue-specific cDNA probes and libraries. Proc Natl Acad Sci, 93: 6025–6030

Drew R L K. 1979. The development of carrot (*Daucus carota* L.) embryoids into plantlets on a sugar-free basal medium. Hortic Res, 19: 79–84

Frohman M A, Dush M K, Martin G R. 1988. Rapid production of full length cDNAs from rare transcripts: Amplification using a single gene specific oligonucleotide primer. Proc Natl Acad Sci, 85: 8998–9002

Fromm M E, Taylor L P, Walbot V. 1985. Expression of genes transferred into monocot and dicot plant cells by electroporation. Proc Natl Acad Sci USA, 82: 5824–5828

Fujimura T, Komamine A. 1979. Synchronization of somatic embryogenesis in a carrot suspension culture. Plant Physiol, 64: 162–164

Gautheret R J. 1934. Culture du tissu cambial. C. R. Acad Sci, 198: 2195–2196

Guha S, Maheshwari S C. 1964. *In vitro* production of embryos from anthers of *Datura*. Nature, 204: 497

Haberlandt G. 1902. Kulturversuche mit isollierten pflanzenzellen. Sitzungsber. Akad. Wiss. Wien., Math. Naturwiss. K I., Abt. 1, 111: 69–92

Hanning E. 1904. Zur Physiologic pflanzlicher Embryonen. I. Uber die cultur von Crucifever- Embryonen ausserhalb des Embryosacks. Bot Ztg, 62: 45–80

Hood E E, Howard J A, Tannotti E L. 1998. Transgenic corn: a new source of valuable industrial products. In: Proc. Corn Utilization and Tech. Conf., Missouri, USA, 101–104

Horsch R B, Fry J, Hoffman N L, et al. 1985. A simple and general method for transferring gene into plants. Science, 227: 1229–1231

Hubank M, Schatz D G. 1994. Identifying differences in mRNA expression by representational differences analysis of cDNA. Nucleic. Acids Res., 22: 5640–5648

Kameya T, Hinata K. 1970. Induction of haploid plants from pollen grains of *Brassica*. Jpn J Breed, 20: 82–87

Kao K N, Michayluk M R. 1974 A method for high frequency intergeneric fusion of plant protoplasts. Planta, 115: 355–367

Kao K N. 1977. Chromosomal behavior in somatic hybrids of soybean-Nicotiana glauca. Mol Gen Genet, 150: 225–230

Keller W A, Melchers G. 1973. The effect of high pH and calcium on tobacco leaf protoplast fusion. Natureforsch, 288: 737–741

Klein T M, Wolf E D, Wu R, et al. 1987. High-velocity microprojectiles for delivering nucleic acid into living cells. Nature, 327: 70–73

Klercker J A. 1892. Eine methods zur isolieing lebender protoplasten. Oefvers Vetenskaps Adad, Stockholm, 9: 463–471

Kotte W. 1922. Kultur versuche mit isolierten Wurzelspitzen. Beitr Allg Bot, 2: 413–434

Laibach F. 1925. Das taubwerden von bastardsmen und die kunstliche aufzucht fruh absterbender bastardembryonen. Z Bot, 17: 417–459

Lee S H, Shon Y G, Kim C Y, et al. 1999. Variations in the morphology of rice plants regenerated from protoplasts using different culture procedures. Plant Cell, Tissue Organ Culture, 57(3): 179–187

Li G, Quiros C F. 2001. Sequence-related amplified polymorphism (SRAP), a new marker system based on simple PCR reaction its application to mapping and gene tagging in *Brassica*. Theor Appl Genet, 103: 455–461

Liang P, Pardee A B. 1992. Differential display of eukaryotic messenger RNA by means of the polymerase chain reaction. Science, 257: 967–971

Lisitsyn N A, Lisitsyn N, Wigler M, et al. 1993. Cloning the differences between two complex genomes. Science, 259: 946–951

Lobban P F, Kaiser A D. 1973. Enzymatic end-to-end joining of DNA molecules. Mol Biol, 78: 453–471

Melchers G, Labib G. 1974. Somatic hybridization of plants by fusion of protoplasts, I. Selection of light resistance hybrids of haploid light sensitive varieties of tobacco. Mol Gen Genet, 135: 277–294

Melchers G, Mohri Y, Watanabe K, et al. 1992. One-step generation of cytoplasmic male sterility by fusion of mitochondrial-inactivated tomato protoplasts with nuclear-inactivated Solanum protoplasts. Proc Natl Acad Sci, USA, 89: 6832–6836

Melchers G, Sacristan M D, Holder A A. 1978. Somatic hybrid plants of potato and tomato regenerated fromfused protoplasts. Carlsberg Res Comm, 43: 203–218

Meselson M, Yuan R. 1968. DNA restriction enzyme from *E. coli*. Nature, 217: 1110–1114

Miller C O. 1961. Kinetin related compounds in plant growth. Ann Rev Plant Physiol, 12: 395–408

Miller L R, Murashige T. 1976. Tissue culture propagation of tropical foliage plants. In Vitro, 12: 797–813

Morel G. 1960. Producing virus-free *Cymbidium*. Am Orchid Soc Bull, 29: 495–497

Murashige T. 1974. Plant propagation through tissue cultures. Plant Physiol, 25: 135–166

Nagata T, Takebe I. 1971. Planting of isolated tobacco mesophyll protoplasts on agar medium. Planta, 99: 12–20

Nitsch C, Norreel B. 1973. Effect dun choc thermique sur le pouvoir embryogene dupollende Dature innoxia culture dens lanthere ouisole delanthere. C R Acad Sci, Paris, 276D: 303–306

Nitsch C. 1974. La culture de pollen isole sur milieu synthetique. Sciences Paris, 278: 1031–1034

Nitsch C. 1977. Culture of isolated microspores. *In*: Reinert J, Bajaj Y P S. Applied and Fundamental Aspects of Plant Cell, Tissue and Organ Culture. Berlin：Springer-Verlag：268–278

Nitsch J P, Nitsch C. 1969. Haploid plants from pollen grains. Science, 163: 85–87

Nitsch J P. 1951. Growth and development in vitro of excised ovules. Am J Bot, 38: 566–577

Nobecourt P. 1939. Sur la perennite et l augmentation de volume des cultures de tissus vegetaux. C. R. Seances Soc Bot Ses Fil, 30: 1270–1271

Powell-Abel P A, Nelson R S, Hoffrnan N, et al. 1986. Delay of disease development in transgenic plants that express the tobacco mosais viruscoatprotein gene. Science, 232: 738–743

Power J B, Cocking E C. 1968. A simple method for the isolation of very large numbers of leaf protoplasts using mixtures of cellulase and pectinase. Biochem, 111: 33

Power J B, Cummins S E, Cocking E C. 1970. Fusion of isolated plant protoplasts. Nature, 225: 1016–1018

Reinert J. 1958. Morphogenese und ihre Kontrolle an Gewebckuluren aux Carotten. Naturwissenschaften, 45: 344–345

Robbins W J. 1922. Effect of autolysed yeast and peptone on growth of excised com root tips in the dark. Bot Gaz, 74: 59–79

Saiki R K, Gelfand D H, Stoffel S, et al. 1988. Primer-directed enzymatic amplification of DNA with a thermostable DNA polymerase. Science, 239: 478–491

Schweiger H G, Drik J, Koop H U, et al. 1987. Individual selection, culture and manipulation of higher plant cells. Thero Appl Genet, 73: 769–783

Sharp W R, Raskin R S, Sommer H E. 1972. The use of nurse culture in the development of haploid clone of tomato. Planta, 104: 357–361

Shepard J F. 1977. Regeneration of plants from protoplasts of potato virus X-infected tobacco leaves. Virology, 78: 261–266

Skoog F, Miller C O. 1957. Chemical regulation of growth and organ formation in plant tissue cultured *in Vitro*. Symp Soc Exp Biol, 11: 118–131

Skoog F. 1944. growth and orgen formation in tobacco tissue cultures. Am J Bot, 31: 19–24

Smith H O, Nathans D. 1973. A suggested nomenclature foe bacterial host modification and restriction systems and their enzyme. Mol Biol, 81: 419–423

Smith H O, Wilcox K W. 1970, A restriction enzyme from Hemophilus influenzae I. Purification and general properties. Mol Biol, 51: 379–391

Steward F C, Mapes M O, Mears K. 1958. Growth and organized development of cultured cells II. Organization in cultures grown from freely suspended cells. Am J Bot, 45: 705–708

Takebe I, Labib G, Melchers G. 1971. Regeneration of whole plants from isolated mesophyll protoplasts of tobacco. Naturwissen, 58: 318–320

Takebe I, Otsuki Y, Aoki S. 1968. Isolation of tobacco mesophyll cell in intact and active state. Plant Cell Tanaka, 9: 115–124

Temin H M, Mizutani S. 1970. RNA dependent DNA polymerase in virions of Rous Sarcoma virus. Nature, 226: 1211–1213

Vos P, Hogers R, Bleeker M, et al. 1995. AFLP: a new technique for DNA fingerprinting. Nucl Acids Res, 23: 4407–4414

Watson J, Crick F. 1953. Molecular struclure of nucleic: a struclure for deoxyridose nucleic acid. Nature, 171: 737–738

White P R. 1934. Potentially unlimited growth of excised tomato root tips in a liquid medium. Plant Physiol, 9: 585–600

Williams J G, Kubelik A R. 1990. DNA polymorphisms amplified by arbitrary primers are useful as genetic marker. Nucleic Acids Res, 18: 6531–6535

Zaenen I, Van Larebeke N, Teuchy H, et al. 1974. Supercoiled circular DNA in crown gall inducing *Agrobacterium* strains. Mol Biol, 86: 107–127

附　　录

附录 1　常用缩略语

缩写	全称	中文名称
ABA	abscisic acid	脱落酸
AC	activated charcol	活性炭
6-BA	6-benzyladenine	6-苄基腺嘌呤
bp	base pair	碱基对
CAT	chloramphenicol acetyltransferase	氯霉素乙酰转移酶
cDNA	complementary DNA	互补 DNA
CPW	cell—protoplastwashing (solution)	细胞-原生质体清洗液
CTAB	hexadyltrimethyl ammomum bromide	十六烷基三甲基溴化铵
2,4 – D	2,4-dichlorophenoxyacetic acid	2,4—二氯苯氧乙酸
DDRT-PCR	differential display reverse transcription	差异显示反转录 PCR
DEPC	diethyl　pyrocarbonate	焦碳酸二乙酯
DNA	deoxyribonucleic acid	脱氧核糖核酸
dNTP	deoxynucleoside triphosphate	脱氧核苷三磷酸
EB	ethidium bromide	溴化乙锭
EC	embryonic callus	胚性愈伤组织
EDTA	ethylene diamine tetraacetic acid	乙二胺四乙酸
ELISA	enzyme linked immuno sorbent assay	酶联免疫吸附测定
FDA	fluorescein diacetate	荧光素二乙酸酯
GA_3	gibberellic acid	赤霉素
GUS	β-glucuronidase	β-葡萄糖醛酸酶
IAA	indole-3-aceticacid	吲哚乙酸
IBA	indole-3-butyricacid	吲哚丁酸
2ip	N6-(2-isopentenyl)-adenine	异戊烯腺嘌呤
IPTG	isopropyl-β-D-thiogalactoside	异丙基-β-D-硫代半乳糖苷
Kan	kanamycin	卡那霉素

续表

缩写	全称	中文名称
KT	kinetin	激动素
LH	lactalbumin hydrolysate	水解乳蛋白
lx	lux	勒克斯
MCS	multiple cloning site	多克隆位点
min	minute	分钟
NAA	α-naphthaleneacetic acid	萘乙酸
oligo (dT)	oligo deoxythymidine	寡聚脱氧胸苷酸
ori	origin of replication	复制起点
PAGE	polyacrylamide gel electrophoresis	聚丙烯酰胺凝胶电泳
PCR	polymerase chain reaction	聚合酶链式反应
PEG	polyethylene glycol	聚乙二醇
PVP	polyvinylpyrrolidone	聚乙烯吡咯烷酮
RACE	rapid amplification of cDNA end	cDNA 末端快速扩增
RAPD	Random amplified polymorphic DNA	随机扩增多态性 DNA
RFLP	restriction fragment length polymorphism	限制性内切核酸酶片段长度多态性
RT-PCR	reverse transcription-PCR	反转录 PCR
SDS	sodium dodecyl sulfate	十二烷基硫酸钠
Tris	trihydroxymethyl amino methane	三羟甲基氨基甲烷
ZT	zeatin	玉米素

附录 2　植物组织培养常用的培养基　(单位：mg/L)

成分	White	Miller	MS	ER	NT	B_5	Nitsch	N_6	KC
NH_4NO_3		1000	1650	1200	825		720		
KNO_3	80	1000	1900	1900	950	2500	950	2830	
$CaCl_2 \cdot 2H_2O$			440	440	220	150		166	
$Ca(NO_3)_2 \cdot 4H_2O$							500		
$MgSO_4 \cdot 7H_2O$	750	35	370	370	1233	250	185	185	250
KH_2PO_4		300	170	340	680		68	400	250
$(NH_4)_2SO_4$						134		463	500

续表

成分	White	Miller	MS	ER	NT	B_5	Nitsch	N_6	KC
$Ca(NO_3)_2 \cdot 4H_2O$	300	347							1000
KCl	65	65							
Na_2SO_4	200								
$NaH_2PO_4 \cdot H_2O$	19					150			
KI	0.75	0.8	0.83		0.83	0.75		0.8	
H_3BO_3	1.5	1.6	6.2	0.63	6.2	3	10	1.6	
$MnSO_4 \cdot 4H_2O$	5	14	22.3	2.23			25	4.4	7.5
$MnSO_4 \cdot H_2O$					22.3	10			
$ZnSO_4 \cdot 7H_2O$	3	1.5	8.6		8.6	2	10	1.5	
$ZnNa_2 \cdot EDTA$				15					
$Na_2MoO_4 \cdot 2H_2O$			0.25	0.025	0.25	0.25	0.25		
MoO_3	0.001								
$CuSO_4 \cdot 5H_2O$	0.01		0.025	0.0025	0.025	0.025	0.025		
$CoCl_2 \cdot 6H_2O$			0.025	0.0025	0.0025	0.025			
$Fe_2(SO_4)_3$	2.5								
$FeSO_4 \cdot 7H_2O$		32	27.8	27.8	27.8		27.8	27.8	25
$Na_2 \cdot EDTA \cdot 2H_2O$			37.3	37.3			37.3	37.3	
$NaFe \cdot EDTA$					37.3	28			
肌醇			100		100	100	100		
烟酸	0.05		0.5	0.5		1	5	0.5	
盐酸吡哆醇	0.01		0.5	0.5		1	0.5	0.5	
盐酸硫胺素	0.01		0.1	0.5	1	10	0.5	1	
甘氨酸	3		2	2			2	2	
叶酸							0.5		
甘露醇					0.7				
生物素							0.05		